KB000301

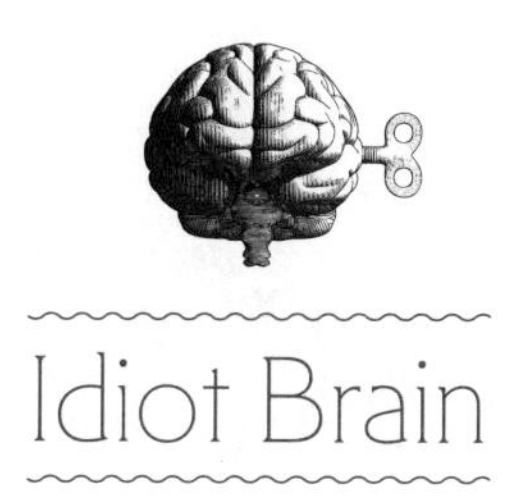
Idiot Brain

엄청나게 똑똑하고
아주 가끔 엉뚱한

뇌 이야기

Idiot Brain

딘 버넷 지음 · 임수미 옮김 · 허규형 감수

미래의창

차례

프롤로그 008

1 우리 몸의 최고 관리자이신 뇌느님을 경배하라

뇌는 어떻게 우리를 살리고 또 우리를 괴롭히는가

나를 혼란스럽게 하면 벌을 줄 테다, 우웩!
인류 생존의 일등공신, 중추유형발생기 017

디저트 먹을 배가 또 있어?
엄청나게 복잡하고 혼란스러운 우리 뇌의 식욕 조절 과정 025

매일 밤 펼쳐지는 막장 드라마, 꿈의 연출자는 누구?
수면, 그 완전한 무의식에 대하여 033

한밤중 방 안에 나타난 도끼 살인마(a.k.a. 벽에 걸린 외투)
뇌의 투쟁-도피 반응 048

2 기억이라는 것은 얼마나 감사한 선물인가 (단, 영수증은 반드시 보관할 것)

도무지 이해할 수 없는 인간의 기억 시스템

가만, 내가 지금 부엌에 뭘 가지러 왔더라?
장기기억과 단기기억, 너와 나의 연결고리 이건 우리 안의 기억 062

그 사람 있잖아, 그… 저번에 길에서 만났던… 아, 이름이 뭐였지…
뇌의 기억 저장 용량 극대화 전략 076

믿기 어렵겠지만, 사실 술은 때로는 우리의 기억을 돕는다
알코올과 기억체계의 상관관계 085

당연히 기억하지, 그건 바로 내 아이디어였잖아
조금도 객관적이지 않은 우리 뇌의 자아편향 094

여긴 어디? 나는 누구?
망각의 삼총사: 거짓기억, 건망증, 그리고 기억상실 107

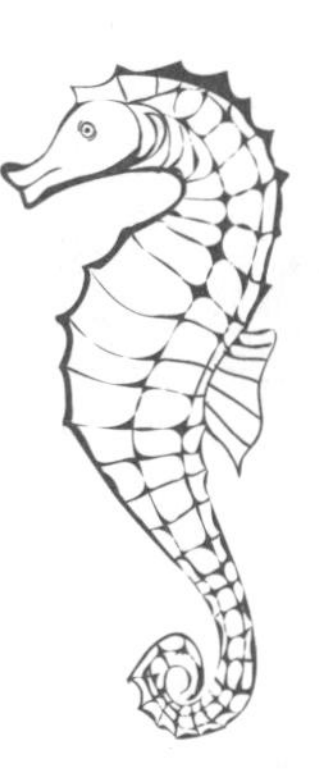

3 너무 고요하고 너무 평온한 게 왠지 수상해

이유 없는 공포와 불안… 범인은 당신이야!

파란 스웨터를 입은 날마다 출근 버스를 놓쳤어, 이게 과연 아무 상관없는 일일까?
우리 뇌가 세상의 무계획성에 대처하는 자세 125

저 거미가 독거미가 아니란 건 알아, 그치만 무서운 걸 어떡해
스스로도 납득할 수 없는 비이성적인 두려움, OO공포증 138

뭐? 100층짜리 건물에서 뛰어내려 보고 싶다고?
진짜 공포와 진짜 같은 공포 152

칭찬은 힘이 세다, 그런데 비난은 그보다 더 힘세다
짧은 옥시토신, 긴 코르티솔 165

4 사람들은 다들 자신이 '너보단' 똑똑하다고 생각한다

언제나 우리보다 한 뼘 더 똑똑한 뇌

전 세계 사람들의 평균 IQ는 몇일까?
지능이란 무엇이며, 어떻게 측정할 수 있는가 176

초파리 유전체를 설명하며 넥타이에 버터를 바르는 저 박사는 똑똑한 걸까 멍청한 걸까?
단 하나의 핵심 지능 '스피어먼의 g'와 다중지능이론 185

지금이 21세기면 1990년은 20세기였게? 쯧쯧, 이런 바보들이 있나…
자신만만한 바보들과 가면 뒤로 숨는 똑똑한 사람들 198

똑똑한 사람들의 뇌는 어떻게 생겼을까?
뇌 구조와 지능의 관련성 연구 207

키 큰 사람이 더 똑똑할 확률이 높다, 진짜다
지능을 결정짓는 여러 가지 요인들 218

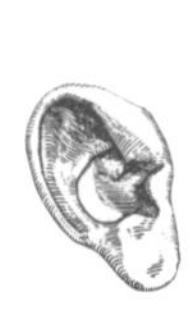
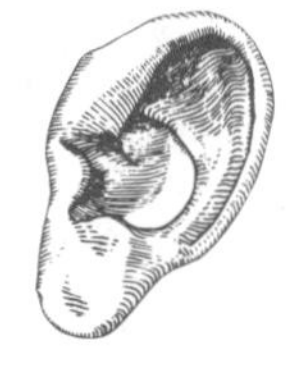

5 1.4킬로그램의 슈퍼슈퍼슈퍼컴퓨터

완벽에 가까운 (아주 가끔 제멋대로인) 우리 뇌의 정보처리 기술

먹느냐 맡느냐 그것이 문제로다
섬세하고도 불완전한 후각과 미각 230

저 따뜻하고 보드라운 소리의 촉감을 느껴봐
청각과 촉각의 인지 메커니즘 240

예수가 부활하셨다… 토스트 조각으로?
세상을 이해하기 위한 눈과 뇌의 협동 전략 249

보는 게 보는 게 아니고, 듣는 게 듣는 게 아니다
인간의 집중력 집중 탐구 260

6 성격이 이상하다고 욕하지 마세요, 뇌 때문입니다

한없이 복잡하고 혼란스러운 성격이라는 녀석

뇌가 먼저냐 성격이 먼저냐
성격 유형 분류와 성격 테스트 280

분노는 어떻게 브루스 배너를 헐크로 만들까?
성난 뇌 속에서 벌어지는 일 291

시키지도 않은 일을 하는 사람들, 그들은 왜…?
모두가 원하는 그것, 동기부여 302

이거 설마… 재밌으라고 한 소리야?
너무나도 이상하고 예측 불가능한 유머의 작동 원리 314

7 뇌에게도 감정이 있다
뇌는 다른 사람으로부터 어떻게 영향을 받을까?

얼굴아 제발 빨개지지 말아줘, 너무 부끄럽단 말야
신체의 미세 조정자, 감정 328

뇌는 '좋아요'를 좋아해
당근과 채찍에 너무 쉽게 휘둘리는 뇌 340

그것은 뇌에게도 첫사랑이었다
뇌 속에 아로새겨진 사랑의 기쁨과 이별의 슬픔 354

100명의 사람이 소리 지르며 달려가고 있다, 당신의 선택은?
집단사고라는 전염병 364

진짜 나쁜 놈은 내가 아니다, 내 뇌다
이기적이고 못된 뇌에 대한 변명 376

8 뇌에 문제가 생기면…
정신건강의 문제는 어떻게 발생할까?

의지가 약해서 아픈 것이 아닙니다
우울증과 우울증에 관한 여러 가지 오해들 394

마음의 골절상, 신경쇠약
스트레스와 신경쇠약, 혹은 정신쇠약증 408

등에 올라탄 원숭이와 타협하는 방법
마약에 빠진 뇌에서는 무슨 일이 벌어질까? 421

현실은 어쨌든 과대평가된다
환각과 망상의 프로세스 433

감사의 말 448

주 450

프롤로그

이 책을 시작하기에 앞서, 먼저 독자 여러분들께 진심으로 몇 가지 사과를 드리고 싶다.

첫째, 여러분들 중에는 이 책을 다 읽고 나서 '뭐야, 별로 재미없잖아!'라고 생각하는 사람이 분명 있을 것이다. 그분들께 미리 사과드린다. 정말 미안하다. 모든 사람을 만족시키는 건 불가능하다. 만약 나에게 그런 능력이 있었다면 지금쯤 이 세계의 지배자가 되지 않았을까? 아니면 적어도 존 레논쯤 되었겠지.

나에게는 이 책에서 다루는 기괴하고 엉뚱한 두뇌 속 프로세스와 이 프로세스가 일으키는 비논리적인 행동들이 항상 흥미로운 주제였다. 예를 들어 여러분은 우리의 기억이 전혀 객관적이지 않다는 사실을 알고 있는가? 여러분은 아마도 기억이란 우리가 보고 들은 것에 대한 정확한 기록이라고 생각할 것이다. 하지만 사실 우리 기억은 뇌가 제멋대로 뜯어고치고 각색해놓은 편집 버전이다. 많은 사람들이 자기 자신을 실제보다 더 나은 사람인 것처럼 인식하는 이유도 여기에 있다.

또 만병의 근원처럼 여겨지는 업무상의 스트레스가 실제로는 업무 역량을 증가시킨다는 사실은 어떤가? 이는 '카더라' 통신이 아닌 엄밀한 신경학적 프로세스다. 마감일 지정은 스트레스를 유발시켜 업무 능력을 향상시키는 가장 흔한 방법 중 하나다. 만약 이 책의 내용이 뒤로 갈수록 확연히 좋아진다면, 여러분은 그 이유를 짐작할 수 있을 것이다.

둘째, 이 책이 과학책이긴 하지만(굳이 분야를 따지자면 그렇다), 만약 여러분이 이 책에서 뇌의 기능과 작용에 대한 냉철한 논의가 이루어지길 기대했다면 사과부터 드려야겠다. 여러분은 기대했던 정보를 얻지 못할 것이다. 과학은 인간이 하는 일이다. 인간은 대체로 정돈이 잘 안 되고 혼란스러우며 비논리적인 존재다(이 문제는 열에 아홉은 우리 뇌 때문이다). 그리고 인간의 이런 성향은 대부분 과학에 반영되어왔으며, 당연히 이 책에도 반영되었을 가능성이 크다. 아주 오래전부터 사람들은 무릇 과학책이란 뭔가 고상하고 진지한 것이라고 생각해왔다. 나는 교수로서 지낸 대부분의 시간 동안 이런 고정관념을 깨기 위해 노력해왔고, 이 책은 내 노력의 가장 최신 버전이다.

셋째, 만약 여러분이 신경과학에 대하여 누군가와 이야기하다가 논쟁이 벌어졌을 때, 이 책을 인용해 주장을 펴다가 논쟁에서 지게 될 수도 있다. 이 점 역시 미리 사과를 드린다. 살짝 변명을 해보자면 뇌과학 분야에서 '절대 불변의 사실'이란 없다. 현재는 옳다고 믿는 사실이 몇 달 후에는 새로운 연구나 실험에 의해 반박당할 수 있다. 연구는 계속되고, 사실은 항상 바뀌기 마련이다. 그리고 이런 일들은 현대과학의 어떤 분야에서든 비일비재하게 일어난다.

넷째, 만약 여러분이 인간의 뇌를 마치 신비롭고 형언할 수 없는 최상의 구조물이라거나 육체와 영혼을 이어주는 매개체와 같은 장기라고 생각한다면, 참으로 미안하다. 그런 생각을 가진 독자라면 정말 이 책을 좋아하지 않을 것이다. 물론 인간의 뇌만큼 이해하기 어려운 것도 없을 것이며, 정말 흥미로운 대상인 것은 분명하다. 그럼에도 불구하고 그동안 우리가 뇌에 대해서 좀 지나치게 과대평가를 해온 것도 사실이다. 왠지 뇌는 엄청나게 오묘하고 특별해서, 뇌가 인체에 어떤 명령을 내리든 간에 '다 거룩한 뜻이 있어서 이러는 거겠지. 아무렴 뇌가 실수할 리가 있나' 하고 생각하는 이들도 많다. 하지만 우리가 뇌에 대해 알고 있는 내용은 극히 일부에 지나지 않기 때문에, 우리는 뇌가 어떤 능력을 지녔는지 제대로 알지 못한다. 따라서 미안한 말이지만, 이런 인식은 터무니없는 것이다.

사실 어떤 면에서 보면, 뇌는 자신이 이뤄낸 성공의 희생양이기도 하다. 지난 수백만 년 동안 뇌는 진화를 거듭하며 현재의 섬세함을 갖추었지만, 그로 인해 엄청난 문제들도 발생시켰다. 컴퓨터에 비유하자면 온갖 잡다한 구닥다리 프로그램들과 다운받아 놓고 보지 않은 영화 파일들이 하드웨어에 가득해서 아주 간단한 프로세스마저 제대로 작동되지 않는 상태 같달까?

아무튼 요점은 뇌는 오류를 잘 일으킨다는 것이다. 뇌는 우리의 의식이 자리하는 곳이며 인간의 모든 경험의 엔진과도 같은 중요한 역할을 하지만, 동시에 매우 어지럽고 무계획적이다. 만약 여러분이 뇌를 뜯어 살펴볼 수 있다면 녀석이 얼마나 엉터리인지 금방 알아챌 수 있을 텐데……. 불행히도 뇌를 뜯어보기 어려운 여러분을 위해 대신 묘사를 해보자면, 뇌는 마치 낡은 권투 글러브 혹은 돌연변이 호두처럼 생겼다. 음, 인상적인 생김새이긴 하지만 완벽함과는 거리가 멀다. 그리고 뇌의 이런 문제는 우리가 행동하고 경험하는 모든 것에 영향을 미친다.

따라서 이 책을 다 읽고 나면, 왜 사람들이 (혹은 자신이) 가끔씩 이상한 행동이나 엉뚱한 말을 해서 밤새 이불을 걷어차는 후회를 하게 되는지 이해할 수 있을 것이다. 또한 "다 널 위해서야"라는 이유로 뇌가 얼마나 우리를 난처한 지경으로 몰고 가는지도 알게 될 것이다.

그럼 이제부터 제멋대로에 툭하면 오류를 일으키고 때로는 터무니없는 명령을 내리기도 하지만, 우리와 일생을 함께 보내는 진정한 인생의 동반자인 뇌를 본격적으로 탐구해보자.

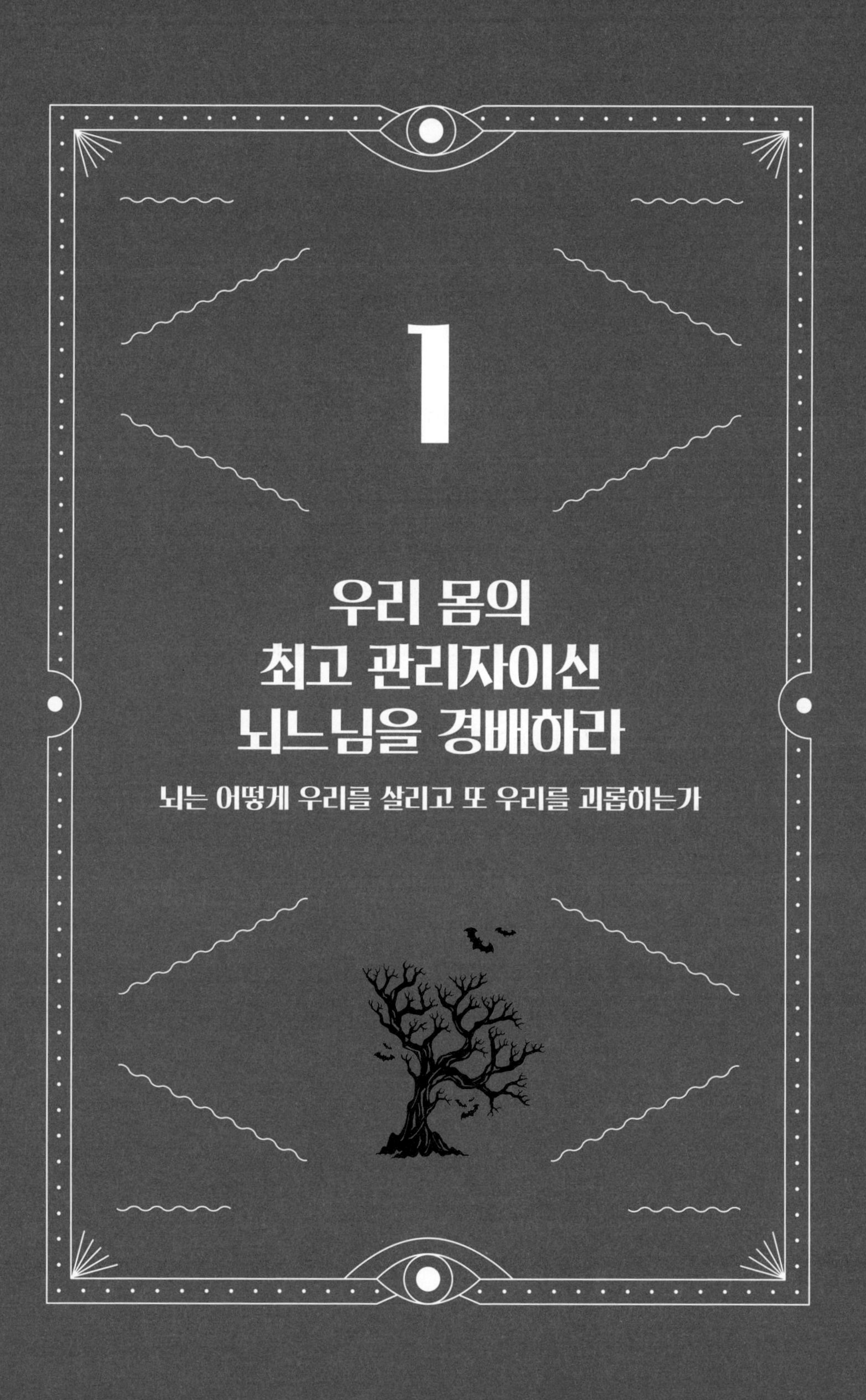

1

우리 몸의 최고 관리자이신 뇌느님을 경배하라

뇌는 어떻게 우리를 살리고 또 우리를 괴롭히는가

수백만 년 전만 해도 인간에게는 생각하고 궁리하는 능력, 즉 '사고력思考力'이 없었다. 좀 극단적으로 비유하자면, 그런 면에서는 물고기와 크게 다르지 않았다. 수백억 년 전 육지로 처음 올라왔던 물고기가 '땅에서는 숨도 못 쉬겠군. 대체 내가 뭐하러 여기 올라왔을까? 또 쓸데없는 짓을 해버렸네' 이런 생각으로 괴로워했겠는가. 사실 인류 진화의 역사상 비교적 최근까지만 해도 뇌의 목적은 훨씬 더 명확하고 단순했다. 그 목적이란 바로 '필요한 모든 방법을 동원해서 우리 몸의 생명을 유지하는 것'이었다.

인간은 지금껏 살아남아 지구상의 모든 생명체 중 가장 지배적인 종으로 군림하고 있으니, 원시 인간의 뇌는 분명 성공했다고 할 수 있다. 그러나 인간의 인지능력이 점점 정교해지는 와중에도 가장 기본적인 원시적 뇌 기능은 사라지지 않았다. 아니, 오히려 더 중요해지고 있다. 밥 먹는 걸 까먹거나 절벽에서 얼쩡거리다 떨어져 죽는 것처럼 황당할 만큼 단순한 이유로 사람이 죽어나간다면 언어능력이나 사고력 따위가 무슨 소용이 있겠는가?

뇌는 몸이 있어야 존속 가능하고 몸은 뇌가 있어야 뇌의 감독하에 필요한 일을 할 수 있다. 실제로 뇌와 몸의 관계는 훨씬 더 복잡하지만, 지금은 이 정도로만 설명하겠다. 뇌가 하는 일의 상당 부분은 기본적인 생리 작용, 즉 인체 내부의 기능이 제대로 작동하는지 점검하고, 문제가 생기면 해결책을 찾고, 더러워지면 청소해주는 것이다. 한마디로 유지보수를 하는 셈이다. 그리고 뇌에서 이러한 기본적인 업무를 처리하는 곳은 뇌간brainstem과 소뇌cerebellum다. 이들은 아주 오래전 인간이 파충류였을 때부터 쭉 같은 일을 해왔기 때문에, 이런 원시적인 특성을 가리켜 '파충류 뇌the reptile brain'라고 부르기도 한다. 포유류는 지구의 '생명체'로서 뒤늦게 합류했다. 반대로 현대 사회의 인간이 누리고 있는 의식, 주의력, 인지력, 사고력 등 좀 더 고차원적인 능력은 '새롭다'는 뜻의 '신neo-'이 앞에 붙은 신피질neocortex이 담당한다. 실제 구조는 훨씬 더 복잡하지만 이 정도로 요약해두자.

여러분은 이들 파충류 뇌와 신피질이 서로 다투지 않고 잘 지내거나, 최소한 모른 척 서로 무시라도 하길 바랄 것이다. 하지만 얼간이 같은 상사와 일해본 경험이 있다면 이러한 구조가 얼마나 비효율적인지 짐작할 수 있을 것이다. 실무 경험은 오히려 나보다 적으면서 직급만 높은 놈이 내 위에 앉아 말도 안 되는 지시를 하거나 멍청한 질문을 해댄다면 얼마나 힘들겠는가. 그런데 바로 신피질이 파충류 뇌를 이런 식으로 괴롭힌다.

물론 파충류 뇌만 늘 일방적으로 괴롭힘을 당하는 것은 아니다. 신피질은 융통성도 있고 호응도 잘한다. 반면에 파충류 뇌는 자기 방식만을 고집한다. 여러분도 파충류 뇌 같은 사람을 만나보았을 것이다. 자신이 나이도 더 많고 경험도 많으니 자기 생각이 무조건 정답이라고 우기는 꼰대들 말이다. 이런 사람들과 같이 일하는 것 역시 정말 끔찍한 일이다. 이는 마치 자신은 지금껏 타자기를 써왔으니 앞으로도 타자기를 쓰겠다고 고집부리는 동료와 컴퓨터 프로그램을 만드는 것과 같다. 파충류 뇌는 이런 고집 때문에 유용한 것들을 잃을 수 있다.

이번 장에서는 이처럼 뇌가 우리 몸의 기본적인 기능들을 어떻게 망치고 있는지 자세히 살펴보자.

나를 혼란스럽게 하면 벌을 줄 테다, 우웩!

인류 생존의 일등공신, 중추유형발생기

현대 인간들은 예전에 비해 아주 오랜 시간을 앉아서 보낸다. 육체노동직의 상당수는 사무직으로 대체되었다. 자동차, 배, 비행기 등의 교통수단 덕택에 앉은 채로 산 넘고 바다 건너 먼 곳까지 이동할 수 있게 되었다. 뿐만 아니라 웹서핑, 재택근무, 인터넷뱅킹, 모바일쇼핑 등의 발달로 원하기만 한다면 온종일 앉아서 인생을 보낼 수도 있다.

그런데 여기에는 부작용이 따른다. 예컨대 책상 앞에 지나치게 오랜 시간 앉아만 있으면 뼈와 근육에 말썽이 생길 수 있다. 또한 비행기에 장시간 앉아 있으면 심각한 정맥혈전증으로 목숨까지 위태로워질 수도 있다. 다시 말해 몸을 움직이지 않으면 우리 몸에는 문제가 일어난다.

몸을 움직이는 것은 사실 매우 중요한 일이다. 인간은 움직임에 능하고 또 많이 움직인다. 인간이 거의 모든 지구 표면에 족적을 남겼으며, 심지어 달에까지 발을 내디뎠다는 사실이 이를 증명한다. 인간의 발과 다리, 엉덩이를 비롯해 온몸의 구조와 특징은 규칙적인 보행에 유리하게 되어 있으며, 인간의 뼈는 장시간 걸을 수 있도록 발전해왔다. 몸의 구조뿐만이 아니다. 우리 몸은 뇌가 관여하지 않아도 걸을 수 있도록 프로그래밍되어 있다.

우리 척수에는 아무런 인지 작용 없이도 보행이 가능하도록 해주는 신경회로가 있다.[1] 중추신경계 척수의 아랫부분에 있는 이 신경회로는 '중추유형발생기the central pattern generator: CPG'라고도 불리는데, 다리근육과 힘줄을 자극해서 우리 다리를 특정한 유형으로 움직이게 만든다. 또한 중추유형발생기는 근육, 힘줄, 피부 및 관절로부터 현재 상황에 대한 신호를 받아, 예컨대 내리막길을 걷고 있으면 그 상황에 맞게 움직임을 변형하고 조절한다. 인간이 다리를 어떻게 움직이겠다는 아무런 자각 없이, 심지어 몽유병과 같은 무의식 상태에서도 걸어 다닐 수 있는 이유가 바로 이런 원리 때문이다(이에 대한 보다 구체적인 이야기는 뒤에 가서 다시 할 것이다).

의식하지 않고도 이동할 수 있는 능력은 인간이 지구상에 살아남는 데 지대한 영향을 미쳤다. 포식자로부터 도망치거나 먹이를 사냥하는 등의 긴박한 상황에서 몸을 움직일 때마다 뇌가 일일이 명령을 내려야 했다면 인간은 아마도 일찌감치 멸종했을 것이다. 또한 지구상의 공기로 숨 쉬는 모든 생명체는 바다를 떠나 육지를 점령했던 태초의 생물이 진화한 것이다. 즉, 이들이 움직이지 않았다면 이런 변화는 일어나지 않았을 것이다.

그런데 여기서 한 가지 궁금증이 생긴다. 이동이 이처럼 인간의 안녕과 생존에 필수적이고 인간의 생물학적 시스템이 쉽게 자주 움직일 수 있도록 발달해왔다면, 왜 우리는 이동할 때 종종 메스꺼움을 느끼는 것일까? 우리가 흔히 '멀미'라고 부르는 그 느낌 말이다. 자동차나 배를 타고 이동할 때 특히 이런 메스꺼움을 느끼기 쉬운데, 심하면 뱃속에 든 음식을 다 토하기도 한다(이때의 구토 역시 뇌가 시키는 짓이다). 뇌는 정녕 인류의 진화를 원치 않는 것일까?

물론 그렇지 않다. 이것은 뇌가 인간의 진화를 거슬러서가 아니다. 문제는 몸을 움직이는 데 참여하는 수많은 시스템과 메커니즘에 있다. 다들 느껴보았겠지만 멀미는 우리가 자동차나 배 등 인위적인 수단으로 이동할 때에만 발생한다. 그 이유는 다음과 같다.

인간은 실로 섬세한 감각과 신경 메커니즘을 가지고 있다. 우리는 눈이나 손으로 직접 확인하지 않아도 우리 몸의 현재 자세가 어떤지, 몸의 어느 부위가 어디로 향하고 있는지를 인지할 수 있다. 고유수용감각proprioception 덕분이다. 지금 자신의 손을 등 뒤에 놓아보자. 여러분은 손을 실제로 보고 있지 않지만 여전히 손을 느낄 수 있으며, 어느 위치에 있는지 또 어떤 동작을 하고 있는지 알 수 있다. 이것이 바로 고유수용감각이다.

우리 귓속에는 전정계vestibular system라는 것이 있다. 전정계에는 액체로 가득 찬 관(골미로bony tubes)이 있어서 우리 몸의 균형과 자세를 감지한다. 관 내부의 공간이 넓기 때문에 액체는 중력에 따라 움직이게 되는데, 이때 관 전체에 퍼져 있는 뉴런■이 액체의 위치와 형태를 감지하여 뇌에게 현재 우리의 자세와 방향 등을 알려주는 것이다. 예를 들어 만약 이 액체가 골미로의 위쪽에 있다면, 이는 우리가 거꾸로 서 있다는 것을 의미하며 이는 이상적인 자세가 아니므로 가능한 한 빨리 복구시켜야 한다.

■ 신경계를 구성하는 신경세포로, 자극에 반응하여 그에 따른 흥분을 전달하는 작용을 한다. 감각기관에서 받아들인 정보가 뇌로 전달되면 뇌에서 판단을 하여 명령을 내리게 되는데, 이러한 일련의 과정이 뉴런이라는 신경세포를 통해 일어난다.

인간은 움직이는 동안에도 현재 동작에 대한 매우 구체적인 신호를 보낸다. 두 발로 걸을 때에는 몸이 위아래로 계속 요동치고, 걷는 속도가 생기게 된다. 이 속도로 인해 공기가 우리 몸을 스치고 귓속의 액체가 움직이는 등 외부 요인이 발생한다. 그리고 고유수용감각과 전정계는 이 모든 신호를 감지한다.

또한 우리 몸이 움직일 때면 우리 눈에 비치는 풍경 역시 함께 움직이기 마련이다. 땅과 바위, 나무 등 정지해 있어야 할 주변 환경이 시선 속에서 이동하게 되면, 뇌는 곧바로 시각적 정보('눈앞의 풍경이 움직이고 있다')와 전정계가 보낸 정보('귓속 액체가 지속적으로 흔들리고 있다')를 종합하여 '몸이 움직이고 있구나. 별일 아니로군!' 하고 결론짓는다. 그러고는 다시 하던 일로 돌아가 섹스나 복수, 혹은 포켓몬처럼 자신이 좋아하는 것을 상상한다. 즉, 우리 눈과 내부 시스템은 사이좋게 의견을 모아 현재 벌어지고 있는 일에 대해 뇌에게 알려주는 것이다.

문제는 우리가 차에 타고 가만히 앉아서 이동할 때 발생한다. 자동차를 타고 이동할 때 귓속의 액체는 규칙적인 요동을 일으키지 않는다(적어도 자동차의 서스펜션에 문제가 없다면 말이다). 비행기나 기차, 배도 마찬가지다. 교통수단을 통해 이동할 때의 우리는 움직임을 행하는 주체가 아니다. 우리는 그냥 가만히 앉아서 시간을 때우기 위해 책을 읽거나 스마트폰을 들여다보거나 멍하니 무언가를 바라보고 있을 뿐이다. 이때 고유수용감각은 뇌가 현재 상황을 판단할 수 있는 어떤 분명한 신호도 보내지 않는다. 신호가 없다는 것은 파충류 뇌에 아무런 작용도 일어나지 않는다는 뜻이다. 동시에 눈도 우리가 움직이고 있지 않다는 신호를 보낸다. 하지만 전정계가 판단하는 바는 다르다. 실제로 우리는 자동차와 함께 이동하고 있으므로, 귓속 액체는 빠른 움직임과 가속도로 인해 발생하는 힘에 반응하여 우리가 상당히 빠른 속도로 움직이고 있다는 정보를 뇌로 전달한다.

이렇게 정밀한 움직임 감지 시스템으로부터 서로 상반된 신호를 받을 때, 우리 뇌는 멀미를 일으킨다고 알려져 있다. 물론 의식 상태에서의 뇌는 위와 같은 상반된 신호를 받더라도 '이건 자동차야, 진정해' 하고 쉽게 처리할 수 있다. 하지만 그보다 더 깊고 근본적이며 우리 몸을 조절하는 무의식 체계는 이런 내부 정보 충돌 문제를 어떻게 처리해야 하는지 모른다. 도대체 무슨 일이 일어났기에 이런 오류가 생기는지 이해하지도 못한다. 이때 파충류 뇌가 선택할 수 있는 답은 딱 하나뿐이다. 바로 독이다! 우리 몸 내부 기능에 매우 큰 영향을 미치면서 혼란을 일으킬 수 있는 것은 독뿐이다.

독은 나쁜 것이다. 만약 뇌가 몸속에 독이 있다고 판단하면 해결책은 역시 한 가지, 없애는 것뿐이다. 그래서 구토라는 반사작용을 즉시 작동시킨다. 뇌에서 좀 더 똑똑한 의식 영역은 돌아가는 상황을 잘 알고 있을지도 모른다. 그러나 더 근본적인 영역인 무의식이 한번 행동을 개시하면 이를 되돌리는 데 많은 노력이 필요하다. 무의식은 말 그대로 '자기 방식대로' 고집을 피우기 때문이다.

사실 아직까지 멀미의 원인에 대해선 분명하게 밝혀지지 않았다. 왜 어떤 때는 멀미를 하고 어떤 때는 멀미를 하지 않는지, 또 왜 어떤 사람은 멀미를 전혀 하지 않는데 어떤 사람은 차만 타면 구토를 하는지 완벽하게 설명할 수는 없다. 멀미를 일으키는 데에는 이동 수단별 특성이나 특정 움직임에 민감하게 반응하는 신경계 성향 등 외부 요인 및 개인적인 특성이 복합적으로 작용하기 때문이다.

지금까지 설명한 것은 멀미에 대한 가장 대중적인 이론이다. 멀미를 일으키는 또 다른 원인으로 '안구진탕 가설nystagmus hypothesis'[2]이라는 것도 있다. 이는 우리가 움직일 때 뜻하지 않게 외안근(안구의 움직임을 조절하는 근육)이 늘어나 미주신경(얼굴 및 목을 관장하는 주요 신경 중 하나)을 이상한 방식으로 자극하여 멀미가 발생한다는 주장이다. 그러나 어떤 이론이든 결국 멀미가 발생하는 근본 원인은 한 가지다. 뇌는 쉽게 혼란을 느끼는 반면, 해결 방법은 제한적이라는 점이다.

뱃멀미는 멀미 중에서도 가장 고약하다. 그래도 육지에서는 풍경 속 여러 사물들을 통해 우리가 움직인다는 사실을 인식할 수 있다(나무가 빨리 지나간다든지 하는 것처럼 말이다). 하지만 바다 위에서는 움직임을 가늠할 만한 사물이 전혀 없거나, 이따금 사물이 나타나더라도 너무 멀리에 있어서 우리 뇌가 움직임을 인식하는 데 아무 도움도 주지 못한다. 따라서 우리 시각체계는 우리가 전혀 움직이지 않고 있다고 판단할 가능성이 크다. 그런데 배를 타고 이동하다 보면 예기치 않게 위아래로 출렁거릴 때가 종종 있다. 그럴 때마다 귓속 액체는 더 많은 신호를 보내게 되고, 뇌는 점점 더 혼란에 빠진다.

이처럼 고약한 뱃멀미를 피할 수 있는 방법이 하나 있다. 가장 확실하고 가장 안전한 방법이다. 그건 바로 배를 타지 않는 것이다. 나는 이 방법이 자동차 멀미와 비행기 멀미에도 분명 효과적일 거라고 확신한다.

디저트 먹을 배가 또 있어?

엄청나게 복잡하고 혼란스러운 우리 뇌의 식욕 조절 과정

음식은 연료와 같다. 몸이 에너지를 필요로 하면 우리는 음식을 먹는다. 반대로 에너지가 필요 없다면 아무것도 먹지 않는다. 생각해보면 매우 간단한 논리다. 그런데 바로 여기에 함정이 있다. 먹는 양과 식욕을 조절하는 기관은 뇌다. '위나 장이 아니었네?' 하고 놀란 사람들도 있을 것이다. 물론 이들도 일조를 하긴 하지만 우리가 생각하는 만큼 크게 중요하지는 않다.

위를 한번 생각해보자. 대부분의 사람들은 충분히 먹고 나면 '배가 부르다'고 말한다. 음식이 몸속에 흡수되면 처음 도달하는 곳이 위다. 위에 음식이 채워지면 위는 팽창하게 되고, 위 신경은 식욕을 억제하고 그만 먹으라는 신호를 뇌에 보낸다. 이러한 원리를 이용한 것이 바로 우리가 밥 대신 마시는 체중 감량 밀크셰이크 같은 제품이다. 이 밀크셰이크에는 고밀도의 성분이 들어 있어 위를 빠른 속도로 채우고 팽창시킨 다음, '배가 부르다'는 신호를 뇌에 전달한다. 그러면 우리는 구태여 위를 더 채울 필요가 없어진다.

하지만 이는 근시안적인 해결책일 뿐이다. 많은 이들이 이러한 체중 감량 밀크셰이크를 마시고 20분도 채 되지 않아서 다시 허기를 느낀다고 말했다. 이런 현상이 일어나는 이유는 위가 팽창했다는 신호가 우리의 식욕 제어 시스템의 극히 일부분에 불과하기 때문이다. 긴 사다리로 치면 이는 제일 아래 단계에 불과하며, 그 위로 쭉 올라가면 훨씬 더 복잡한 뇌의 시스템이 있다.[3]

식욕에 영향을 미치는 것은 위에서 보내는 신호뿐만이 아니다. 호르몬도 일부 기여한다. 지방세포에서 분비되는 렙틴leptin이라는 호르몬은 식욕을 억제하고, 위에서 분비되는 그렐린ghrelin이라는 호르몬은 식욕을 증가시킨다. 만약 우리 몸에 축적된 지방이 많다면, 식욕을 억제하는 호르몬도 많이 분비될 거라는 이야기다. 반대로 위에서 계속해서 허기를 느낀다면, 식욕을 자극하는 호르몬을 분비할 것이다. 참 간단하지 않은가?

하지만 안타깝게도 그렇지 않다. 우리 몸에 음식이 얼마나 필요하냐에 따라 호르몬 분비가 늘어나는 것까지는 맞다. 그런데 뇌는 그 상태에 아주 빨리 익숙해져버린다. 그리고 특정 상태가 오랫동안 지속되면 뇌는 이를 쉽게 무시해버린다. 다시 말해 어떤 일이 일어난다는 사실이 아주 뻔해지면, 그게 중요하든 중요하지 않든 무시해버리는 게 뇌의 놀라운 능력 중 하나다(그래서 군인들은 전쟁 통에도 잠을 잘 수 있다).

혹시 왜 항상 '디저트 먹을 배'는 따로 있는지 생각해본 적이 있는가? 여러분은 방금 아주 큼직하고 맛있는 스테이크와 치즈를 듬뿍 올린 파스타를 먹었다. 배가 터질 지경이라 더 이상은 못 먹겠다는 생각도 든다. 그런데 그때 레스토랑의 종업원이 서비스라며 갓 구운 쫀득쫀득한 퍼지브라우니 위에 바닐라 아이스크림을 얹어 갖다주었다. 퍼지브라우니의 진한 초콜릿 향과 그 위에서 녹아 흐르는 아이스크림을 보니, 문득 세 스푼 정도는 먹을 수 있겠다는 생각이 든다. 그리고 실제로 여러분은 그쯤은 더 먹을 수 있다. 대체 어떻게? 분명 위가 꽉 찼는데 어떻게 더 먹는 것이 물리적으로 가능하단 말인가?

그건 바로 우리 뇌가 '아니, 더 먹을 배가 있어'라고 중대한 결정을 내렸기 때문이다. 달달한 디저트는 우리 뇌가 원하는 강력한 보상이다(이 부분에 관해선 8장에서 더 자세히 설명할 것이다). 달콤한 보상 앞에서 뇌는 '더 이상은 안 돼!' 하고 외치는 위의 신호 따위는 무시해버린다. 앞서 이야기한 멀미와는 달리, 여기서는 신피질이 파충류 뇌 위에 군림한다.

왜 이런 현상이 발생하는지는 아직 정확히 알려지지 않

았다. 아마도 인간이 최상의 컨디션을 유지하기 위해서는 꽤 다양한 음식이 필요하기 때문일지도 모른다. 즉, 먹을 수 있는 것이라면 무엇이든 섭취하는 기본적인 신진대사 작용에서 끝나는 것이 아니라, 뇌가 중간에 끼어들어 식습관을 좀 더 제대로 조절하려고 하는 것이다. 뇌가 하는 일이 이게 전부라면 그나마 괜찮다. 하지만 이게 전부가 아니다.

먹는 것과 관련하여 어떤 학습된 연결고리가 생기면, 그 다음부터 이는 강력한 힘을 발휘하기 시작한다. 여러분에게도 각자 아주 좋아하는 음식이 있을 것이다. 누가 말리지만 않는다면 아마 몇 날 며칠이고 먹을 수 있는 그런 음식 말이다. 예컨대 딸기케이크라고 해보자. 만약 어느 날 당신이 그 좋아하던 딸기케이크를 먹다가 배탈이 났다면 어떨까? 케이크에 올린 딸기가 상했던 것일 수도 있고, 케이크 반죽 속에 알레르기 성분이 있었을 수도 있고, 혹은 케이크를 먹은 직후 일어난 다른 사건 때문에 배탈이 난 것일 수도 있다(그렇다면 어처구니없는 일이지만). 그런데 이때부터 뇌는 '딸기케이크'와 '배탈'을 연결고리로 묶어버린다. 그 결과 이제 여러분은 딸기케이크를 쳐다만 봐도 메스꺼움을 느끼게 된다. 이처럼 서로 혐오적인 관계는 그 힘이

매우 강해서, 우리가 독이나 죽은 생물을 먹지 않게 만들었다. 그리고 한번 형성된 연결고리는 좀처럼 깨기 힘들다. 과거에 케이크를 수십 번 먹었다 해도 전혀 상관없다. 뇌가 '안 돼!'라고 말하면, 우리 힘으로는 어쩔 도리가 없다.

사실 음식을 먹고 탈이 나는 심각한 상황까지 갈 필요도 없다. 뇌는 음식과 관련된 모든 결정에 끼어들기 때문이다. '첫술은 눈으로 먹는다'는 말도 있듯이 뇌의 65%는 미각이 아닌 시각과 관련되어 있다.[4] 뇌와 시각 간의 관계적 특성이나 역할은 아주 다양하지만, 어쨌든 분명한 것은 둘의 관계로 보건대 시각은 뇌가 감각적인 정보를 얻는 대상이라는 것이다. 5장에서 다시 이야기하겠지만, 이에 비해 미각은 당혹스러울 정도로 나약하다. 대표적인 예로, 만약 코를 막은 채 눈을 가리면 대부분의 사람들은 사과와 감자를 잘 구별하지 못한다.[5] 즉, 눈은 혀보다 우리가 인지하는 맛에 더 큰 영향을 미친다. 고급 레스토랑에서 음식 세팅에 심혈을 기울이는 이유가 여기에 있다.

생활 방식 역시 식습관에 큰 영향을 미친다. 예를 들어 점심시간을 생각해보자. 여러분의 점심시간은 언제인가? 대부분 오후 12시에서 2시 사이라고 대답할 것이다. 왜 그럴까? 만약 에너지 섭취를 위해서 음식이 필요한 거라면, 고된 육체노동을 하는 사람들부터 사무실에 앉아 컴퓨터만 만지는 사람들까지 대부분의 사람들이 모두 비슷한 시간에 점심을 먹는 이유는 뭘까? 그것은 아마도 오래전에 이 시간이 점심시간이라는 암묵적 동의가 있었고, 이에 대해 이의를 제기하는 사람이 거의 없었기 때문일 것이다. 이러한 패턴이 한번 형성되면 뇌는 이 패턴이 계속된다고 예상한다. 따라서 배가 고프기 때문에 '밥 먹을 시간을 알게 되는 것'이 아니라, '먹을 시간이 되었기 때문에' 허기를 느끼게 된다. 이런 사실로 미루어보건대 뇌는 '논리'가 너무 중요한 자원이라 아끼고 또 아껴야 하는 보물이라고 생각하는 게 틀림없다.

이처럼 식생활에 있어서 습관은 중요한 부분을 차지한다. 뇌가 한번 무엇을 기대하기 시작하면, 몸도 즉시 이를 따른다. 뚱뚱한 사람에게 좀 더 엄격하게 먹는 양을 줄이라고 말하는 것 자체는 좋다. 하지만 그게 그리 쉬운 일이 아니다. 애초에 과식을 하게 된 이유에는 심리적 안정 등 여러 요인이 있다. 슬프거나 우울해지면 뇌는 몸에게 우리가 피곤하고 지쳐 있다는 신호를 보낸다. 피곤하고 지쳐 있을 때는 무엇이 필요할까? 에너지다. 그렇다면 에너지는 어디서 얻을 수 있을까? 음식! 그것도 아주 달콤한 음식이다! 이처럼 고칼로리 음식을 섭취하면 뇌에서는 보상과 기쁨의 순환작용이 일어난다.[6]

뇌와 몸이 특정 칼로리 섭취에 익숙해지면 이를 줄이는 것은 매우 어렵다. 단거리 달리기 선수나 마라톤 선수가 경기를 끝내고 몸을 웅크리고 숨을 엄청나게 들이마시는 장면을 본 적이 있을 것이다. 혹시 이 선수들이 산소를 너무 마구 들이마신다고 생각해본 적이 있는가? 당연히 이 선수들이 의지가 약해서, 혹은 게으르거나 욕심이 많아서 산소를 퍼마시는 거라고 얘기하는 사람은 없다. 먹는 것도 이와 비슷한 (물론 건강상 더 좋지는 않지만) 원리다. 우리 몸이 더 많은 음식을 기대하기 시작하면 그만 먹는 일은 매우 어려워진다. 애초에 왜 필요 이상으로 먹고 이에 익숙해지는지에 대해서는 이유가 너무 많아 정확히 꼬집어 말하기 힘들다. 다만 우리 인간은 언제라도 음식을 구할 수만 있다면 어떤 음식이라도 먹어야 했던 생물이므로, 이런 특성 탓에 음식을 끝없이 먹는 것이 불가피한 일이라고 주장할 수는 있겠다.

만약 먹는 것을 조절하는 기관이 뇌라는 점을 증명할 증거가 더 필요하다면, 거식증(신경성 식욕부진증)이나 폭식증bulimia과 같은 식이장애를 생각해보면 이해하기 쉬울 것이다. 이 경우 뇌는 음식보다 몸매가 더 중요하니까 '음식은 필요 없어'라고 몸을 설득한다. 마치 자동차에게 기름을 넣을 필요가 없다고 말하는 셈이다. 논리적으로도 건강상으로도 옳지 않지만, 우려스럽게도 이는 반복해서 일어난다.

앞에서 언급한 두 가지 욕구, 즉 움직이고자 하는 일과 먹는 일은 쓸데없이 뇌가 참견해서 더 복잡해진다. 하지만 먹는 일은 우리 삶의 엄청난 기쁨 중의 하나이므로 이를 마치 난로에 석탄을 퍼 넣는 일처럼 기계적으로 취급한다면 우리 인생은 정말 무미건조해질 것이다. 뇌도 결국 자신이 하는 일이 어떤 의미인지 알고 있을지도 모른다.

매일 밤 펼쳐지는 막장 드라마, 꿈의 연출자는 누구?

수면, 그 완전한 무의식에 대하여

잠을 잔다는 것은 의식이 없는 채로 누워서 말 그대로 아무것도 하지 않는 상태를 가리킨다. 그런데 이게 뭐 그리 복잡하다고?

사실 아주 복잡하다. 수면(정확하게 말해서 수면의 작용), 즉 왜 잠을 자며 자는 동안 무슨 일이 벌어지는지에 대해 사람들은 그다지 진지하게 생각하지 않는다. 논리적으로 따져보면 수면이 일어나고 있는 동안에는 수면, 그 완전히 '무의식'적인 것에 대해 생각하기가 아주 힘들다. 수면은 많은 과학자들을 당혹스럽게 만든 주제라는 점에서 부끄럽기도 하고, 좀 더 많은 사람들이 수면에 대해 연구했더라면 좀 더 빨리 파악할 수 있었을 텐데 아쉽기도 하다.

엄밀히 말하자면 사실 우리는 아직도 왜 잠을 자는지 모른다. (수면을 좀 더 광범위하게 해석한다면) 거의 두 종류의 동물 중 한 종류는 잠을 잔다. 심지어 선충처럼 가장 단순하고 흔한 기생충마저도 잠을 잔다.[7] 물론 해파리나 해면같이 잠을 자는 징후가 전혀 없는 동물들도 있지만, 이들은 뇌도 없기 때문에 무언가를 하고 있다고 믿기는 어렵다. 하지만 잠을 자는 행위, 혹은 아무런 활동이 없는 시간이 주기적으로 나타나는 현상은 아주 다양한 종류의 생물들에게서 관찰된다. 이렇듯 분명 수면은 진화에서 그 기원을 찾을 수 있는 중요한 요소다. 해양 포유류의 경우, 이들은 완전히 잠에 빠지면 수영을 하지 않아 물에 빠져 죽을 수도 있다. 따라서 이들은 잠을 자는 동안 뇌의 반만 수면 상태에 빠지게 하는 여러 기법을 발달시켰다. '익사하지 않는 것'보다 잠을 우선시할 만큼 잠이 중요하다는 의미다. 하지만 아직도 우리는 왜 잠을 자는지 모른다.

수면의 이유에 대해서는 치유를 비롯한 여러 이론이 있다. 잠이 부족한 쥐들은 잠을 충분히 잔 쥐에 비해 상처 회복이 훨씬 느리고, 일반적으로 수명도 짧다는 연구 결과가 있다.[8] 또 다른 이론으로는 수면은 연약한 시냅스 사이 신호의 강도를 약하게 만들어 이를 제거함으로써 뇌세포가 에너지 소모를 많이 하지 않도록 해준다는 주장이 있다.[9] 그런가 하면 부정적인 생각을 줄이기 위해서 잠을 잔다는 이론도 있다.[10] 조금 더 독특한 이론으로는 포식자로부터 우리를 보호하기 위한 방어 수단으로 잠을 자게 되었다는 설도 있다.[11] 밤중에 야행성 포식자들에게 모습을 들키지 않으려다 보니, 밤에 움직이지 않는 시간이 늘어나면서 잠을 자게 되었다는 주장이다.

어떻게 잠자는 이유를 모를 수 있냐며 현대 과학자들을 비웃는 사람도 있을 것이다. 잠은 하루 동안 열심히 활동한 우리 몸과 뇌가 회복하고 재충전할 수 있게 해주는 휴식 시간이다. 그렇다. 만약 우리가 아주 고된 일을 했다면, 가만히 쉴 수 있는 수면 시간을 더 늘려야 우리 몸의 시스템이 다시 회복하고 재충전할 수 있을 것이다.

그런데 만약 수면이 오로지 휴식을 위해서라면, 하루 종일 벽돌을 나르느라 힘들게 보낸 날이나, 잠옷을 입은 채로 소파에 기대 하루 종일 만화책을 본 날이나 잠자는 시간이 거의 비슷한 이유는 무엇일까? 이 두 가지 활동 후에 필요한 재충전 시간이 똑같을 리는 없다. 그리고 잠을 자는 동안 신진대사량은 겨우 5~10% 정도밖에 떨어지지 않는다. 이는 아주 약간 '쉬는' 정도에 불과하다. 시속 100킬로미터로 달리다가 엔진에서 연기가 나자 속도를 시속 90킬로미터로 낮추는 것이나 매한가지다.

다시 말해 피곤이 수면 패턴을 결정짓는 요인은 아니라는 것이다. 마라톤을 하다가 피곤하다고 조는 사람이 있었던가? 수면의 타이밍과 시간은 피곤함보다는 몸 내부 메커니즘에 의해 작동되는 생체시계에 좌우된다. 우리 뇌에는 솔방울샘pineal gland이라는 내분비기관이 있는데, 이곳에서는 멜라토닌을 분비시켜 우리의 수면 패턴을 조절한다. 우리가 피곤함이나 편안함을 느끼는 것은 이 멜라토닌 때문이다. 솔방울샘은 빛의 양에 따라 반응한다. 눈의 망막이 빛을 감지하면 솔방울샘으로 신호를 보내는데, 이때 신호를 많이 받을수록 멜라토닌 분비량은 줄어든다(신호가 아주 적더라도 멜라토닌은 조금씩 계속 분비된다). 즉, 낮에는 우리 몸의 멜라토닌 분비가 억제되고, 반대로 해가 질 때쯤 되면 멜라토닌은 빠른 속도로 증가한다. 이처럼 우리 체내 리듬은 햇빛의 양과 관련이 있고, 따라서 보통 아침이 되면 정신이 초롱초롱해졌다가 저녁이 되면 피곤함을 느끼는 것이다.

시차도 같은 메커니즘이 작용한다. 시간대가 다른 국가로 여행을 간다는 것은 빛의 스케줄이 완전히 달라진다는 뜻이다. 뇌는 기존의 리듬에 따라 저녁 8시라고 생각하지만, 실제 우리는 오전 11시의 햇볕을 받는 상황이 발생한다. 인간의 수면 사이클은 매우 정확하기 때문에, 이처럼 멜라토닌 수치가 바뀌면 수면 사이클에도 차질이 생긴다. 그래서 생각보다 잠을 '청하는 일'이 어려워지는 것이다. 우리 뇌와 몸은 생체시계와 연결되어 있기 때문에, 예상치 못한 시간에 억지로 잠을 자기는 힘들다(물론 불가능하지는 않다). 며칠이 지나 빛의 새로운 시간대에 적응이 되면 몸의 리듬이 재조정된다.

누군가는 '수면 사이클이 빛의 양에 매우 민감하다면, 왜 인공적인 빛은 영향을 미치지 않을까?'라고 궁금해할지도 모르겠다. 사실 인공적인 빛도 영향을 미친다. 조명이 널리 보급된 후 지난 몇 세기 동안 사람들의 수면 패턴은 크게 바뀌었으며, 또한 문화적 요인에 따라 수면 패턴이 다양화되기도 했다.[12] 문화적으로 조명을 적게 사용하거나 빛의 패턴이 다른 경우(예를 들어 고지대에 사는 경우), 각자의 상황에 맞게 수면 형태가 변화되었다.

인간의 체온 역시 이와 유사한 리듬에 의해 달라진다. 섭씨 36도에서 37도 사이에서 움직이는데(포유류에게 1도 차이는 엄청난 변화다), 체온은 낮에 가장 높았다가 저녁이 되면 점점 떨어진다. 보통 우리는 체온이 가장 높아지는 지점과 가장 낮아지는 지점의 중간 정도에 잠자리에 들며, 체온이 가장 낮은 시점에는 잠을 자게 된다. 인간이 자는 동안 이불을 덮는 이유가 바로 여기에 있다. 즉, 깨어 있을 때보다 더 춥기 때문이다.

수면의 목적은 단순히 휴식과 에너지 보존에 있다는 주장을 좀 더 반박해보자면, 동면 중인 동물들에게서도 수면이 관찰된다는 점을 들 수 있다.[13] 이미 무의식 상태인 동물들도 잠을 잔다는 것이다. 동면과 수면은 다르다. 동면하는 동안에는 신진대사와 체온이 훨씬 더 많이 떨어진다. 그리고 동면은 수면보다 지속 시간이 더 길며, 거의 혼수상태에 가깝다. 그럼에도 불구하고 동면 중인 동물들도 주기적으로 수면 상태에 빠진다. 그러니까 이들은 '잠을 잘 때마다 평소보다 더 많은 에너지를 사용한다'는 것이다! 즉, 잠이 휴식을 위해서라는 주장은 완벽한 설명이 될 수 없다.

뇌가 잠을 자는 동안 더 복잡한 행동을 보인다는 점에서 더욱 그렇다. 간략히 말해서, 수면은 총 4단계로 이루어져 있다. 안구가 빠르게 움직이는 렘수면REM■과 안구가 움직이지 않는 비렘수면NREM 3단계(NREM 1단계, NREM 2단계, NREM 3단계로서, 신경과학 분야에서 이렇게 설명하는 경우는 드물지만, 이해하기 쉽게끔 간단히 설명하고자 한다)가 있다. 그리고 이 3단계의 비렘수면은 뇌 활동의 형태에 따라 구분한다.

종종 뇌의 여러 영역의 활동 패턴이 동시에 발생하는 경우가 있다. 이때 나타나는 현상을 '뇌파brainwaves'라고 부른다. 만약 다른 사람의 뇌도 동시에 같은 움직임을 보인다면, 이는 '초능력 뇌파'라고 부른다(미안, 농담이다). 아무튼 뇌파에는 여러 형태가 있으며, 각 비렘수면 단계마다 특정 형태의 뇌파가 관찰된다.

비렘수면 1단계에서는 대체로 '알파파alpha waves'가 나타난다. 2단계에서는 '방추파spindles waves'라는 독특한 형태가

■ 잠을 잘 때는 눈과 호흡에 필요한 근육을 제외한 나머지 근육의 긴장도가 사라지고 이완이 되는데, 이를 흔히 이야기하는 렘수면(REM, 'Rapid Eye Movement'의 약자로 꿈을 꾸는 수면 단계)이라고 한다.

보이며, 3단계에서는 '델타파delta waves'가 관찰된다. 깊은 수면 단계로 들어갈수록 뇌의 활동은 줄어들며 잠에서 깨는 것은 더 힘들어진다. 비렘수면 1단계와 비교해서 깊은 수면 상태인 비렘수면 3단계에서는 "일어나! 불이야!" 등의 고함소리와 같은 외부 자극에 대한 반응이 더 적다. 하지만 뇌가 완전히 작동을 멈추는 일은 없다. 그 이유는 수면 상태를 유지하기 위해 뇌가 여러 가지 일을 하기 때문이기도 하지만, 더 큰 이유는 뇌가 기능을 완전히 멈추면 우리가 죽기 때문이다.

그렇다면 마치 우리가 깨어 있을 때처럼 뇌의 활동이 활발하다는 렘수면은 어떨까? 렘수면의 한 가지 흥미로운 (때로는 무섭기까지 한) 점은 렘 무긴장증REM atonia이다. 렘 무긴장증이란 운동신경세포를 통해 몸의 움직임을 조절하는 뇌 기능이 꺼져서 몸을 움직일 수 없는 상태를 일컫는다. 왜 이러한 현상이 일어나는지에 대한 정확한 원인은 아직 분명하게 밝혀지지 않았다. 아마도 특정 신경세포가 운동피질 내에서 일어나는 활동을 막거나, 운동 조절 영역의 민감도가 낮아져서 몸을 움직이는 것이 훨씬 더 힘들어지는 것일 수도 있다. 그 이유야 어쨌든, 렘 무긴장증은 실제로 종종 발생한다.

재미있는 부분도 있다. 렘수면은 우리가 꿈을 꾸는 단계다. 만약 자는 동안에도 운동신경이 매우 활발한 상태라면, 사람들은 꿈에서 하는 행동을 실제로 하게 된다. 우리가 꿈에서 한 모든 행동을 기억한다면, 여러분은 왜 자신이 이런 행동을 피하고 싶은지 이해하게 될 것이다. 자는 동안 주변 환경이 어떤지 알지 못한 채 몸부림을 치고 몸을 허우적댄다면, 우리 자신이나 옆에서 자고 있는 불쌍한 사람에게 매우 위험한 일이 될 수 있다. 물론 뇌는 100% 믿을 만한 게 못 돼서, 운동마비 기능이 제대로 작동되지 않아 꿈꾸는 대로 실제로도 몸을 움직이게 되는 경우가 생긴다(잠꼬대도 한 가지 예가 될 수 있겠다). 이는 앞에서 언급한 것처럼 위험한 일이며, 렘수면 중 나타나는 렘수면행동장애나 주로 비렘수면 중 나타나는 몽유병과 같은 여러 가지 문제를 초래한다. 몽유병에 대해서는 곧 다시 설명하도록 하겠다.

이 외에도 아마 우리에게 더 익숙할 사소한 문제들도 있다. 그중 하나는 수면놀람hypnic jerk으로, 잠이 들면서 갑자기 예기치 않게 몸을 움찔하게 되는 현상이다. 이 증상은 잠이 들려고 할 때 갑자기 각성 상태가 끼어들면서 생기는 것으로, 불안이나 스트레스, 수면장애 등의 요인과 관련이 있으나 대체로 그냥 무작위로 발생하는 것으로 보인다. 일부 가설에서는 뇌가 잠이 드는 것을 '죽는다'고 착각해서, 사람을 급하게 깨우는 현상이라고 주장한다. 하지만 우리가 잠이 드는 과정에는 뇌도 관여를 하므로, 이 주장은 터무니없다. 어떤 이들은 수면놀람 현상을 진화의 과정에서 남은 유산이라고 주장한다. 과거 인간이 나무에서 잠을 잘 때, 갑자기 나무가 기울어지거나 넘어지는 느낌이 들면 이는 곧 우리가 나무에서 떨어진다는 뜻이었기 때문에 깜짝 놀란 뇌가 우리를 깨우는 현상이라는 것이다. 하지만 이유는 완전히 다른 곳에 있을 수도 있다. 수면놀람 현상은 주로 어린아이들에게서 많이 나타나고 나이가 들수록 점차 감소하는데, 그 이유는 아이들의 경우 뇌가 아직 발달 중이기 때문일 가능성이 높다. 즉, 뇌 속의 연결고리가 아직 완성되지 않았고, 프로세스나 기능 역시 아직 형성 중이기 때문이다. 이런 증상은 성인이 되어서까지 지속된다. 하지만 별 문제가 없다면, 수면놀람은 일시적인 현상에 불과하다.[14]

마찬가지로 몸에 큰 문제를 발생시키지는 않지만 문제가 있는 것처럼 느껴지는 또 하나의 증상은 수면마비sleep paralysis다. 우리가 다시 의식 상태로 돌아오면 뇌는 운동신경을 다시 켜게 되는데, 어떤 이유에서인지 이를 까먹을 때가 있다. 그 이유나 배경에 대해서 확실히 밝혀지지는 않았지만, 가장 유력한 학설은 수면 구조가 흐트러지는 것과 관련이 있다는 주장이다. 수면은 각 단계마다 이를 조절하는 뉴런 활동이 다르며, 이를

담당하는 뉴런 역시 다르다. 이때 한 뉴런 활동에서 다른 뉴런 활동으로 바뀌는 과정이 순탄하지 못하여 운동신경을 재활성화시키는 신경 신호가 너무 약해지거나, 혹은 운동신경을 중단하는 신호가 너무 강하거나 오래 지속되는 현상이 나타날 수 있다. 그 결과 의식 상태가 되었음에도 운동제어 능력이 꺼져 있을 수 있다는 것이다. 즉, 렘수면 동안 운동을 중단시키는 요인이 무엇이건 간에 우리가 깨어났을 때도 이 요인이 그대로 남아 있어 몸을 움직일 수 없다는 말이다(앞서 언급한 렘 무긴장증이 잠에서 깬 뒤에도 지속되는 것이다).[15] 하지만 수면마비는 장시간 지속되지 않는다. 일단 우리가 잠에서 깨면 다른 뇌 영역 역시 정상적인 의식 상태로 돌아오면서 수면 시스템의 신호를 무시하게 되기 때문이다.

문제는 수면마비가 일어나는 동안 공포를 느낄 수 있다는 점이다. 그리고 이때 느끼는 공포는 수면마비와 전혀 무관하지 않다. 수면마비가 일어나면 우리는 아무것도 할 수 없으며 무력한 상태에 빠지므로 극심한 공포를 느끼게 된다(이러한 메커니즘은 다음 장에서 다시 살펴볼 것이다). 이 공포감은 너무 강력해서 위험에 대한 환각을 일으킬 정도이며, 우리는 마치 방에 다른 존재가 있는 듯한 느낌을 받게 된다. 자는 동안 외계인에게 잠시 납치가 되었었다거나, 자는데 귀신이 몸을 누르고 있었다는 등의 괴담이 생긴 것도 이런 이유 때문인 것으로 알려져 있다. 대부분의 경우 수면마비 증상은 아주 가끔 아주 짧은 시간 동안 나타나지만, 만성적인 경우도 있다. 수면마비는 우울증 같은 이상 증세와도 관련이 있는데, 이는 다시 말하면 뇌의 프로세스에 근본적인 문제가 있다는 것을 뜻한다.

그리고 수면마비보다 더 복잡하지만 이와 관련이 있는 증상으로 몽유병이 있다. 몽유병은 수면마비와 반대의 상황이긴 하지만 마찬가지로 수면 시 운동신경 제어 기능을 차단하는 시스템과 관련이 있다. 즉, 이 시스템이 제대로 힘을 발휘하지 못하거나 조율이 안 되기 때문에 생기는 증상이다. 몽유병은 어린아이들에게 더 흔하게 발생한다. 따라서 과학자들은 운동억제 시스템이 제대로 발달되지 않은 탓에 일어나는 현상으로 추측한다. 일부 논문에서는 미숙한 중추신경계가 주요 원인(아님 적어도 발생에 영향을 미치는 요인)이라고 주장하기도 한다.[16] 유전적이거나 특정 가족들에게 더 많이 나타나기도 하므로, 중추신경계가 미성숙한 데에는 유전적 요인이 있을 것으로 보인다. 하지만 성인들 역시 스트레스나 술, 약 등의 영향으로 몽유병을 겪을 수 있다. 일부 학자들은 몽유병이 간질이 변이되거나 발현된 것이라고 주장하기도 한다. 간질은 뇌 활동이 제어가 안 되거나 혼란을 겪음으로써 발생하는 것이므로, 이 주장은 논리적으로 일리가 있어 보인다. 그 이유가 무엇이건 간에 뇌가 수면과 운동제어 기능을 뒤죽박죽 섞어버린다는 점은 참 걱정스러운 일이다.

이런 일들은 애초에 뇌가 수면 중에 활발히 활동만 안 한다면 아무 문제도 없을 일들이다. 그렇다면 왜 뇌는 수면 중에도 활동을 하는 걸까? 대체 어떤 활동을 하고 있는 걸까?

뇌가 매우 활발한 상태인 렘수면 중에는 많은 일을 하고 있을 가능성이 크다. 그중 하나는 기억력이다. 끊임없이 제기되는 한 이론에 따르면 렘수면 동안 뇌는 우리의 기억을 더욱 공고화시키고, 정리하며, 유지하는 작업을 한다고 한다. 오래된 기억과 새로운 기억은 서로 연결되어 있다. 새로운 기억을 활성화시켜 오래된 기억을 더 생생하게 만들고 접근성을 높인다. 아주 오래된 기억은 그 기억을 더욱 강화시켜서 연결고리가 완전히 사라지지 않도록 만든다. 이 모든 프로세스는 우리가 잠자는 동안 일어나는데, 그 이유는 아마도 수면 중에는 뇌에 새로운 외부 정보가 유입되지 않으므로 혼동을 일으키거나 문제를 더욱 복잡하게 만들지 않기 때문일 것이다. 여러분은 재포장 중인 도로 위로 차들이 달리는 것을 본 적이 없을 것이다. 여기서도 같은 논리다.

하지만 기억을 활성화시키고 유지하게 되면 이 기억들은 '되살아'난다. 그리고 아주 오래된 경험과 최근의 이미지들이 사실상 한데 뒤섞여버린다. 그 결과 경험의 앞뒤 순서에 대한 질서나 논리적인 구조가 사라진다. 그래서 꿈은 예외 없이 아주 비현실적이고 이상한 방향으로 펼쳐진다. 이런 와중에도 집중력과 논리를 담당하는 뇌의 전두엽은 이렇게 허술하게 뒤섞인 꿈의 내용에 근거를 부여하려고 애쓴다. 우리가 꿈속에서는 그 상황을 마치 현실인 것처럼 느끼며, 결코 일어날 수 없는 황당한 상황인데도 그 당시에는 이상하게 느끼지 않는 이유다.

꿈이 이렇게 터무니없고 예측 불가능한데도 어떤 꿈은 다시 또 꾸기도 한다. 이런 꿈은 일반적으로 어떤 이슈나 문제와 연관이 있다. 실제로 만약 스트레스를 받는 일이 있다면(내가 이 책을 마감일까지 끝내기로 약속한 것처럼), 여러분은 이 일에 대해 계속해서 생각할 것이다. 따라서 이 일과 관련된 새로운 기억이 많이 생기게 되고, 다시 정리가 필요하게 된다. 그러므로 이 문제는 꿈에 더 자주 등장하게 된다. 그에 따라 이 기억은 문득문득 더 자주 떠오르게 되고, 급기야 출판사 사무실을 불태워버리는 꿈까지 꾸게 된다.

렘수면과 관련한 또 다른 이론으로서, 렘수면이 어린아이들에게 특히 중요하다는 주장이 있다. 그 이유는 렘수면이 단순한 기억력을 넘어 뇌의 모든 연결고리를 강화시킴으로써 신경 발달을 돕기 때문이다. 왜 아기나 어린아이들이 어른보다 더 잠을 많이 자며(반나절 이상 자는 경우가 많다), 렘수면 시간의 비중이 더 큰지(성인은 렘수면이 전체 수면 시간의 20%인 데 반해, 어린 아기는 80%나 된다) 여기서 이유를 찾을 수 있다. 어른들의 경우, 렘수면이 일어나기는 하지만 뇌의 효율성을 유지하기 위해 렘수면의 비율이 낮다.

어떤 이론에서는 수면이 뇌의 노폐물을 청소하는 데 필요하다고 이야기한다. 뇌에서는 항상 복잡한 세포 작용이 일어나고 있으며, 이는 다양한 부산물을 발생시키기 때문에 깨끗이 치울 필요가 있다. 한 예로 수면 부족은 알츠하이머병 Alzheimer's disease의 원인으로 알려진 베타아밀로이드 단백질의 증가와 관련이 있는데, 자는 동안 이런 물질이 청소된다고 한다. 따라서 뇌에게 수면이란 레스토랑이 점심과 저녁 사이 잠시 문을 닫고 정리하는 브레이크 타임과 같은 셈이다. 즉, 수면 중에도 뇌는 바쁘지만, 깨어 있을 때와 하는 일은 다르다.

원인이 무엇이건 간에 수면은 뇌의 정상적인 기능을 위해 필수적이다. 수면, 특히 렘수면이 부족한 사람들은 집중력이나 주의력, 문제 해결 능력이 현저히 떨어지고 스트레스 지수가 높으며, 기분이 저하되고 예민하며, 전반적인 업무 능력이 떨어진다. 체르노빌과 스리마일섬에서 일어난 원전 사고도 과로에 시달린 엔지니어들과 관련이 있었고, 챌린저호의 폭발 사고도 마찬가지다. 이틀 동안 12시간의 교대근무를 연이어 하느라 잠을 제대로 못 잔 의사가 내린 결정이 장기적으로 어떤 결과를 낳을지에 대해선 깊이 얘기하지 않겠다.[17] 오랫동안 잠을 자지 않으면, 우리 뇌는 '순간 졸음'을 하기 시작한다. 이는 몇 초나 몇 분간 잠시 잠을 자는 현상이다. 하지만 우리 인간은 진화의 과정에서 긴 무의식 상태를 예상하고 또 이를 활용하도록 만들어졌으며, 여기저기서 잠깐잠깐 조는 것만으로는 해결하기 힘들다. 수면 부족으로 인해 생기는 모든 인지적 문제는 어떻게 버텨본다 해도, 면역체계의 손상이나 비만, 스트레스, 심장병과 같은 신체적 문제도 발생할 수 있다.

따라서 만약 여러분이 이 책을 읽다가 깜빡 졸았다면, 그건 책이 재미없어서가 아니다. 바로 의학적 현상이다.

한밤중 방 안에 나타난 도끼 살인마 (a.k.a. 벽에 걸린 외투)

뇌의 투쟁-도피 반응

살아 숨 쉬는 인간으로서 우리는 생물학적 조건(자고 먹고 움직이는 욕구)이 충족되어야 생존할 수 있다. 하지만 이것만으로 충분하지는 않다. 드넓은 세상에는 수많은 위험이 우리를 집어삼킬 기회만 기다리고 있다. 하지만 다행스럽게도 우리는 수백만 년 동안의 진화를 통해 모든 잠재적인 위협에 대응할 수 있는 정교한 방어체계를 갖추게 되었다. 거기다 우리의 명석한 두뇌는 놀라운 속도와 효율성도 제공한다. 이에 더해 우리는 위협을 인지하고 집중적으로 대응할 수 있는 감정, 즉 공포심도 가지고 있다. 그런데 한 가지 문제가 있다. 우리 뇌는 본능적으로 '나중에 후회하느니 지금 조심하자'라는 태도를 갖고 있다. 실제 그렇지도 않은 상황인데도 공포를 느끼게 된다는 뜻이다.

누구나 이런 경험이 있을 것이다. 어두컴컴한 침실에 누워 있는데 벽에 드리운 그림자가 더 이상 창밖의 죽은 나뭇가지가 아닌 뼈만 앙상한 손을 내밀고 있는 끔찍한 괴물로 보이기 시작한다. 그리고 문 옆에는 복면을 뒤집어쓴 누군가가 서 있다. 이건 분명 친구가 전에 말했던 도끼 살인마가 틀림없다. 이 순간 우리는 겁에 질려버린다. 그런데 이상하게도 이 살인마는 꼼짝달싹도 하지 않는다. 사실 움직일 수가 없다. 그는 도끼를 든 살인마가 아니라 아까 자기 전에 벽에다 걸어놓은 외투일 뿐이니까.

논리적으로는 이해가 안 되는 상황이다. 대체 왜 우리는 전혀 위험하지도 않은 것에 대해 엄청난 공포를 느끼게 되는 것일까? 그런데 뇌는 이것이 무해하다는 사실을 알지 못한다. 하루하루의 일상이 뇌에게는 마치 성난 오소리와 깨진 유리조각으로 가득 차 있는 커다란 구덩이 위에서 줄타기를 하고 있는 것 같다. 발 한번 잘못 내디뎠다간, 짧고 굵은 고통 속에서 무시무시한 쓰레기 더미로 끝나버릴 수 있다.

뇌가 이런 성향을 가지게 된 배경은 이해할 만하다. 인간은 적대적이고 거친 환경 속에서 매 순간 맹수와 뒤섞여 살아왔다. 편집증적으로 그림자만 보고도 득달같이 달려든 사람들이(실제로 이빨 달린 맹수였을 수도 있다) 더 오래도록 살아남아 후세를 퍼뜨렸다. 따라서 현대 인간은 위협이나 위험에 대해 (거의 무의식적으로) 대응하는 메커니즘을 가지게 되었고,

이를 통해 위험에 잘 대처할 수 있는 반사작용을 발달시키게 되었다. 그리고 이 반사작용은 오늘날까지도 생생히 남아 있다(덕분에 지금 이 순간 여러분이 살아 있는 것이다). 이를 '투쟁-도피 반응fight-or-flight response'이라고 부르는데, 그 역할을 간결하지만 정확하게 잘 표현한 말이다. 이처럼 위협이 발생하면 인간은 맞서 투쟁하거나 도망치게 된다.

아마 여러분도 예상했듯이, 투쟁-도피 반응은 우리 뇌에서 시작된다. 감각에서 전달된 정보는 우리 뇌를 거쳐 뇌의 실질적 중심부인 시상thalamus으로 들어간다. 우리 뇌가 도시라고 한다면, 시상은 각 목적지로 전달되기 전에 반드시 거쳐 가는 주요 정류장과 같은 존재다.[18] 시상은 피질에서 뇌의 발달된 인지적 부분과 중간 뇌 및 뇌간의 좀 더 원시적인 '파충류' 영역을 서로 연결한다. 조금 복잡하게 설명되었지만, 아무튼 시상은 중요한 부분이라는 말이다.

때로는 시상에 전달된 정보가 걱정스러운 내용인 경우도 있다. 이 정보는 익숙한 것일 수도 있고 아닐

수도 있지만, 상황상 문제가 되는 경우다. 예를 들어 우리가 숲에서 길을 잃었는데 어디선가 으르렁거리는 소리가 들린다면, 그것은 익숙하지 않은 상황이다. 하지만 만약 집에 혼자 있는데 위층에서 발소리가 들렸다면, 이는 익숙하지만 불길한 상황이다. 어떤 경우에 해당하건 간에 이 감각 정보는 '불길한 일'이라는 꼬리표가 붙는다. 그 후 이 정보는 피질로 전달된다. 뇌의 분석적인 영역인 피질은 이 정보를 살펴본 뒤, '이것이 걱정할 만한 일인가'를 고민한다. 그리고 과거에도 유사한 일이 있었는지 기억을 점검한다. 이때 만약 현재 이 경험이 안전한지의 여부를 판단할 정보가 부족하다면 투쟁-도피 반응을 일으킨다.

그러나 감각 정보는 피질뿐만 아니라 편도체amygdala로도 전달된다. 편도체는 뇌에서 격한 감정, 특히 공포를 처리하는 영역이다. 편도체는 섬세하지 않다. 뭔가 잘못되었다고 느끼면 즉시 적색경보를 울린다. 편도체의 대응 속도는 피질의 가장 정교한 분석 능력과는 비교할 수도 없을 만큼 빠르다. 따라서 풍선이 갑자기 터지는 것처럼 두려운 감정이 생기면, 우리는 그 대상이 위험한 것인지 아닌지 깨닫기도 전에 즉각 공포 반응을 보인다.[19]

그다음에는 시상하부hypothalamus로 신호가 전달된다. 시상하부는 시상 바로 밑에 있는 부분(그래서 시상하부라 부른다)으로서, 우리 몸 내부에서 '어떤 일이 일어나게 만드는 작업'

을 한다. 앞의 비유를 확대해서 적용해보면, 시상은 정류장이고 시상하부는 정류장 밖의 택시 승강장이다. 택시는 중요한 물건을 싣고 도시로 배달해, 도시에서 일이 제대로 처리되도록 한다. 시상하부가 하는 일 중 하나는 투쟁-도피 반응 방식을 작동시키는 것이다. 시상하부는 교감신경계sympathetic nervous system로 하여금 우리 몸이 '전시' 상태에 돌입하게 함으로써 투쟁-도피 반응을 일으킨다.

여러분은 아마 이 부분에서 '교감신경계는 또 뭐야?'라는 물음이 생겼을 것이다. 좋은 질문이다. 신경계는 우리 몸 전체에 걸쳐 있는 신경과 신경세포의 네트워크를 가리킨다. 신경계를 통해 뇌가 몸을 통제할 수 있고, 몸은 뇌와 소통하며 뇌에게 영향을 줄 수 있다. 이 중 중추신경계central nervous system(뇌와 척수)는 중요한 결정이 이루어지는 곳이며, 단단한 뼈(두개골과 척추)로 둘러싸여 있다. 수많은 신경들이 이 구조에서 뻗어 나와 가지처럼 계속해서 갈라지고 퍼져 몸의 모든 부분에 신경을 분포시킨다. 즉, 각 장기나 조직에 신경을 공급한다는 뜻이다.

자율신경계autonomic nervous system 역시 두 부분으로 나뉜다. 교감신경계와 부교감신경계parasympathetic nervous systems다(설명이 점점 더 복잡해지고 있는 것 같은 불길한 느낌이다). 부교감신경계는 식사 후 서서히 소화를 시키거나 노폐물을 배출시키는 것처럼 좀 더 침착한 프로세스를 맡는다. 만약 몸의 각 부분을 주인공으로 하나의 시트콤을 만든다면, 부교감신경계는 하루 종일 소파에 엉덩이를 붙이고 앉아서 남들에게 "이봐, 진정해. 뭐 별일이야 있겠어?"라고 말하는 느긋한 캐릭터일 것이다.

반대로 교감신경계는 극도로 예민하다. 시트콤 속이라면 늘 불안에 떠는 편집증적인 성향을 가진 인물로, 온몸을 은박지로 둘둘 싸매고 다니며 아무나 붙잡고 CIA에 대한 불평을 토해내는 그런 캐릭터일 것이다. 교감신경계는 우리 몸이 위협에 대처하기 위해 사용하는 여러 가지 대응 방법을 준비하고 있으므로 투쟁-도피 시스템이라고도 불린다. 교감신경계는 동공을 확장시켜서 빛이 더 많이 들어오게 만들어, 우리가 위험신호를 더 잘 인지하도록 한다. 그리고 주변부나 중요하지 않은 기관 및 시스템의 혈액을 근육으로 보내어 뛰거나 싸울 때(그래서 격렬한 긴장감을 느낄 때) 최대한 많은 에너지를 얻을 수 있도록 한다. 여기서 교감신경계가 생각하는 '중요하지 않은 기관 및 시스템'으로는 소화나 침 분비 등이 있다. 공포심이 생기면 입이 바싹바싹 마르는 것은 이 때문이다.

교감신경계와 부교감신경계는 끊임없이 활동하며 서로 조화를 이루고, 우리 몸 체계가 정상적으로 작동할 수 있도록 한다. 하지만 긴급한 상황이 발생하면, 교감신경계가 나서서 우리 몸을 투쟁하거나 달아날 수 있도록 준비시킨다.

투쟁-도피 반응이 일어나면 부신수질adrenal medulla(신장 바로 위에 위치)을 자극하여 아드레날린adrenalin을 분출시키는데, 이때는 우리 몸이 온통 아드레날린으로 뒤덮일 정도로 많이 분비된다. 아드레날린은 우리가 위험한 상황에서 흔히 느끼는 현상들을 발생시킨다. 긴장, 가슴 떨림, 산소 공급을 위해 가빠지는 숨, 심지어 창자의 이완(죽을힘을 다해 뛰는데 불필요한 무게를 감당하고 싶진 않을 것이므로) 같은 현상도 아드레날린에 의해 나타난다.

이때 인지력 역시 강화된다. 이에 따라 우리는 잠재적인 위협에 더욱 민감하게 반응하며, 위협 요인이 등장하기 전에 있었던 사소한 문제에 대해서는 덜 집중하게 된다. 뇌가 위험에 촉각을 곤두세우면서 동시에 갑자기 몰아치는 아드레날린으로 인해 일부 활동은 강화되고 그 외의 활동은 제한되기 때문이다.[20]

뇌의 감정 처리 또한 편도체로 인해 한층 강화된다.[21] 잠재적인 위협을 맞닥뜨리게 되면 이와 맞서 싸우도록 우리를 고무시키거나 그렇지 않다면 되도록 빨리 도망가야 한다. 극단적인 공포나 분노를 느끼게 되면 눈앞에 닥친 문제에만 집중하게 됨으로써 논리적 추론 같은 느긋한 행위로 시간을 낭비하는 짓에서 벗어날 수 있다.

잠재적인 위협이 느껴지면 뇌와 몸은 즉시 한층 더 강화된 인지 상태와 신체적 준비 태세에 돌입한다. 하지만 여기서 문제는 '잠재적'이라는 부분이다. 투쟁-도피 반응체계는 이것이 정말 필요한 상황인지 아닌지 분별하기도 전에 이미 시작된다.

논리적으로 일리는 있다. 원시시대 인간은 '저 발소리가 호랑이인지 아닌지 확실해질 때까지 좀 더 기다려보자'라는 자세보다는 '뭔진 모르겠지만 일단 도망가자!'라는 자세를 갖춰야 살아남을 확률이 높았다. 도망친 부류는 대부분 아무 탈 없이 부족으로 돌아온 반면, 반대의 경우는 호랑이의 아침식사가 되어버리기 십상이었기 때문이다.

물론 이런 생존 전략은 현대에 와서는 조금 불필요해진 부분이 없지 않다. 투쟁-도피 반응은 실제로 여러 가지 고된 신체적 프로세스를 일으키며, 이 프로세스의 효력이 끝나기까지는 상당한 시간이 걸린다. 아드레날린은 한번 증가하면 혈류에서 완전히 사라지는 데 시간이 필요하기 때문이다. 어디선가 풍선이 터질 때마다 몸을 전투 태세로 무장시키는 것은 불편한 일이다.[22] 투쟁-도피 반응 방식이 가동되면 우리는 긴장하게 되고, 감정은 점차 고조된다. 그런데 이 모든 것들이 필요 없다는 사실을 곧 깨닫게 된다 해도 여전히 우리 근육은 긴장 상태이며, 요동치는 심장은 쉽게 가라앉지 않는다. 이때 죽을힘을 다해 도망가거나 불법침입자와 몸싸움을 한판 벌여서 이 긴장감을 해소하지 않으면 긴장이 점점 과도해져 쥐가 나거나, 근육이 뭉치거나, 가슴이 떨리는 등의 문제가 생길 수 있다.

감정 상태 역시 격해진다. 공포심이나 분노를 느끼게 되면 이 감정을 갑자기 중단시키기는 힘들다. 따라서 이를 표출할 다른 대상을 찾게 된다. 예컨대 여러분 주변의 누군가가 어떤 시비에 휘말려 감정이 점점 격해지고 있는 상황을 가정해보자. 당장이라도 상대방에게 주먹을 날릴 것 같은 그 순간, 여러분이 그 앞을 가로막고 서서 "자자, 진정합시다"라고 말하면 어떻게 될까? (머릿속으로만 상상해보자. 실제로 시도했다가 주먹이 여러분 얼굴에 꽂혀도 책임질 수는 없으니까.)

이와 같은 소모적인 신체 반응은 투쟁-도피 반응의 일부에 지나지 않는다. 뇌가 위험신호를 찾는 데 몰두하기 시작하면 문제는 점점 더 커진다. 우선 뇌는 현재 상황을 판단한 뒤 위험신호에 더욱 집중한다. 만약 깜깜한 방 안에 있다면 뇌는 우리가 앞을 잘 볼 수 없다는 사실을 인식하고, 의심되는 모든 소리에 관심을 집중한다. 보통 밤에는 조용하다는 사실을 알고 있기 때문에 어떤 작은 소리에도 엄청난 관심이 집중되며 내부의 경고 시스템이 발동한다. 뿐만 아니라 뇌가 복잡하다는 것은 인간에게 예측하고 사고하며 상상할 수 있는 능력이 있다는 뜻이다. 다시 말해 벽에 걸린 외투가 도끼를 든 살인마로 보이는 것처럼, 일어나지 않았거나 실제로 존재하지 않는 것에도 공포심을 느낄 수 있다는 의미다.

일상생활에서 뇌가 어떤 이상한 방식으로 공포심을 이용

하고 처리하는지에 대해서는 3장에서 자세히 다룰 것이다. 뇌가 우리의 생존에 필요한 이 근본적인 프로세스를 제대로 감독하지 않으면(그리고 종종 간섭하지 않으면), 의식 영역은 결국 곤란을 초래할 방법들을 기가 막히게 생각해낸다. 그리고 이는 꼭 신체적인 문제만을 뜻하지 않는다. 당혹감이나 슬픔처럼 실체가 없는 것일 수도 있고, 신체상으로는 무해하지만 정말 피하고 싶은 것일 수도 있다. 따라서 발생 가능성이 아주 낮더라도 투쟁-도피 반응을 일으키기에는 충분한 것이다.

2

기억이라는 것은 얼마나 감사한 선물인가 (단, 영수증은 반드시 보관할 것)

도무지 이해할 수 없는 인간의 기억 시스템

요즘 기억을 뜻하는 '메모리memory'라는 단어가 자주 언급된다. 물론 기술적인 의미에서다. 컴퓨터에서 '메모리'는 우리 모두가 알고 있듯이 정보를 저장하는 공간을 뜻한다. 그러니 사람들이 컴퓨터 메모리나 인간의 메모리나 작동 원리는 뭐 거기서 거기라고 생각한다 해도 이해할 수 있는 일이다. 정보가 입력되고, 뇌는 이를 기록하며, 우리는 필요할 때 이 정보를 꺼내 쓴다. 컴퓨터 메모리와 똑같지 않은가?

하지만 아주 중요한 차이가 있다. 컴퓨터 메모리의 경우, 정보가 일단 입력되면, 이것들은 누가 삭제를 명령하지 않는 한 언제까지고 영원히 그곳에 머문다. 기술적인 문제만 없다면 '불러오기'를 명령하는 순간 이전에 저장된 상태 그대로 나타난다. 지금까지는 아주 논리적이다.

그런데 만약 컴퓨터가 메모리에 있는 정보 중에 어떤 것이 다른 것보다 더 중요하다고 판단한다면 어떻게 될까? 왜 그러는지는 결코 알 수 없다. 아니면 컴퓨터가 아무런 논리적인 체계도 없이 정보를 저장해버려서 가장 기본적인 데이터를 찾는 데에도 모든 폴더와 드라이브를 다 뒤져봐야 한다면? 혹은 컴퓨터가 내가 저장해둔 고등학생 시절 일기나 야한 동영상 같은 지극히 개인적이고 민망한 정보 파일을 허락도 없이 아무 때나 열어본다면? 혹은 내 정보가 너무 마음에 안 든 나머지 컴퓨터가 자기 뜻대로 내용을 바꾸어버린다면?

이런 일들이 예고도 없이 아무 때나 일어난다고 상상해보자. 여러분은 컴퓨터를 켠 지 30분도 채 안 되어 사무실 창문 밖으로 던져버릴 것이다. 컴퓨터는 3층 아래 주차장 바닥에서 급작스러운 최후의 순간을 맞이하게 될 테고 말이다.

바로 뇌 이야기다. 뇌는 이처럼 우리 기억을 가지고 이런 몹쓸 장난을 치고 있다. 그것도 항상, 늘, 매일같이. 만약 컴퓨터가 문제라면 우리는 이참에 새로 출시된 업그레이드 버전 제품을 다시 구입할 수도 있고, 아니면 컴퓨터 매장에 들고 가서 이 제품을 추천한 판매 직원에게 소리를 지를 수도 있다. 하지만 뇌는 우리가 도저히 어떻게 할 수가 없다. 전원을 껐다 켜서 재부팅할 수도 없는 노릇이다(앞에서 보았듯이 잠도 믿을 게 못 된다).

만약 여러분 중에 상대방이 답답함에 참다못해 몸을 부르르 떨게 만드는 걸 즐기는 사람이 있다면, 현대 신경과학자들에게 가서 아무것도 모르는 얼굴로 고개를 갸우뚱하며 "뇌는 컴퓨터와 비슷하지 않나요?"라고 이야기하면 된다. 이는 매우 단순하고 잘못된 비교로, 우리의 기억, 즉 메모리 체계가 이를 단적으로 보여준다.

이번 장에서는 아주 당황스럽고 흥미로운 뇌의 기억체계에 대해 다룰 것이다. 나는 뇌의 이러한 특성을 '기억에 남을 만한' 것이라고 표현하고 싶었지만, 기억체계가 워낙 복잡한 만큼 정말 기억에 남을는지는 장담할 수가 없다.

가만, 내가 지금 부엌에 뭘 가지러 왔더라?

장기기억과 단기기억, 너와 나의 연결고리 이건 우리 안의 기억

아마 누구나 한 번쯤은 이런 경험을 한 적이 있을 것이다. 어느 방에서 무언가를 하고 있다가 갑자기 뭔가 떠올라 다른 방으로 무얼 가지러 간다. 그런데 가는 도중 여러분을 방해하는 요소들을 만난다. 거실에 앉아 있던 동생이 말을 걸거나, 텔레비전 뉴스에서 충격적인 사건을 보도하고 있거나, 부엌에서 흘러나오는 맛있는 냄새를 맡게 되거나 하는 것들이다. 아무튼 방해 요소가 무엇이건 간에 그곳을 지나 목적지에 도착했는데, 문득 지금 내가 이 방에 들어와 무엇을 가지고 가려고 했었는지 갑자기 기억이 나질 않는다. 당황스럽고, 짜증이 나기도 하며, 시간도 허비하게 된다. 누구나 한 번쯤 겪어보았을 이러한 증상은 우리 뇌가 기억을 처리하는 방식이 지나치게 복잡해서 발생하는 이상 현상 중 하나다.

인간의 기억에서 가장 흔하게 발생하는 괴리는 단기기억short-term memory과 장기기억long-term memory 간의 차이에서 온다. 이 두 가지 기억은 상호 의존적으로 작용하지만, 그 특성은 서로 매우 다르다. 우선 이름에서 알 수 있듯이 단기기억은 지속 시간이 짧은 반면, 장기기억은 그 사람이 살아 있는 내내 남아 있을 수 있다. 그렇다면 만약 하루 전이나 몇 시간 전의 일은 단기기억일까 장기기억일까? 정답은 '장기기억'이다.

단기기억은 오래 남지 않는다. 기껏해야 1분 정도 지속될 뿐이다. 그러나 정보를 실제로 의식적으로 이용하는 일, 즉 현재 우리가 생각하고 있는 것은 단기기억에서 처리한다. 현재 생각하는 것에 대해 우리가 사고할 수 있는 이유는 이들이 단기기억 속에 있기 때문이다. 그리고 이것이 단기기억의 목적이기도 하다. 장기기억은 방대한 정보를 제공해 인간의 사고를 돕는다. 하지만 이때 생각을 하는 주체는 단기기억이다(이러한 이유 때문에 일부 신경과학자들은 단기기억을 '작업기억'이라고 부르자고 주장하기도 한다. 이는 단기기억에 몇 개의 프로세스가 더해진 개념으로, 잠시 뒤에 다시 살펴보도록 하자).

단기기억력의 용량이 매우 작다는 사실을 알면 많은 사람들이 놀랄 것이다. 현재 연구 결과에 의하면 평균 단기기억력은 한 번에 최대 4개의 '아이템'까지만 가능하다고 한다.[1] 사람들에게 단어 목록을 주고 외워보라고 하면 그중

4개만 기억할 수 있다는 것이다. 이는 여러 실험을 통해 나온 결과로, 사람들에게 이전에 보여주었던 목록 중에서 기억나는 단어나 아이템을 말해보라고 했을 때 그들은 평균적으로 4개만 확실히 기억하고 있었다. 과거 수년 동안은 인간의 단기기억력이 평균 7±2개라고 생각했다. 이는 1950년대 조지 밀러George Miller의 실험에서 나온 결과로서, 이를 '매직 넘버magic number' 혹은 '밀러의 법칙Miller's law'이라고 부른다.[2] 그러나 이후 기억 방법이나 실험 방법을 개선하여 재평가해보니, 인간의 실제 단기기억 용량은 아이템 4개 정도에 지나지 않는다는 연구 결과가 나왔다.

여기서 주목할 부분은 '아이템'이라는 용어다. 단기기억에서 '아이템'으로 간주되는 것은 그 종류가 매우 다양하다. 인간은 단기기억력의 한계를 극복하고 저장 용량을 극대화시킬 수 있는 여러 가지 방법을 고안해왔다. 그중 한 가지는 '청킹chunking' 혹은 '청크chunk'라고 불리는 방법인데, 기억할 정보들을 하나의 그룹으로 묶어 단기기억력을 활용하는 것이다.[3] 만약 여러분들에게 '자동차', '다람쥐', '땅콩', '노래', '공원'이라는 단어를 외우라고 한다면, 외워야 할 것은 총 5개의 아이템이다. 그런데 이를 '공원의 다람쥐가 땅콩 자동차에서 노래한다'라고 문장으로 기억하게 하면, 이는 하나의 아이템이 된다. 이전의 실험자들과 논쟁이 붙을 수 있는 부분이다.

반대로 장기기억력의 경우에는 아무도 기억 용량을 꽉 채울 만큼 오래 살지 못하므로 최대 용량이 어느 정도인지는 알 길이 없다. 확실한 것은 장기기억의 용량은 매우 크다는 점이다. 그렇다면 왜 단기기억은 이처럼 아주 제한적일까? 그 이유 중 하나는 단기기억은 계속해서 사용되기 때문이다. 인간은 깨어 있는 매 순간마다(어떤 사람은 잠자는 중에도) 경험하고 생각한다. 이때 놀라운 속도로 정보가 들어오고 나간다. 단기기억은 안전성과 질서를 요구하는 장기기억 속으로 들어가지 않는다. 마치 번잡한 공항에 들어가면서 거추장스러운 짐이나 잡동사니 등은 입구에 놔두고 들어가는 것과 비슷하다.

단기기억이 짧은 또 다른 이유는, 단기기억력은 '물리적'인 기반이 없기 때문이다. 단기기억은 뉴런 내에 특정 행동 형태로 저장된다. 좀 더 자세히 설명하자면, 뉴런은 뇌세포 또는 신경세포의 공식 명칭이며 전체 신경계의 기본 요소다. 각각의 뉴런은 아주 작은 생물학적 처리장치다. 세포막에서 전기 활동의 형태로 정보를 받고 또 생성하며, 세포막은 뉴런으로부터 받은 정보를 구조화한다. 뉴런은 다른 뉴런들과 촘촘하고 복잡한 연결고리를 형성하기도 한다. 따라서 단기 정보는 전두엽의 배외측 전전두엽피질Dorsolateral Prefrontal Cortex처럼 관련 영역의 뉴런 활동에 의해 이루어진다.[4] 뇌 스캐닝을 해보면 전두엽에서 훨씬 더 섬세한 '사고' 작용이 이루어진다는 것을 알 수 있다.

뉴런 내에 행동 형태로 정보를 저장하는 것은 꽤 까다로운 일이다. 마치 카푸치노 위에 거품으로 쇼핑 목록을 적는 것처럼 말이다. 이때 거품이 잠시나마 단어 모양을 유지하긴 하므로 메모를 하는 것이 물리적으로 불가능하지는 않지만, 그리 오래가지 못한다. 따라서 정보를 장기간 저장할 목적으로는 적합하지 않다. 단기기억의 목적은 정보를 빠른 속도로 처리하여 활용하는 것이다. 이때 끊임없이 정보가 들어오기 때문에 중요하지 않은 것들은 무시하거나, 바로 덮어쓰기를 해버리거나, 아니면 사라지게 만든다.

그런데 이런 단기기억 시스템에도 종종 오류가 발생한다. 정보를 제대로 처리하기도 전에 중요한 내용이 날아가 버리는 것이다. '가만, 내가 지금 이 방에 뭘 가지러 왔더라?'와 같은 상황이 벌어지는 이유다. 뿐만 아니라 단기기억에 과부하가 발생하면 새로운 정보와 요청을 처리하느라 세부적인 내용에 신경을 쓰지 못하게 된다. 예컨대 당신이 지금 일곱 살짜리 아이들이 30명쯤 모인 생일파티 장소에서 음식 주문을 받고 서빙을 하는 상황을 상상해보라. 이쪽에서 딸기 아이스크림과 초콜릿케이크 주문을 받고 있는데 저쪽에서 음료수 잔이 엎어지고 어디선가 울음소리가 터져나오는 동시에 어떤 녀석은 쓰레기통 속에 들어가려고 하고 있는 상황이다. 이때 누군가 당신을 부르며 조금 전 주문을 취소하겠다고 한다. 당신은 그 사람의 주문 내용을 기억할 수 있을까? 단기기억력은 이 엄청난 정보를 처리할 능력이 없다.

그렇다면 여기서 질문이 하나 생긴다. 만약 생각을 담당하는 단기기억력이 이 정도 용량밖에 안 된다면, 우리는 대체 어떻게 하루 종일 그 많은 일들을 다 처리하고 있는 것일까? 또 우리가 손가락이 몇 개인지 세다가 까먹고 또 까먹고 하지 않는 이유는 무엇일까? 다행히 단기기억은 장기기억과 연결되어 있으며, 이 덕분에 단기기억의 부담이 많이 줄어든다.

예를 들어 전문 통역사를 생각해보자. 이들은 특정 언어로 된 긴 연설을 듣고 이를 실시간으로 다른 언어로 통역한다. 이는 분명히 단기기억력의 능력 밖의 일이라는 생각이 들 것이다. 하지만 사실 그렇지는 않다. 만약 '한국어를 지금 배우고 있는' 사람에게 한국어로 바로 통역해달라고 하면 이는 아주 버거운 일일 것이다. 하지만 전문 통역사들의 장기기억 속에는 이미 해당 언어의 단어와 구조가 저장되어 있다(인간의 뇌에는 브로카 영역Broca's area이나 베르니케 영역Wernicke's area처럼 언어를 담당하는 영역이 있다. 이 부분은 뒤에서 다시 설명할 것이다). 그리고 단기기억은 단어의 순서와 문장의 의미를 다루어야 하는데, 이는 특히 연습을 통해서 가능해진다. 이러한 단기/장기기억의 상호작용은 모든 사람에게 공통적으로 일어난다. 샌드위치가 먹고 싶을 때마다 '샌드위치'라는 단어를 배울 필요는 없는 것처럼 말이다. 하지만 주방에 들어갔는데 뭘 먹고 싶었는지 까먹는 경우는 충분히 있을 수 있다.

정보가 장기기억으로 남을 수 있는 방법은 여러 가지다. 중요한 전화번호와 같은 정보를 의식 상태에서 계속 되새기면 단기기억이 장기기억으로 남는다. 즉, 계속 그 정보를 되풀이함으로써 오래 기억할 수 있게 된다. 단기기억은 순간의 짧은 활동으로 일어나는 반면, 장기기억은 시냅스를 통해 뉴런과 뉴런 사이에 새로운 연결고리가 생김으로써 이루어지는데 이는 외우고자 하는 특정 내용을 계속해서 반복함으로써 더 강화된다.

뉴런은 뇌에서 몸으로, 또 몸에서 뇌로 정보를 전송하기 위해 '활동전위action potentials'라는 신호를 발생시킨다. 이는 마치 전기가 말랑말랑한 전선을 통과하는 것과 비슷하다. 일반적으로 수많은 뉴런이 하나의 신경을 구성하며, 한 점에서 다른 점으로 활동전위를 이동시킨다. 따라서 신호가 특정 위치에 도달하려면 한 뉴런에서 다른 뉴런으로 이동해야 한다. 여기서 두 뉴런(혹은 더 많은 뉴런) 사이의 연결 부위를 시냅스라고 부른다. 시냅스는 물리적으로 연결된 상태는 아니다. 정확히 말하자면 한 뉴런의 끝부분과 다른 뉴런의 시작 부분 사이의 좁은 틈을 뜻한다(내용이 좀 더 복잡해지긴 하지만, 사실 상당수의 뉴런들은 여러 개의 시작 부분과 끝부분을 가지고 있다).

활동전위가 시냅스에 도착하면, 첫 번째 뉴런에서 신경전달물질neurotransmitter이라는 화학물질을 시냅스로 방출한다. 방출된 신경전달물질은 시냅스를 통과하여 수용체를 통해 다른 뉴런의 막과 반응한다. 이때 신경전달물질이 수용체와 만나면 뉴런에서 새로운 활동전위가 발생하고 또 그다음 시냅스로 이동하는 현상이 계속 이어진다. 뒤에서 다시 다루겠지만, 신경전달물질에는 여러 종류가 있다. 신경전달물질은 실질적으로 뇌의 모든 활동을 뒷받침하며, 각각의 역할과 기능도 다르다. 뿐만 아니라 신경전달물질은 저마다 상호작용하는 수용체가 각각 다르다. 이는 열쇠나 비밀번호, 지문, 망막 스캔이 각각 일치해야만 문이 열리는 것과 비슷하다.

시냅스는 실제 정보가 뇌에 '보관'되는 장소로 알려져 있다. 특정 위치에 시냅스들이 특정한 형태의 그룹을 만들고 있다면 이는 기억을 의미한다. 그리고 이 기억은 이 시냅스들이 활성화될 때 발생한다. 다시 말해 시냅스 그룹은 특정 기억을 나타내는 물리적인 형태다. 종이 위의 잉크가 우리가 인식할 수 있는 언어의 단어처럼 보이듯이, 특정 시냅스(혹은 여러 시냅스들)가 활성화되면 뇌는 이를 기억으로 해석한다.

이렇게 여러 시냅스들을 형성하며 새로운 장기기억을 만드는 과정을 '인코딩encoding'이라고 한다. 이는 기억이 뇌에 실질적으로 저장되는 프로세스를 뜻한다. 인코딩은 뇌에서 꽤 빠른 속도로 처리되지만 즉각적이지는 않다. 따라서 단기기억은 영구적이지는 않지만 이보다 더 빠른 활동을 통해서 정보를 저장한다. 이때 단기기억은 새로운 시냅스를 형성하지 않고 다목적의 시냅스 다발을 작동시킨다. 그러므로 단기기억 속의 정보를 계속 되풀이하는 것은 이 정보를 오랫동안 활동하게 만들어서 장기기억으로 인코딩할 수 있는 시간을 주는 것이다.

하지만 이처럼 기억할 수 있을 때까지 반복하는 방법만이 정보를 기억하는 유일한 방법은 아니다. 무언가를 기억하기 위해서 매번 모든 것을 반복할 수는 없는 일이다. 굳이 그럴 필요도 없다. 사실 우리가 경험하는 거의 모든 것은 장기기억 속에 특정 형태로 저장된다는 증거가 있다.

감각 정보, 그리고 이와 관련된 모든 감정 및 인지적 요소는 모두 측두엽temporal lobe의 해마hippocampus로 전달된다. 해마는 뇌의 아주 활동적인 영역으로, 끊임없이 발생하는 감각 정보를 '개개의' 기억으로 저장하는 역할을 한다. 많은 실험 결과에 따르면, 해마는 실제로 기억의 인코딩이 일어나는 장소다. 해마가 손상된 사람들은 새로운 기억을 인코딩하지 못한다. 반대로 새로운 정보를 계속해서 배우고 외우는 사람들은 해마가 놀라울 정도로 발달되어 있어(택시기사의 경우 공간기억과 방향감각을 처리하는 해마가 매우 발달되어 있다), 해마에 대한 의존성이 더 크고

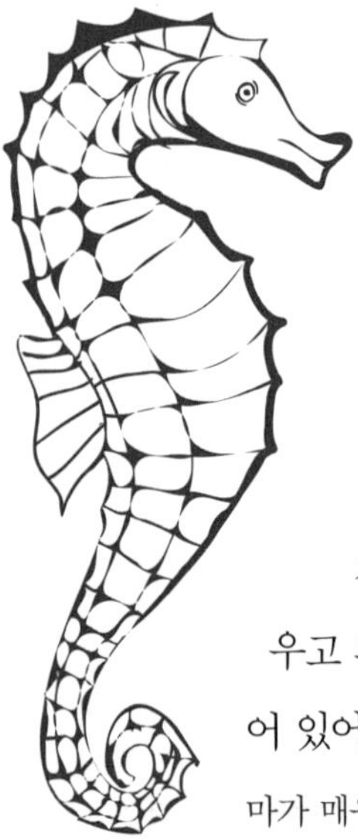

해마 활동도 더 활발하다는 것을 알 수 있다. 일부 실험에서 새로 생성된 기억에 '꼬리표'를 붙이는 방법을 사용했는데 (뉴런이 생성될 때 필요한 단백질을 눈에 보이게 만들어 이 물질을 주입시키는 복잡한 방법이다), 실제로 기억들이 해마에 모여 있는 것을 볼 수 있었다.[5]

기억들이 해마 주위에 모였다가 점점 새로운 기억들이 그 뒤에 계속해서 축적되면서 이들을 서서히 밀어내고, 기존의 기억들은 점차 피질 안으로 이동한다. 이처럼 인코딩된 기억들을 강화시키는 과정을 '기억 강화'라고 부른다. 기억될 때까지 정보를 반복하는 단기기억 방법은 새로운 장기기억을 형성하는 데 필수적이지는 않지만, 특정 형태로 정렬된 정보가 인코딩되는 데 중요한 역할을 한다.

전화번호를 생각해보자. 이는 장기기억 속에 저장된 단순한 숫자 정렬에 불과하다. 그런데 왜 우리는 이 숫자를 다시 인코딩해야 할까? 전화번호를 되뇌면, 이렇게 정렬된 숫자는 중요한 정보이므로 오래 저장할 수 있는 고유의 기억 공간이 필요하다는 경보가 울린다. 즉, 단기기억을 반복하는 것은 정보에 '매우 급함!'이라는 스티커를 붙여서 정리팀으로 보내는 것과 같다.

그런데 앞서 언급한 것처럼 '장기기억은 살아 있는 내내 지속된다'는 명제가 사실이라면, 왜 우리는 이따금 어떤 정보를 까먹는 것일까? 좋은 질문이다. 일반적인 이론에 따르면 잊어버린 장기기억은 사실 아직 뇌 속에 남아 있다고 한다. 사고로 인해 뇌에 물리적인 손상을 입은 경우가 아니라면 말이다(만약 진짜로 뇌 손상을 입은 경우라면 이때는 친구 생일을 까먹는 것쯤이 문제가 아닐 것이다). 그러나 장기기억이 실제로 사용되려면 3단계를 거쳐야 한다. 첫째, 인코딩되어야 한다. 둘째, 제대로 저장되어야 한다(해마에 저장되었다가 피질로 이동한다). 마지막으로 셋째, 기억을 불러내야 한다. 만약 기억을 불러낼 수 없다면, 이는 기억 속에 없는 것이나 마찬가지다. 마치 장갑을 아무리 찾아도 찾을 수 없을 때처럼 말이다. 나는 아직 장갑을 가지고 있다는 것을 알고 있고 집 안 어딘가에 분명 장갑은 있겠지만, 어쨌거나 손은 시릴 수밖에 없다.

일부 기억들은 더 중요하기 때문에(더 두드러지거나, 더 관련이 높거나, 더 강해서) 쉽게 불러낼 수 있다. 예를 들어 나의 결혼식이나 첫 키스, 아니면 자판기에 돈을 한 번 넣었는데 감자칩이 두 봉지가 나왔던 일처럼 감정적으로 애착이 큰 사건은 기억하기도 매우 쉽다. 경험 그 자체뿐만 아니라 감정과 생각, 느낌까지 동시에 일어나기 때문이다. 이 모든 요소들은 뇌 속에서 기억에 더 많은 연결고리를 만든다. 앞서 설명한 '기억 강화' 과정이 일어나 기억에 더 큰 중요성을 부여하고 또 연결고리를 만들어서 우리가 기억해내기 쉬워지는 것이다. 반대로 연관성이 아주 낮거나 전혀 없다면(예를 들어 출근한 지 473번째 되는 날처럼 무의미하다면) 기억 강화 작용은 거의 일어나지 않으며, 기억을 불러내기가 더욱 힘들어진다.

뇌는 이 방법을 좀 힘들긴 하지만 생존 전략으로 사용하기도 한다. 트라우마를 겪은 사람들은 '섬광기억flashbulb memory'에 시달리는 경우가 많다. 자동차 사고나 끔찍한 범죄에 대한 기억이 너무 생생해서 아주 오랫동안 기억이 계속 되살아나는 것이다(8장에서 다시 설명할 것이다). 이때 느꼈던 감정이 너무나도 강렬하기에 부신수질에서는 아드레날린을 분비하게 되는데, 이것이 뇌와 몸에 작용하여 감각과 인지력을 고조시킴에 따라 기억이 머릿속에 더욱 생생하고 깊이 각인되는 것이다. 마치 끔찍한 일이 발생하면 뇌가 상황을 살펴본 다음, "여기서 바로 이 끔찍한 일이 일어났어. 우리는 이것을 잊지 말아야 해. 다시 이런 일이 일어나길 원하진 않으니까"라고 말하는 것과 비슷한 상황이다.

한편 어떤 기억도 홀로 만들어지지는 않는다. 따라서 일부 기이한 연구 결과가 보여주듯이, 다소 평범한 상황이라도 기억이 발생한 그 상황을 일종의 자극으로 사용하여 기억을 불러올 수 있다. 이를 보여주는 실험이 있다.[6] 한 실험에서 과학자들은 두 그룹의 사람들에게 같은 정보를 배우게 했다. 한 그룹은 평범한 교실에서 수업을 들었고, 다른 그룹은 물속에서 잠수복을 갖춰 입고 수업을 들었다. 그 뒤 이들 두 그룹의 사람들 모두에게 배웠던 내용에 대한 시험을 치르게 했다. 이때 각 그룹을 다시 반으로 나누어 일부는 자신들이 수업을 들었던 환경과 같은 환경에서, 또 나머지 일부는 다른 환경에서 시험을 치렀다. 그 결과, 수업과 시험 환경이 동일했던 사람들은 반대의 경우보다 시험 성적이 월등히 높게 나타났다. 즉, 물속에서 공부를 하고 또 물속에서 시험을 친 사람들은 수업은 물속에서 듣고 시험은 일반 교실에서 친 사람들보다 점수가 훨씬 높았다는 것이다.

여기서 '물속'이라는 장소 자체는 학습이나 기억 능력과 아무런 관련이 없다. 중요한 것은 정보를 습득하는 당시의 '상황'이다. 학습한 정보에 대한 기억은 학습 당시의 상황과 상당히 연관되어 있기 때문에, 같은 상황에 놓였을 때 그 기억이 일부 활성화되고 이를 불러내기가 더 쉬워진다.

그런데 여기서 한 가지 주목해야 할 사실이 있다. 기억의 종류에는 꼭 우리에게 직접 발생한 일만 있는 것은 아니라는 점이다. 일화적 기억episodic memory, 혹은 자서전적 기억autobiographical memory이라 부르는 자신의 삶에 관한 개인적 기억이 그 예다. 그 밖에도 정보와 관련된 상황이 필요하지 않은 의미기억semantic memory도 있다. 의미기억이란 '빛은 소리보다 이동 속도가 더 빠르다'는 사실은 기억하지만, 이 물리학 내용을 언제 어디서 배웠는지는 기억 못하는 것을 말한다. 즉, 프랑스의 수도는 파리라고 기억하는 것은 의미기억이지만, 에펠탑에서 배가 아팠던 기억은 일화적 기억이다.

이 기억들은 우리가 의식적으로 인지하고 있는 장기기

억이다. 그러나 운전하는 법이나 자전거 타는 법과 같이 생각하지 않아도 가능한 기억, 다시 말해 '인지할 필요가 없는' 장기기억 덩어리도 있다. 이를 절차기억procedural memory이라고 한다. 절차기억에 대해서는 더 깊이 들어가지는 않을 것이다. 절차기억에 대해 생각하기 시작하면 이를 활용하는 것이 더 어려워질 것이기 때문이다.

간단히 정리하자면 단기기억은 빠르게 이용할 수 있으며 순간적인 기억인 반면, 장기기억은 지속적이고 영구적이며 큼직한 기억이다. 이 때문에 학교에서 재미있는 일이 생기면 영원히 기억에 남기 쉽지만, 내가 왜 방에 오려고 했었는지는 조금만 방해를 받아도 쉽게 잊어버린다.

그 사람 있잖아, 그… 저번에 길에서 만났던… 아, 이름이 뭐였지…

뇌의 기억 저장 용량 극대화 전략

"우리랑 같이 학교 다녔던 그 여자애 알지?"
"누구? 좀 자세히 말해봐."
"그 애 있잖아. 왜, 키 크고 옅은 갈색 머리였던 여자애……. 그거 지금 생각해보면 염색하고 다녔던 거 같아. 아, 암튼 원래는 우리 집 건너편 주택가에 살았었는데, 걔네 부모님이 이혼하면서 그 애는 엄마랑 시내 쪽 아파트로 이사갔잖아. 그 애 여동생이 네 사촌하고도 친구였는데, 기억 안 나? 고등학교 때 그 애가 자기 학교에 남자친구 두고 다른 학교 남자애랑 양다리 걸쳤다가 그 남자애들끼리 주먹질하며 싸워서 경찰까지 오는 바람에 한동안 동네가 아주 시끄러웠었잖아. 겨울이면 늘 빨간 코트 입고 다니고……. 아직도 기억 안 나?"

"음, 그 애 이름이 뭐였지?"

"그건 나도 몰라."

나는 친구나 가족들과 이런 식의 대화를 할 때가 종종 있다. 심지어 상대방을 바로 앞에 두고서도 이름이 기억나지 않아 진땀을 흘리기도 한다. 그런데 이런 경우는 사실 기억력의 문제가 아니다. 앞서의 사례처럼 이들이 누군가에 대해 이야기하는 내용을 들어보면 위키피디아가 울고 갈 정도로 상세하다. 어째서 이런 일이 생기는 것일까? 왜 얼굴은 기억이 나는데 이름은 기억나지 않을까? 이런 문제가 발생하는 이유를 이해하기 위해서는 먼저 인간의 기억 장치에 대해 알아볼 필요가 있다.

우선 얼굴은 매우 많은 정보를 담고 있다. 표정이나 눈맞춤, 입 모양 등은 모두 인간이 의사소통하는 기본적인 방법이다.[7] 얼굴 생김새 역시 그 사람에 대해 많은 것을 말해준다. 눈동자 색깔, 머리 색깔, 골격, 치아 배열 상태 등 이 모든 요소들은 그 사람을 인식하는 데 도움을 준다. 따라서 인간의 뇌는 얼굴을 쉽게 인식하고 처리할 수 있도록 여러 가지 특징을 발달시켰다. 패턴 인식이나 일반적 성향 등을 통해 여러 무작위의 이미지 중에서 특정 얼굴을 찾아낼 수 있도록 말이다(이에 대해서는 5장에서 다시 자세히 설명할 것이다).

그렇다면 왜 이름이 필요한 것일까? 이름이 그 사람의 환경이나 문화적 배경을 드러내는 경우도 있긴 하지만, 대부분의 경우 이름은 몇 개의 단어에 지나지 않는다. 임의적인 음절의 배열이자 일련의 짧은 소리를 통해 이 이름이 특정 얼굴에 속한다는 정보를 주는 것일 뿐이다.

앞에서 보았듯이 의식적인 정보가 단기기억에서 장기기억으로 이동하려면, 이를 반복하고 되새겨야 한다. 그러나 만약 매우 중요하거나 고무적인 내용이 여기에 추가되어 일화적 기억이 형성된다면 우리는 이 단계를 건너뛸 수 있다. 예를 들어 누군가를 만났는데 이제껏 본 사람 중에 가장 아름답다고 치자. 여러분은 첫눈에 사랑에 빠졌고 그 사람의 이름을 몇 주 동안 계속 혼자 되새기게 될 것이다. 이처럼 단기기억 속에 있는 이름을 계속 반복하는 것은 상대방의 이름을 기억할 수 있는 가장 확실한 방법이다. 그러나 이 방법은 시간이 걸릴 뿐만 아니라, 정신적 에너지도 소모시킨다. 앞에서 이야기했던 '내가 지금 이 방에 뭘 가지러 왔더라?'의 경우처럼, 지금 머릿속으로 생각하고 있는 것도 우리가 다른 상황에 놓이거나 다른 일을 하게 되면 금세 잊히거나 다른 생각으로 대체된다.

우리가 누군가를 처음 만났을 때, 상대방이 자신의 이름만 이야기하고 입을 꾹 다물어버리는 경우는 드물다. 서로의 이름을 소개한 후 자연스럽게 대화를 하게 되는데, 그 과정에서 자신이 어느 지역 출신인지, 어떤 일을 하는지, 취미는 무엇인지 등의 정보를 서로 주고받게 된다(이 사회가 마련해놓은 에티켓에 따라 우리는 처음 만나면 좋든 싫든 이런 사교적인 대화를 나누게 되어 있다). 하지만 인사말이 하나씩 늘어날수록 처음에 들었던 상대방의 이름은 인코딩되기도 전에 단기기억 밖으로 튀어나갈 확률도 높아진다.

대부분 사람들은 수십 개의 이름을 기억하고 있으며, 새로운 이름을 외울 때마다 엄청난 노력을 들이지는 않는다. 우리의 기억체계는 귀로 이름을 듣게 되면 이야기를 나누고 있는 그 사람과 연결시킨다. 따라서 뇌에서는 상대방의 이름과 그 사람 간에 연결고리가 형성된다. 그리고 그 사람과의 교류가 점점 늘어날수록 연결고리도 함께 늘어나므로 굳이 이름을 의식적으로 반복할 필요가 없게 되는 것이다. 즉, 그 사람과 함께한 경험이 길어지면서 무의식적인 작용이 일어난다.

뇌는 단기기억을 최대한 활용하기 위해 여러 전략을 사용한다. 그중 하나는 우리가 여러 가지 세부 내용을 한꺼번에 들었을 때, 가장 먼저 들은 것과 가장 마지막에 들은 내용에 집중하는 것이다(이를 각각 '초두효과primacy effect'와 '최신효과recency effect'라고 부른다).[8] 따라서 만약 상대방이 인사를 하면서 자신의 이름을 가장 먼저 얘기한다면 (보통 그렇듯이) 이름에 더 집중하게 된다.

이뿐만이 아니다. 단기기억과 장기기억의 차이점 중 지금까지 이야기하지 않았던 사실은 이 두 기억이 선호하는 정보의 '유형'이 서로 다르다는 점이다. 단기기억은 대체로 '청각'

에 의존하며, 정보를 단어나 구체적인 소리로 처리한다. 그렇기 때문에 내적인 독백을 할 때, 영화와 같은 이미지가 아니라 문장과 언어로 생각을 하는 것이다. 이름 역시 청각 정보 중 하나다. 그래서 우리는 무언가의 이름을 듣게 되면, 그 단어를 구성하는 소리의 형태로 받아들인다.

이와 반대로 장기기억은 시각과 의미론적인 특성(단어를 구성하는 소리가 아니라 단어의 의미)에 크게 치중한다.[9] 따라서 아주 강력한 시각적 자극, 예를 들어 사람의 얼굴과 같은 자극을 만나게 되면 생소한 이름과 같은 청각적인 자극에 비해 오랫동안 기억될 확률이 높아진다.

엄밀히 따지면 사람의 얼굴과 이름은 대체로 서로 무관하다. 어떤 사람이 당신에게 "넌 참 마틴처럼 생겼구나"라고 할 수도 있다(그가 알고 있는 마틴이라는 사람과 당신이 진짜 닮았다면 말이다). 하지만 사실 얼굴만 보고 그 사람의 이름을 정확히 맞추는 것은 거의 불가능하다. 이마에 자신의 이름을 새기고 다닌다면 또 모를까(그렇다면 정말 충격적인 이미지라 잊으려야 잊을 수도 없을 것이다).

만약 누군가의 이름과 얼굴이 여러분의 장기기억 속에 제대로 저장되었다고 하자. 대단하다. 여러분은 제대로 해냈다. 하지만 이는 시작일 뿐이다. 정작 필요할 때 이 기억을 꺼내 쓸 수 있어야 한다. 그러나 안타깝게도 이 작업이 만만치만은 않다는 게 문제다.

연말이면 시내 한가운데에 설치되는 거대한 크리스마스 트리를 떠올려보자. 콩알만 한 꼬마전구들 수백 개가 가느다란 전선줄로 얽히고설켜 커다란 트리를 빈틈없이 에워싸고 반짝이는 모습 말이다. 우리 뇌 속에도 바로 이렇게 수많은 연결고리들이 얽히고설켜 있다. 장기기억은 이러한 연결고리, 즉 시냅스로 이루어져 있다. 한 개의 뉴런은 수만 개의 시냅스를 통해 다른 뉴런들과 연결되어 있고, 뇌는 이런 뉴런을 수십억 개 가지고 있다. 여기서 시냅스가 있다는 것은 특정 기억과 기억 속의 정보를 필요로 하는 전두엽과 같은 더 '중심적인' 영역(모든 합리적 개선과 의사결정을 담당하는 부분) 간에 연결고리가 있다는 뜻이다. 뇌의 사고 영역은 이 연결고리를 통해 기억과 '만날' 수 있다.

기억의 연결고리가 더 많을수록 시냅스는 더 강력해지며(더 활발해지며), 접근하기 쉬워진다. 황량한 황무지 한가운데에 홀로 있는 차고지보다는 갈 수 있는 경로도 많고 교통수단도 많은 곳으로 가는 것이 더 쉬운 것처럼 말이다. 예컨대 오랫동안 함께한 배우자의 이름과 얼굴은 기억 속에서 매우 많이 떠오른다. 따라서 항상 우리 마음 가장 앞자리에 자리하고 있다. 하지만 다른 사람들은 (특별한 관계가 아닌 이상) 이런 특급 대우를 받지 못할 것이고, 따라서 이들의 이름을 외우는 일은 더 어려워진다.

그런데 이처럼 뇌가 어떤 사람의 얼굴과 이름을 이미 저장했다면, 우리가 종종 얼굴은 기억하면서 이름만 잊어버리는 일이 생기는 이유는 뭘까? 그건 우리가 기억을 불러낼 때 2단계의 기억 시스템이 작동하기 때문이다. 우리 뇌는 '친밀감'과 '회상'을 구별한다.[10] 친밀감(혹은 알아보는 것)은 우리가 누군가 혹은 무언가를 만나게 됐을 때 이전에도 같은 경험이 있다고 기억하는 것이다. 그런데 딱 거기까지다. 그 사람 혹은 그것이 이미 내 기억 속에 저장되어 있다는 것 외에는 아무것도 모른다. 한편 회상은 이 사람을 내가 어떻게, 왜 알고 있는지에 대한 본래의 기억을 끄집어내는 것이다. 앞에서 말한 '알아본다'는 의미는 그 사람에 대한 기억이 '있다'는 사실만을 알려줄 뿐이다.

뇌가 기억을 일으키는 방법이나 수단에는 여러 가지가 있다. 하지만 그 기억이 거기 있는지 알기 위해서 기억을 '활성화'시킬 필요는 없다. 컴퓨터에 파일을 저장할 때 기존에 있는 파일과 같은 것일 경우, "동일한 이름의 파일이 있습니다"라는 알림이 뜬다. 해당 파일을 일일이 열어보지 않고도 같은 파일이 있다는 것을 알려주는 것이다. 마찬가지다. 뇌도 우리에게 어떤 기억이 있는지 없는지 알기 위해서 그때마다 기억을 열어보지는 않는다. 그저 해당 정보가 '있다', '없다'만 알려줄 뿐 아직 그 정보를 얻어내는 데 도달하지는 않았다.

여러분은 이러한 기억체계가 얼마나 유용한지 이제 곧

알게 될 것이다. 뇌가 이전에 같은 일을 겪은 적이 있는지 없는지 기억하기 위해서 많은 힘을 낭비할 필요, 즉 기억을 활성화시켜 꺼내올 필요가 없다는 뜻이다. 냉혹한 자연의 세계에서 어떤 것이 친숙하다는 것은 적어도 그것이 우리를 죽이지는 않을 것임을 의미한다. 따라서 혹시 우리를 위협할지도 모르는 다른 새로운 것에 집중할 수 있다. 뇌의 이런 원리는 진화론적으로도 일리가 있다. 얼굴이 이름보다 더 많은 정보를 준다는 사실을 봤을 때, 얼굴은 더 '친숙할' 확률이 높다.

하지만 이 방법이 현대인들에게 완전히 괜찮은 방법은 아니다. 왜냐하면 현대인들은 확실히 알긴 알지만 정확히 기억이 안 나는 사람들과 자주 만나 인사를 나눠야 하기 때문이다. 처음엔 '내가 아는 사람인 것 같은데 누구였더라?' 정도였다가 곧 완전히 기억이 났던 경우에 대해서 대부분의 사람들이 공감할 것이다. 어떤 과학자들은 이를 '회상 역치recall threshold'라고 부르기도 한다.[11] 어떤 사실이 점점 더 친숙해지다가 본래의 기억이 활성화되는 순간에 이르는 현상이다. 우리가 불러내고자 하는 기억은 다른 수많은 기억들과 연결되어 있다. 연결된 주변 기억들이 깨어나면 불러오고자 하는 기억의 주변을 자극하거나 약한 자극을 일으킨다. 옆집에서 폭죽을 터뜨리면 깜깜한 우리 집도 밝아지는 것처럼 말이다. 하지만 우리가 목표로 하는 기억은 특정 수준, 혹은 역치 이상으로 자극을 받기 전까지는 활성화되지 않는다.

여러분도 '기억이 갑자기 물밀듯이 밀려온다', 혹은 알 듯 말 듯한 퀴즈의 답처럼 '혀끝에서 뱅뱅 돌다가 갑자기 떠오른다'는 말을 들어본 적 있을 것이다. 여기서 일어나는 일이 바로 이런 경우다. 어떤 대상을 인식하다가 그 기억이 자극을 충분히 받자 마침내 활성화되는 것이다. 마치 옆집에서 폭죽을 터뜨리자 집 안의 모든 사람이 잠에서 깼고, 결국 일어나 집 안의 불을 모두 켜는 것과 비슷하다. 즉, 모든 관련 정보가 사용 가능해진 것이다. 이제 여러분의 기억력은 공식적으로 켜졌으며, 혀끝은 더 이상 사소한 일에 뜻밖의 공간을 내줄 필요 없이 맛을 음미하는 본연의 임무로 돌아가게 된다.

일반적으로 얼굴이 이름보다 더 기억하기 쉽다. 그 이유는 얼굴은 좀 더 '실체가 있는' 반면, 이름을 기억하는 것은 단순한 인식을 넘어 완전히 회상하는 단계까지 가야 하기 때문이다. 혹시 나를 두 번째 만났는데도 내가 이름을 못 외웠던 사람이 이 책을 읽고 있다면, 이제 이해할 것이다. 결코 내가 무례한 게 아니었음을.

믿기 어렵겠지만, 사실 술은 때로는 우리의 기억을 돕는다

알코올과 기억체계의 상관관계

사람들은 술을 좋아한다. 너무 좋아한 나머지 많은 사람들이 술로 인한 문제로 끊임없이 시달리고 있다. 술이 아주 일상적인 문제인 만큼, 이를 해결하는 데도 수십억을 퍼붓고 있는 실정이다.[12] 대체 술은 그토록 말썽을 일으키면서도 왜 많은 사람의 사랑을 받을까?

아마도 알코올이 우리를 즐겁게 하기 때문일 것이다. 물론 술은 뇌에서 성취감이나 만족 등을 담당하는 도파민dopamine을 분비시켜 술꾼들이 특히나 좋아하는 묘한 행복감을 자극하여 들뜨게 만든다(이 부분은 8장에서 더 자세히 살펴볼 것이다). 하지만 여기에는 술에 대한 사회적인 관습도 한몫한다. 축제나 친목을 다질 때, 아니면 단순한 오락 목적에서라도 술은 꼭 등장한다. 이 때문에 술의 심각한 문제가 쉽게 간과된다. 물론 주사는 나쁘다. 하지만 친구들과 서로 누가 얼마나 이상한 주사를 부렸는지 얘기하며 떠들고 웃는 것도 유대관계가 더 돈독해지는 방법 중 하나다. 또한 술이 취했을 때 사람들이 이상하게 행동하는 것은 어떤 상황에서는 심각한 문제가 되지만(예를 들어 오전 10시 학교에서라면), 모든 학생이 다 같이 마신다면 그건 재미있는 일이 되지 않을까? 즉, 술은 현대 사회가 요구하는 심각함이나 의무감에서 벗어날 수 있는, 가끔씩은 필요한 휴식인 셈이다. 그러니 음주로 인한 나쁜 점이 있다 해도 술 애호가들에게는 기꺼이 감수할 만한 대가처럼 느껴진다.

술의 문제 중 하나는 기억상실이다. 술과 기억상실은 꼭 그런 것만은 아니지만 동시에 일어날 때가 많다. 술 때문에 생기는 기억상실은 코미디 영화나 시트콤은 물론 개개인의 추억에서조차 빠지지 않는 단골 소재다. 예를 들면 밤새 술을 퍼마시고 다음 날 깨어보니 방 안 한가운데에 라바콘(도로나 공사장에 진입 금지를 알리기 위해 세워두는 빨간색 고깔)이 놓여 있었다거나, 호수공원에서 성난 백조들에게 둘러싸인 채 깨어났었더라는 상황 말이다.

그렇다면 술이 어째서 우리의 기억을 도와준다는 것일까? 이를 이해하려면 먼저 왜 술이 우리 뇌의 기억체계에 영향을 미치는지를 알아야 한다. 우리는 음식을 먹을 때마다 여러 종류의 수많은 화학물질과 또 다양한 물질을 섭취하게 된다. 그런데 왜 이때는 혀가 꼬이거나 괜히 가로등에 난데없이 시비를 걸거나 하지 않는 것일까?

이것은 술의 화학적 특성 때문이다. 우리 몸과 뇌는 잠재적으로 유해한 물질이 몸의 내부 시스템에 들어오지 않도록 차단시키는 여러 단계의 방어체계를 갖추고 있다(위산, 복잡한 장 내벽, 그 밖의 장벽이 유해물질이 뇌로 흘러들어가지 않게 한다). 하지만 알코올(구체적으로는 우리가 마시는 주성분인 에탄올)은 물에 녹으며 입자가 매우 작아서 혈류를 통해 우리 몸 내부의 시스템 전체로 퍼져버린다. 또한 뇌-혈관 관문brain-blood barrier도 통과해 뇌에도 직접적으로 작용할 수 있다. 그렇게 술이 뇌 속에 쌓이면 몇 박스에 달하는 스패너가 아주 중요한 일을 시작한다.

알코올은 저하제다. 저하제라는 것은 알코올로 인해 그다음 날 아침 기분이 나빠지거나 우울해지는 것이 아니라(물론 그렇게 되긴 한다), 실제로 알코올이 뇌신경의 활동을 저하시킨다는 뜻이다. 마치 라디오 볼륨을 낮추는 것처럼 뇌의 신경 활동을 약화시키는 것이다. 그런데 왜 알코올을 마시면 사람들은 더 흥분하여 이상하게 행동하게 될까? 알코올이 뇌 활동을 저하시킨다면 술에 취한 사람들은 조용히 앉아서 침이나 흘려야 하는 거 아닌가?

맞다. 어떤 사람들의 경우에는 정확히 그렇다. 하지만 인간의 뇌는 깨어 있는 매 순간마다 수많은 일을 처리하며, 이를 위해서는 어떤 일이 발생하도록 만들어야 할 뿐만 아니라 어떤 일은 발생하지 않도록 차단해야 하는 경우도 있다는 사실을 기억해야 한다. 뇌는 우리가 하는 모든 일을 대부분 제어한다. 하지만 우리가 한 번에 모든 일을 할 수는 없으므로 뇌의 상당 부분은 특정 영역이 활동하지 않도록 억제하거나 정지시키는 일을 한다. 대도시에서 교통을 통제하는 방법을 생각해보면 이해하기 쉽다. 아주 복잡한 일이긴 하지만, 교통 통제는 일정 부분 '정지' 신호와 빨간불을 기준으로 이루어진다. 이 두 신호가 없으면 도시는 몇 분 안에 아수라장이 되어버릴 것이다. 마찬가지로 뇌 속에는 중요한 기능을 필요한 경우에만 수행하는 수많은 영역이 있다. 한 예로 뇌에서 우리 다리를 움직이는 영역은 매우 중요하다. 하지만 회의 중이라 가만히 앉아 있어야 한다면, 뇌의 다른 영역이 다리를 움직이는 영역에게 '지금은 때가 아니야'라고 말하게 된다.

그런데 알코올이 작용하게 되면 경솔함이나 흥분, 분노를 제어하는 영역의 빨간불이 희미해지거나 꺼져버린다(이를 '탈억제disinhibition'라고 한다). 게다가 말을 분명하게 하거나 걸음을 조절하는 영역의 전원도 차단된다.[13] 우리 몸에서 심장박동을 조절하는 것과 같은 좀 더 단순하고 근본적인 체내 시스템은 방어가 잘 되

어 있고 견고하지만, 반면에 새롭고 섬세한 프로세스들은 알코올에 의해 쉽게 방해를 받거나 손상을 입는다. 현대 기술 분야에서도 이와 비슷한 사례를 찾을 수 있다. 1980년대에 출시되었던 워크맨은 계단에서 떨어뜨리는 정도로는 큰 고장이 나지 않는다. 하지만 최신 스마트폰은 테이블 모서리에 대고 툭툭 쳤다간 엄청난 수리 비용을 내야 할지도 모른다. 이를 보면 섬세함의 다른 이름은 취약함일지도 모르겠다.

뇌와 알코올의 관점에서 보면 '더 고차원적인' 기능이 가장 먼저 차단된다. 머릿속에 존재하는 사회적인 규범이나 예의, 부끄러움 같은 것들은 '이건 좋은 생각이 아니야'라고 충고하지만, 알코올은 이들의 입을 곧장 막아버린다. 그래서 우리는 술에 취하면 속에 있는 말을 죄다 쏟아내거나 단지 웃기 위해서 정신 나간 행동을 한다. 내가 뇌에 관한 멋진 책을 쓰겠다고 호언장담했던 것처럼 말이다.

알코올의 영향을 가장 덜 받는 것은 기본적인 생리작용, 즉 심장박동이나 호흡 같은 것이다. 만약 여러분이 술을 마시다 이 상태까지 갔다면(이 단계까지 가려면 진짜 엄청나게 마셔야 한다), 걱정하는 것마저 불가능할 만큼 뇌 기능이 약해진 상태일 것이다. 하지만 이 상태는 정말로 목숨을 걱정해야

하는 경우다.[14]

이 두 가지 양극단 사이에 기억체계가 있다. 기억체계는 근본적인 기능이지만 동시에 복잡하다. 알코올은 특히 기억 형성과 인코딩 영역인 해마를 방해한다. 알코올은 단기기억을 제한시키기도 하지만, 다음 날 아침에 일어나 전날 밤의 일이 까맣게 떠오르지 않는 경우는 해마로 인해 장기기억에 문제가 생긴 것이다. 물론 알코올이 들어갔다고 해서 모든 기억 기능이 완전히 차단되는 것은 아니다. 기억은 술을 마시는 동안에도 여전히 생성되고 있다. 단지 비효율적이고 제멋대로일 뿐.[15]

대부분의 사람에게 기억 형성이 완전히 차단될 만큼 술을 마신다는 것은(속칭 '필름이 끊기는' 현상) 너무 취해서 말도 할 수 없으며 제대로 서 있지도 못하는 상태를 뜻한다. 하지만 알코올중독은 이와는 다르다. 알코올중독은 너무 오랫동안 술을 마신 나머지 몸과 뇌가 이미 알코올을 처리하는 데 적응되어 있다. 심지어 이들은 대체로 일반 사람이 감당할 수 있는 양보다 훨씬 많은 양의 알코올을 섭취해야만 몸을 똑바로 세우거나 말을 제대로 할 수 있다(8장에서 다시 설명할 것이다).

하지만 알코올중독 상태라도 알코올은 여전히 기억체계에 영향을 미친다. 그리고 머릿속에서 요동이 심하게 일어나면 기억 생성이 완전히 '차단'되기도 한다. 물론 내성 덕분에 이때에도 이들은 똑바로 말하고 행동한다. 즉, 이들은 겉으로는 전혀 이상한 증상을 보이지 않지만, 10분이 지나면 자신이 무슨 말을 했는지 어떤 행동을 했는지 전혀 기억하지 못한다.[16]

그렇다. 이처럼 알코올은 기억체계를 혼란시킨다. 하지만 아주 특정한 환경에서는 실제로 기억을 도와주기도 한다. 이를 '상황에 따른 회상'이라고 부른다. 우리는 앞에서 외부 상황이 기억을 회상하는 데 어떻게 도움을 주는지 살펴보았다. 기억을 습득한 환경과 동일한 환경에 있으면, 그 기억을 불러내기가 더 쉬워진다는 내용이었다. 그런데 여기서 더 흥미로운 사실은, 이 원리가 외부 환경뿐만 아니라 '내부' 상태에도 똑같이 적용된다는 점이다. 이를 '상태의존적인 회상'이라고 부른다.[17] 간단히 말하면 알코올이나 흥분제같이 뇌 활동을 변화시키는 물질은 특정 신경상태를 일으킨다. 뇌는 훼방을 놓는 이런 물질들을 처리할 때 이를 인식한다. 마치 방이 갑자기 연기로 가득 차면 쉽게 알게 되는 것처럼 말이다.

기분도 마찬가지다. 기분이 나쁠 때 배웠던 내용은 이후 기분이 다시 나빠졌을 때 기억해내기 더 쉽다. 이는 기분과 기분장애를 뇌의 '화학적 불균형' 현상으로 설명하기 위해 지나치게 단순화시킨 것이다(물론 많은 사람들이 그렇게 설명하긴 하지만). 그러나 뇌는 특정한 기분을 일으키는, 또 그로 인해 발생하는 화학 활동 및 전기화학 활동을 감지할 수 있고 실제로 감지하기도 한다. 따라서 머리의 내부 상황도 머리의 기억을 불러일으키는 데 외부 상황만큼 도움이 될 수 있다.

알코올이 기억을 방해하는 건 맞지만, 그러려면 일정 시간이 지나야만 한다. 보통은 맥주나 와인 몇 잔을 즐겁게 마시고 하루가 지나도 그날 있었던 일을 완벽히 기억할 수 있다. 하지만 와인 두어 잔을 마신 뒤 재밌는 소문이나 좋은 정보를 들었다면, 뇌는 살짝 술이 취한 상태에서 정보를 인코딩하게 된다. 따라서 며칠 뒤 와인을 두어 잔 또 마신다면, 이 내용을 더 쉽게 기억해낼 수 있다. 이렇게 보면 와인은 실제로 우리의 기억을 향상시켜준다고 할 수 있다.

그렇다고 이를 과학적인 근거로 내세우며 시험공부를 할 때마다 술을 퍼마시지는 말기 바란다. 술에 취한 상태로 시험장에 가면 술 때문에 조금이나마 향상된 기억을 상쇄시켜버릴 또 다른 심각한 문제가 생길 것이다. 특히 운전면허시험에서는 더욱 큰일이 날 것이다.

그래도 절박한 학생들에게 한 가닥 희망은 있다. 바로 카페인이다. 카페인 역시 뇌에 작용해서 특정한 내부 상황을 만들고, 이는 기억을 자극하는 데 도움을 준다. 그래서 많은 학생들은 카페인을 들이마시고는 밤새 벼락치기를 한다. 다시 말해 엄청난 양의 카페인을 마시고 시험장에 가면 지난밤 공부했던 중요한 내용을 떠올리는 데 일부 도움을 받을 수는 있다.

훌륭한 과학적 증거라곤 할 수 없지만, 나도 대학 때 이 방법을 (나도 모르게) 써먹은 적이 있다. 그때 특히 걱정되는 시험이 있어서 나는 밤을 새워 공부를 했고 엄청난 양의 커피를 마셨다. 커피를 들이마신 덕분에 나는 온전한 정신으로 버틸 수 있었고, 시험 직전에도 큰 머그잔에 커피를 부어마셨다. 그 결과 시험 점수는 73점으로 나는 그해 최고점을 받았다.

그러나 내가 이 방법을 결코 추천할 수 없는 이유가 있다. 비록 결과가 좋긴 했지만, 종일 화장실에 가고 싶어서 혼이 났다. 게다가 시험지를 더 달라고 하면서 시험 감독관에게 "아버지!"라고 부르기도 했고, 집에 오는 길에는 어이없게도 비둘기한테 맹렬한 공격까지 받았다.

당연히 기억하지, 그건 바로 내 아이디어였잖아

조금도 객관적이지 않은 우리 뇌의 자아편향

지금까지 우리는 뇌가 기억을 어떻게 처리하는지에 대해 살펴보았다. 그리고 그 방식이 단순하거나 효율적이지 않으며 일관성도 없다는 사실을 알게 되었다. 사실 뇌의 기억체계는 개선되어야 할 부분이 많다. 하지만 그렇다 하더라도 적어도 우리 머릿속에는 믿을 수 있는 정확한 정보가 안전하게 저장되어 있고, 이를 필요할 때 꺼내 사용할 수만 있으면 되는 거 아닌가?

그게 사실이라면 얼마나 좋을까? 안타깝지만 우리 뇌에게는, 특히 기억체계에는 '믿을 수 있는', '정확한'이라는 수식어가 어울리지 않는다. 뇌가 불러온 기억은 고양이가 몸 안에서 이리저리 뒤엉킨 헤어볼을 토해낸 것처럼 형편없을 때도 있다.

다시 말해 기억이라는 것은 책 속의 문장처럼 변형 없이 그대로 기록된 정보나 사건이라기보다는 우리의 욕구에 맞춰 뇌가 해석하는 대로 (사실과 다르건 말건) 변형되고 수정된 것이다. 놀랍게도 우리 기억은 상당히 가변적이고, 여러 방식으로 뜯어고치거나 억제할 수 있으며, 혹은 원인을 잘못 기억할 수도 있다. 이러한 현상을 '기억편향memory bias'이라고 한다. 그리고 기억편향은 다름 아닌 바로 우리의 자아에 의해 발생한다.

실제로 어떤 사람들은 매우 강한 자아를 가지고 있다. 만약 자아가 너무 강해서 다른 사람들이 이들의 자아를 어떻게 제압할 수 있을지 갖가지 방법을 생각하게 만들 정도라면, 이들은 다른 사람들의 기억에 남을 것이다. 물론 대다수 사람들은 이 정도로 강한 자아를 가지고 있지는 않지만, 어쨌든 자신만의 자아를 가지고 있으며, 이는 기억의 성격이나 그 내용에 영향을 미친다. 대체 그 이유는 무엇일까?

지금까지 우리는 다른 대부분의 책이나 글이 그렇듯이 '뇌'를 독립적인 개체로 다루었다. 그리고 이는 논리적으로는 타당하다. 어떤 주제에 관해서 과학적으로 분석하려면 객관적이고 이성적인 태도를 견지해야 하고, 뇌를 심장이나 간과 같은 다른 장기처럼 독립적인 것으로 간주해야 한다.

그러나 사실은 그렇지 않다. 우리의 뇌는 바로 우리 자신이다. 여기서 주제를 철학적인 영역으로 옮길 필요가 있다.

개개인으로서 우리는 정말 신호를 내보내는 수많은 신경세포의 부산물일 뿐일까? 아니면 우리 몸 부분 부분이 이루는 집합체 그 이상의 의미를 가지고 있을까? 우리 마음은 정말 뇌에서 발생하는 것일까, 아니면 뇌와 본질적으로 관련되어 있긴 하지만 뇌와는 다른 독립된 어떤 것일까? 더 높은 목표를 추구하는 인간의 자유의지는 어디에서 비롯되는 것일까? 사상가들은 우리 의식이 뇌에 자리한다는 것을 알게 된 후로 이러한 질문을 끊임없이 던져왔다.■

여기서 논할 내용은 아니지만, 우리의 자의식과 이와 관련된 모든 것(기억, 언어, 감정, 인지 등)에 뇌가 관여한다는 점은 과학적 이론이나 증거에서도 잘 나타난다. 즉, 우리 자신의 모든 것은 바로 뇌의 특징이며, 뇌가 하는 일은 우리가 좀 더 멋있게 보이고 좋은 기분을 유지하도록 만드는 것이다. 이는 마치 유명인사의 기분을 망칠까 두려워 그가 자신에 대한 비판이나 부정적인 여론을 듣지 못하도록 옆에서 비위를 맞춰주는 사람들이 하는 일과 비슷하다. 그리고 뇌가 이런 일을 하는 방법 중의 하나가 바로 우리가 스스로 좀 더 나은 사람처럼 느낄 수 있도록 기억을 뜯어고치는 것이다.

■ 의식이 뇌에서 발생한다는 것은 지금은 분명한 사실이지만, 지난 몇 세기 동안 사람들은 의식의 중심은 심장이며 뇌는 단순히 혈액을 식히거나 거르는 것 같은 좀 더 평범한 일을 한다고 생각했다. 이러한 생각은 '심장이 시키는 대로 하라'는 말처럼 여전히 우리 언어 속에 남아 있다.[18]

기억편향이나 기억오류는 수도 없이 많지만, 그렇다고 이 중 대부분이 눈에 띌 만큼 자기중심적인 것은 아니다. 하지만 생각보다 많은 수가 자기중심적 특성을 지닌다. 그중에서도 특히 자기중심적 편향은 뇌가 기억을 이리저리 뜯어고쳐서 자신이 좀 더 나은 사람으로 보일 수 있는 상황을 만들어낸다.[19] 예를 들어 과거에 자신이 속한 집단에서 어떤 결정을 내린 경험을 떠올릴 때, 사람들은 실제보다 자신이 좀 더 큰 영향력을 가졌다거나 최종 결정에 더 큰 역할을 했다고 기억하는 경향이 있다.

자기중심적 편향에 대해 가장 먼저 알려진 사례 중 하나가 바로 워터게이트 사건■이다. 사건 당시 밀고자 존 딘John Dean은 자신이 가담했으며 정치적 음모로 이어졌던 회의의 세부 계획이나 논의 내용에 대해 모두 폭로했다. 하지만 회의에 오고 갔던 대화의 실제 녹취록을 들어보면, 존 딘은 실제 상황의 전반적인 '골자'는 전달했지만, 그의 발언 중 상당 부분은 사실과 달랐다. 그중 가장 큰 문제는 존 딘이 자신을 음모의 핵심 인물로 묘사했다는 점이다. 하지만 녹취 내용을 보면 그는 기껏해야 계획에 참여한 구성원 중 한 명에 불

■ 1972년 6월 미국 닉슨 대통령의 재선을 획책하는 비밀공작반이 워싱턴의 워터게이트빌딩에 있는 민주당 전국위원회 본부에 침입하여 도청장치를 설치하려다 발각·체포된 사건이다. 이 사건으로 닉슨 정권의 선거 방해, 정치 헌금의 부정 수뢰, 탈세 등이 드러났으며, 마침내 1974년 닉슨은 역사상 최초로 임기 도중 대통령직을 사임하게 되었다.

과했다. 그가 단순히 자신의 존재를 과장하기 위해서 의도적으로 거짓말을 한 것은 아니었다. 그의 기억이 스스로 생각하는 자신의 정체성이나 영향력에 맞게끔 '재구성'된 것이었다.[20]

이런 현상은 워터게이트 사건처럼 심각한 경우에만 나타나는 것은 아니다. 운동경기에서 내가 실제보다 훨씬 더 잘했다고 믿는 것, 피라미를 잡아놓고 나중에 송어를 잡았다고 기억하는 것처럼 사소한 경우도 있다. 여기서 중요한 점은 이런 현상이 누군가 남에게 좋은 인상을 주기 위해 일부러 거짓말을 하거나 과장하는 것이 아니라는 사실이다. 이러한 왜곡은 '우리가 남에게 이야기하지 않는 경우'에도, 즉 우리의 기억 자체에서 흔히 벌어진다. 더 중요한 문제는, 우리는 늘 자신의 기억이 정확하고 공정하다고 믿는다는 사실이다. 그리고 자신을 돋보이게 만들기 위해 기억을 재구성하는

것은 순전히 무의식에서 일어나는 경우가 많다.

자아로 인해 발생하는 기억편향 증상은 이 외에도 있다. 그중 하나는 선택지원적 편향이다. 이는 여러 선택 중 자신이 선택한 것이 최고였다고 기억하는 것이다. 사실은 그렇지 않더라도 말이다.[21] 뇌는 우리가 선택하지 않은 것을 과소평가하고 선택한 것은 과대평가하기 위해 기억을 바꿔버린다. 그래서 사실은 그렇지 않더라도 자신의 선택이 아주 현명했던 것처럼 느끼게 된다.

또 다른 편향 증상은 자아 생성 효과다. 이는 다른 사람이 말한 내용보다 내가 말한 내용을 더 잘 기억하는 성향을 일컫는다.[22] 우리는 다른 사람의 말이 얼마나 정확하고 진실한지 결코 알 수 없다. 하지만 자신이 말하는 것, 자신이 본 것은 정확하다고 확신한다.

그런데 이보다 더 놀라운 편향 증상이 있다. 바로 '같은 인종 편향'이다. 사람들은 자신과 다른 인종의 사람들을 구별하려고 노력한다.[23] 자아는 섬세하거나 생각이 깊지 못하다. 그리고 자신의 인종이 '최고'라고 생각하므로 자아는 자신과 같거나 비슷한 인종의 사람들을 편애하거나 중요시하는 야비한 형태로 드러날 수 있다. 여러분은 스스로 이런 생각을 전혀 안 했을지도 모른다. 하지만 여러분의 무의식은 여러분의 생각보다 고상하지 않다.

여러분은 혹시 어떤 일에 실패하거나 실수했을 때 "내 그럴 줄 알았지" 하고 말하는 사람을 본 적이 있는가? 이처럼 어떤 사건이 발생한 후에야 나서서 자신이 그 일에 대해 알고 있었다고 떠들어대는 사람들이 있다. 정작 그 정보가 필요할 때는 가만히 있다가 뒤늦게 자기는 그 사실을 진작에 알고 있었다고 나서므로, 사람들은 이들이 과장이나 거짓말을 한다고 생각한다. 물론 더 똑똑해 보이고 더 많이 아는 것처럼 보이려고 과장하는 사람도 있다. 하지만 실제로 우리 기억에는 이처럼 뒤늦게 깨닫는 경우가 있다. 어떤 일을 겪은 후, 사실 당시에는 그 일이 일어날 거라 생각하지 못했는데도 지나고 보면 마치 자신이 예견했던 것처럼 기억하는 것이다.[24] 다시 말하지만 이는 자신을 과장하기 위해 꾸며낸 이야기가 아니다. 그리고 우리 자신의 기억을 살펴보면 정말 맞는 말인 것 같다. 뇌는 자아를 돋보이게 하고자 기억을 재구성하고, 우리가 스스로를 좀 더 똑똑하고 계획적인 사람처럼 느끼게 만드는 것이다.

또 다른 예로 '정서적 퇴색 편향'도 있다.[25] 이는 부정적 사건에 대해 느꼈던 감정적 기억이 긍정적인 사건에 비해 빨리 사라지는 현상이다. 기억 자체는 그대로 있지만 이 기억과 관련된 감정적 요소는 점차 사라지는 것이다. 특히 불편한 감정은 좋은 감정보다 대체로 더 빨리 사라지는 것처럼 보인다. 뇌는 분명 우리에게 좋은 일이 일어나는 것을 좋아한다. 그리고 그 반대의 경우에는 이를 곱씹고 싶어 하지 않는다.

정확성보다는 자아를 우선시하는 것처럼 보이는 편향도 있다(이는 우리 뇌가 늘 하는 일이기도 하다). 대체 뇌는 왜 이러는 것일까? 사건을 정확하게 기억하는 것이 자기만족적인 왜곡보다 당연히 더 쓸모 있지 않은가?

이는 맞기도 하고 틀리기도 하다. 편향적 기억 중 자아와 뚜렷한 연관성을 보이는 것은 일부에 불과하며, 그 외는 반대다. 어떤 사람들의 경우에는 기억하고 싶지 않은데도 끔찍한 기억이 계속 되살아나는 '재공고화reconsolidation'가 나타나기도 한다.[26] 이는 꽤 흔한 현상이며, 치명적이거나 괴로운 일이 아닌 경우에도 발생한다. 아마 여러분도 별생각 없이 길을 걷다가 문득 뇌가 '그때 너 술자리에서 그 여자애한테 작업 걸다가 걔가 대놓고 큰 소리로 거절하는 바람에 개망신 당했던 거 기억나지?' 하고 말을 걸어온 경험이 있을 것이다. 그러곤 20년이나 지난 기억인데도 갑자기 수치심이 밀려왔던 적이 있을 것이다. 자아중심적인 편향 외에도 어린 시절 기억을 못 하거나 상황에 따라 기억하는 현상을 보면 우리 기억체계의 작동 방식이 얼마나 제한적이고 부정확한지 알 수 있다.

또한 이러한 기억편향이 일으키는 기억의 변화는 대체로 상당히 제한적이라는 사실을 알아야 한다. 여러분은 회사 면접 때 자신이 실제보다 더 잘했다고 기억할지 모른다. 하지만 면접 때 했던 어떤 행동을 안 했었더라면 취업을 할 수 있었을 거라는 사실은 기억하지 못한다. 즉, 자아편향적인 뇌는 다른 현실을 만들어낼 만큼 강력하지 않다. 단순히 과거의 기억을 수정할 뿐이며, 새로운 기억을 만들어내지는 않는다.

그렇다면 이런 일들은 왜 일어나는 것일까? 우선 첫 번째 이유는 인간은 늘 수많은 결정을 해야 하기 때문이다. 우리가 결정을 내리기 위해서는 어느 정도의 확신이 있어야 한다. 뇌는 우리를 둘러싼 세상의 상황이 어떻게 돌아가는지 파악하기 위해서 모델을 만들고, 이 모델이 정확하다는 확신을 필요로 한다(이에 대해선 8장의 '현실은 어쨌든 과대평가된다' 부분에서 더 자세히 다룰 것이다). 만약 여러분이 자신이 내린 결정에 대해 어떤 결과가 나올지 하나씩 모두 저울질해야 한다면 엄청난 시간이 소모될 것이다. 하지만 올바른 선택을 내릴 것이라는 스스로에 대한 확신이 있다면, 이 과정은 생략할 수 있다.

두 번째 이유는, 우리의 모든 기억은 개인적이고 주관적인 관점에서 형성되기 때문이다. 판단을 내릴 때 사용하는 관점과 해석은 온전히 우리 자신의 것이다. 따라서 기억은 옳지 않을 때보다 '옳은' 경우를 더 우선시하게 되며, 완벽하게 올바른 결정이 아니더라도 기억 속에서 우리가 내린 판단을 더 보호하고 강화시키게 된다.

이뿐만이 아니다. 인간이 제 기능을 하려면 자존감이나 성취감이 있어야 한다(이는 7장에서 더 자세히 다루도록 하자). 만약 자존감이 저하된다면(예를 들어 우울증 등의 이유로), 우리는 아주 무기력해질 것이다. 하지만 뇌는 정상적인 상황에서도 걱정이나 부정적 결과에 치중하는 경향이 있다. 예컨대 면접을 그다지 잘 보지 못하고 나와서는 '면접 시간에 늦었더라면 면접을 아예 보지도 못했겠지? 그래도 면접을 보긴 했으니 다행이야'와 같은 생각을 하는 경우를 들 수 있다. 즉, 부정적인 사건을 겪은 뒤 더 부정적일 수 있었던 결과를 상상하며 '그래도 이 정도면 다행이야'라며 안도하는 것이다. 이러한 현상을 '반사실적 사고counterfactual thinking'라고 한다.[27] 즉, 자신감이나 자존심은 우리가 정상적인 기능을 하는 데 있어서 중요한 요소이기 때문에 기억을 조작해서라도 이를 끌어올리려는 것이다.

자아 때문에 기억이 그다지 믿을 만한 것이 못 된다는 사실에 대해 적잖이 놀란 사람들도 있을 것이다. 그리고 만약 이 사실이 모든 사람에게 해당된다면, 내 기억도 믿을 수가 없는데 하물며 남이 하는 말을 정말 믿을 수나 있을까? 사람은 누구나 무의식적으로 자신을 미화시키므로 모두 다 거짓 기억을 가지고 있는 것 아닌가? 하지만 다행히도 이에 대해서 너무 걱정할 필요는 없다. 자아편향성이 어떻든 간에 대체로 많은 부분은 여전히 제대로 작동되고 있기 때문이다.

하지만 어찌됐건 누가 자기가 잘났다고 떠들어대면 적당히 회의적인 시각으로 바라보는 게 현명할 것이다.

예를 들어 여기서 나는 여러분들에게 깊은 인상을 주고자 기억과 자아는 서로 연결되어 있다고 이야기했다. 하지만 만약 나 역시 내 생각에 맞는 사실만 기억하고, 그 외의 내용은 무의식적으로 잊고 있는 것이라면 어쩌나? 앞에서 나는 모든 사람들에게는 자아로 인해 남이 말한 것보다 자신이 말한 내용이 더 옳다고 생각하는 자아 생성 효과가 있다고 언급한 바 있다. 하지만 자아 이외에 다른 이유를 들자면, 사실 우리 뇌는 우리 자신이 말한 사실에 대해 더 많이 관여한다. 즉, 말을 하기 전에 우리 뇌는 먼저 생각하고 이를 처리해서, 입으로 내뱉기 위해 필요한 육체적인 움직임을 취한다. 말한 뒤에는 이를 다시 듣고, 상대방의 반응을 살핀다. 따라서 당연히 내가 한 말을 더 쉽게 기억하게 된다.

선택지원적 편향은 자신의 선택이 '최고'라고 여기는 성향이다. 이는 우리 자아나 뇌가 과거에 발생하지도 않았고 또 발생할 수도 없는 일들에 대해 우리가 집착하지 못하도록 막는 성향을 보여주는 예다. 실제로 인간은 자주 이러한 행동을 하고 있으며, 이는 별 소득도 없이 소중한 에너지를 소모시킨다.

인종을 구별하는 성향은 또 어떤가? 자신과 다른 인종의 사람들이 어떤 특징을 갖고 있는지 기억하려고 애쓰는 성향

말이다. 이는 자기중심적 성향의 단점이거나 혹은 같은 인종 안에서 태어나 자란 결과일 수 있다. 그렇다면 이는 우리 뇌가 인종적으로 나와 유사한 사람들을 구별해내는 연습을 많이 해왔다는 뜻이 아닐까?

앞에서 설명한 모든 편향적 행태가 자아가 아닌 다른 이유에서 발생한다는 주장도 있다. 그렇다면 이 내용들은 단지 나의 불타는 자아가 만들어낸 부산물일 뿐일까? 아니다. 꼭 그렇지는 않다. 실제로 자기중심적인 성향이 보편적인 현상임을 나타내는 근거들은 많다. 수많은 연구 결과에 의하면 사람들은 최근보다는 수년 전 자신이 했던 행동에 대해 더 비판하는 경향이 있다고 한다. 최근의 행동은 지금 자신의 모습을 비춰주는 거울이기 때문이다. 다시 말해 최근의 행동을 비판한다는 것은 자아비판과 다름없으므로, 이를 억누르거나 못 본 척하는 것이다.[28] 사람들은 심지어 '과거의 나'는 비판하고 '현재의 나'는 치켜세운다. 실제로는 별반 차이가 없는데도 말이다(내가 10대 때 운전을 못 배운 것은 너무 게을렀기 때문이고, 지금 이 순간 운전을 못 배운 것은 너무 바쁘기 때문이라고 말하는 것처럼). 이처럼 과거의 자신을 비판하는 것이 기억의 자기편향적 성향과 반대되는 것으로 보일 수도 있다. 하지만 사실은 이 역시 자기편향적 성향의 일종이다. 과거의 자신을 비판함으로써 현재의 자신이 그에 비해 얼마나 발전했고 성장했는지, 그래서 스스로 얼마나 자랑스러운지를 강조하는 것이기 때문이다.

뇌는 자아의 비위를 맞추고자 기억을 정기적으로 뜯어고친다. 합당한 이유가 있건 없건 말이다. 그리고 이러한 기억의 재구성 작업은 스스로 알아서 계속 일어난다. 만약 우리가 어떤 일에 대해 자신의 역할을 조금 더 강조하는 방향으로 설명한다면(낚시 모임에서 실제로는 세 번째로 큰 물고기를 잡았는데도 가장 큰 물고기를 잡았다고 말하는 것처럼) 기존의 기억은 이렇게 조작된 정보로 '업데이트'된다(조작된 정보는 사실 새로운 사건이지만, 기존의 기억과 밀접하게 연결되어 있다. 따라서 뇌는 이 둘을 어떻게든 끼워 맞춰야 한다). 그리고 이 과정은 우리도 모르게 다시 이 기억을 회상할 때마다 계속 되풀이된다. 뇌는 아주 복잡하기 때문에 이러한 하나의 현상에도 여러 가지 다양한 근거가 존재할 수 있다. 그리고 이 근거들은 모두 동시에 발생하며, 모두 다 똑같은 타당성을 지닌다.

여기엔 장점도 있다. 설사 지금까지 이 책이 대체 무슨 내용인지 제대로 이해를 못 했다 해도, 여러분은 결국 자신이 이해했다고 기억할 것이다. 따라서 이해를 했건 못 했건 결론은 같다. 그러니 고생했다!

여긴 어디?
나는 누구?

망각의 삼총사: 거짓기억, 건망증, 그리고 기억상실

지금까지 우리는 뇌라는 기억체계의 특이하고 이상한 특징에 대해 살펴보았다. 하지만 이런 모든 특징은 기억이 제대로 작동할 때(이보다 더 적합한 표현은 찾지 못했다)의 얘기다. 그런데 만약 여기에 어떤 문제라도 생긴다면 어떻게 될까? 뇌의 기억체계를 방해하는 문제에는 어떤 것이 있을까? 앞에서 우리는 자아가 기억을 왜곡시킬 수 있다는 사실을 알게 되었다. 그러나 왜곡이 너무 심해서 실제로 일어나지도 않은 전혀 새로운 기억이 탄생하는 경우는 극히 적다. 물론 이는 여러분을 안심시키려고 한 말이며 이런 일이 '절대로' 일어나지 않는다는 말은 아니다.

'거짓기억false memories'을 예로 들어보자. 거짓기억은 아주 위험하다. 특히 중요한 일에 대해 거짓으로 기억한다면 더욱 그렇다. 논란의 여지는 있지만 심리학자와 정신과 의사들이 선의의 목적으로 환자들의 억압된 기억을 밝히고자 실험을 한 적이 있다. 그런데 이 환자들이 애초에 '밝히려고' 했던 끔찍한 사건들은 사실은 이들이 (추측컨대 의도적이 아니라 우연히) 꾸며낸 것으로 밝혀졌다. 거짓기억은 물에 독극물을 넣어 물 전체를 오염시키는 것처럼 심리적으로 큰 영향을 미친다.

여기서 가장 우려되는 것은, 거짓기억이 꼭 정신적으로 문제가 있어서 나타나는 증상은 아니라는 점이다. 사실 모든 사람들에게 나타날 수 있다. 누군가 우리에게 말을 함으로써 거짓기억을 우리 뇌 속에 심을 수 있다는 사실은 이상하게 들릴지 모른다. 하지만 신경학적으로 이는 그다지 불가능한 일이 아니다. 언어는 사고에 중요한 부분이며, 세상에 대한 우리의 관점은 다른 사람의 생각이나 그들이 말하는 내용에 바탕을 둔다(이에 대해선 7장에서 더 자세히 살펴보도록 하자).

거짓기억에 대한 연구는 상당 부분 목격자 증언에 초점을 두고 있다.[29] 중요한 재판의 경우 증인이 딱 한 가지 내용을 잘못 기억하거나 아니면 일어나지도 않은 일을 기억함으로써 무고한 사람의 인생이 영원히 뒤바뀔 수도 있다. 법정에서 증인의 진술은 매우 중요하다. 하지만 법정은 진술을 하기에 최악의 장소다. 법정은 긴장감이 가득하고 불안감을 야기하는 환경이며, 증인은 이 상황의 심각성을 알고 있는 상태에서 "양심에 따라 숨김과 보탬이 없이 사실 그대로 말하고 만일 거짓말이 있으면 위증의 벌을 받기로 맹세합니다"라고 선서한다. 자신이 조금이라도 거짓을 말한다면 위증죄로 처벌받을 수도 있다는 것을 인지하는 상황은 사실 엄청난 스트레스와 정신적인 혼란을 야기한다.

일반적으로 사람은 권위자라고 여겨지는 사람에게는 매우 순응하는 태도를 보인다. 그리고 여러 연구에서 공통적으로 발견되는 것은, 사람들은 자신의 기억에 대해 질문을 받을 때 질문의 성격이 기억의 내용에 큰 영향을 미친다는 점이다. 이와 관련하여 가장 유명한 사람은 엘리자베스 로프터스Elizabeth Loftus 교수로, 그녀는 이 주제에 관해 방대한 연구를 했다.[30] 로프터스는 검증되지 않은 미심쩍은 치료법을 통해 (아마도 우연하게) 머리에 아주 끔찍한 기억이 '심어진' 사람들에 관한 여러 사례를 제시했다. 그중 특히 유명한 사례는 나딘 쿨이라는 여성이다. 그녀는 1980년대에 끔찍한 경험에서 벗어나고자 심리치료를 받았다. 그 결과 자신이 극도로 잔인한 악마 숭배 집단의 일원이었다는 기억을 들춰내게 되었다. 하지만 알고 보니 이 기억은 전혀 사실이 아니었고, 그녀는 자신을 치료했던 치료사에게 수백만 달러 보상을 요구하며 소송을 제기하기에 이르렀다.[31]

로프터스는 여러 연구에서 사람들에게 자동차 사고나 이와 비슷한 사고 현장의 비디오를 보여주고 사람들에게 무엇을 보았는지 질문했다. 그리고 이 연구에서나 다른 연구에서도 항상 나타나는 결과가 있었으니, 그것은 바로 질문의 구조가 사람들의 기억에 직접적인 영향을 미친다는 것이다.[32] 특히 증인의 진술에서 이런 현상이 많이 작용한다.

불안감에 떨거나 권위자(예컨대 법정에서는 검사나 변호사)가 질문을 하는 경우처럼 특별한 상황에서는 질문에 사용된 구체적인 표현이 기억을 '만들어내기도' 한다. 예를 들어 만약 변호사가 "피고는 치즈 강도 사건이 발생한 시간에 그 치즈 가게 근처에 있었습니까?"라고 묻는다면, 증인은 자신이 기억한 바에 따라 "네" 또는 "아니오"로 답할 수 있다. 하지만 만약 변호사가 "치즈 강도 사건이 발생한 시간에 피고는 치즈 가게 안 어디에 있었습니까?"라고 질문한다면 어떨까? 이 경우에는 질문 자체에서 피고가 반드시 그곳에 있었다는 점을 암시하고 있다. 따라서 증인이 실제로 피고를 본 기억이 나지 않는다 해도 높은 지위의 사람이 마치 그것이 사실인 양 질문하므로 증인의 뇌는 자신의 기억을 의심하게 된다. 그러고는 권위자와 같은 '믿을 만한' 사람이 제시한 새로운 '사실'에 순응하게 된다. 결국 자신이 보지도 않았으면서 "제 생각에는 그가 치즈 가게의 체더치즈 코너 옆에 서 있었던 것 같아요"라는 식의 발언을 할 수 있다는 것이다. 이처럼 우리 사회의 아주 근본적인 부분에도 큰 취약점이 있을 수 있다는 사실은 걱정스러운 일이다.

이제 여러분은 기억이 제대로 작동할 때에도 이를 교란시키는 것이 얼마나 쉬운 일인지 이해했을 것이다. 그런데 기억을 담당하는 뇌의 메커니즘에 진짜 문제가 생긴다면 어떨까? 아주 극단적인 경우는 뇌가 심각하게 손상된 상황이다. 이는 알츠하이머병과 같은 심각한 신경퇴행성 질환 때문에 발생할 수 있다. 알츠하이머병(치매의 가장 흔한 원인)은 뇌에 분포한 많은 세포가 죽으면서 여러 가지 증상을 일으키는 병이다. 가장 잘 알려진 증상으로는 예측할 수 없는 기억상실과 기억혼란이 있다. 알츠하이머의 원인은 아직 분명하지 않지만, 현재 가장 주요한 이론 중 하나는 신경섬유매듭이 그 원인이라는 이론이다.[33]

뉴런은 길쭉하고 가지처럼 뻗은 세포로 이루어져 있으며, 긴 단백질 망으로 된 사실상의 '골격'(세포골격이라 부른다)을 가지고 있다. 이 긴 단백질 망은 신경미세섬유라고 불리며, 여러 개의 실이 꼬여 밧줄이 되듯 여러 개의 신경미세섬유가 '더욱 단단한' 하나의 구조를 이루고 있는데 이를 신경원섬유라 한다. 이러한 구조로 세포가 이루어져 있으며, 이 구조를 따라 중요한 물질이 이동한다. 하지만 일부 사람들의 경우 특정한 이유로 인해 신경원섬유가 제대로 정렬되지 않고 엉키게 되는데, 이는 마치 정원에서 수도를 틀어놓고 호스를 5분 정도 그대로 내버려뒀을 때 꼬이는 모양과 비슷하다. 따라서 이 때문에 관련 유전자에 작지만 중요한 변이가 일어나 단백질이 예측 불가능한 형태로 뻗어나가는 것일 수도 있다. 아니면 아직까지 밝혀지지 않은 어떤 세포 프로세스로서 나이가 들면서 점점 흔하게 일어나는 증상일 수도 있다. 하지만 원인이 무엇이건 간에 이렇게 신경원섬유가 엉키게 되면 뉴런의 기능이 심각한 타격을 받아 주요 프로세스를 중단시키며, 결국 뉴런은 죽게 된다. 그리고 이 문제가 뇌 전체에 발생하여 기억에 관여하는 모든 부분에 영향을 미친다.

하지만 기억 손상이 세포 차원의 문제에서 비롯되는 것만은 아니다. 뇌에 혈액 공급이 원활하지 않아 발생하는 뇌졸중 역시 기억에 큰 영향을 미친다. 모든 기억을 항상 인코딩하고 처리하는 해마는 자원 의존성이 매우 높은 신경 영역이라, 영양분과 대사물질이 차질 없이 공급되어야만 제대로 작동한다. 즉, 해마에게는 연료가 매우 중요하다. 그런데 뇌졸중은 이러한 연료 공급을 차단시킬 수 있다. 그것도 아주 잠시 마치 컴퓨터의 전원 코드를 빼버리는 것처럼 말이다. 시간이 아무리 짧다 해도 상관없다. 피해는 이미 발생했다. 그때부터 기억체계는 제대로 작동되지 않는다. 물론 한 가닥 희망이라면 심각한 기억장애를 일으키는 원인이 부디 정확히 뇌졸중이길 바라는 것이다(혈액이 뇌로 공급되는 경로는 다양하기 때문이다).[34]

그런데 뇌졸중이라도 '편측unilateral' 뇌졸중과 '양측bilateral' 뇌졸중은 서로 다르다. 간단히 말하자면, 뇌는 두 개의 반구로 이루어져 있으며 각각 해마를 가지고 있다. 만약 뇌졸중이 양쪽 해마 모두에 영향을 미치면 결과는 꽤 심각하지만, 한쪽 해마만 타격을 받았다면 다루기가 좀 더 수월하다.

인간의 기억체계는 절묘한 곳에 장애를 입어 생기는 여러 종류의 기억장애, 뇌졸중을 앓고 있는 환자들을 통해 비로소 알려지게 되었다. 그중 한 환자는 기억상실증을 앓고 있었는데, 당구 큐가 코 위를 찍으면서 뇌까지 물리적 손상을 입은 탓이었다.[35] 신체 접촉이 없는 운동이라 생각했던 당구마저! 세상에 위험하지 않은 건 없나 보다.

심지어 수술을 통해 의도적으로 뇌의 기억처리 영역을 제거한 사례도 있었다. 기억처리 영역에 대한 인식이 과거에는 어땠었는지를 보여주는 예다. 과거 뇌 스캔이나 영상 기법이 없었던 시절 'H. M.'이라는 환자가 있었다. 이 환자는 측두엽 간질을 앓고 있었는데, 발작이 너무 잦은 나머지 측두엽을 제거하기로 결정했다. 제거 수술이 성공적으로 끝나자 발작은 멈추었다. 하지만 안타깝게도 그의 장기기억력도 함께 사라졌다. 수술 후부터 이 환자는 수술하기 몇 달 전까지만 기억할 수 있었다. 그리고 1분도 채 안 된 과거의 일은 기억했지만, 이조차 바로 잊어버렸다. 이 사건을 통해 측두엽이 뇌에서 모든 기억 형성 작용을 담당한다는 사실이 알려지게 되었다.[36]

해마성 기억상실증 환자에 대한 연구는 아직까지 계속되

고 있으며, 해마의 광범위한 역할에 대한 이론이 점차 성립되고 있다. 한 예로 2013년의 연구 결과에 따르면 해마의 손상은 창의적인 사고 능력을 저해한다고 한다.[37] 일리 있는 이야기다. 만약 재미있는 기억과 여러 가지 자극을 유지하거나 활용할 수 없다면 창의성을 가지기 매우 어려울 것이기 때문이다.

그런데 또 한 가지 흥미로운 점은 앞의 환자 H. M.이 잃지 않은 기억체계다. 이 환자는 분명히 단기기억을 가지고 있었다. 하지만 단기기억 속의 정보가 갈 곳을 잃게 되자, 정보가 사라지고 말았다. 그는 그림 그리는 것과 같은 새로운 운동 기법을 배울 수는 있었지만, 특정 능력을 테스트할 때마다 이번이 처음 해보는 것이라 확신하고 있었다. 실제로 매우 능숙한 실력을 갖고 있었는데도 말이다. 따라서 무의식 상태의 기억은 손상을 입지 않은 다른 메커니즘에 의해 다른 곳에서 처리되는 것이 분명하다.

어느 교수에 따르면 환자 H. M.이 배울 수 있는 몇 개 안 되는 것 중 하나가 과자를 둔 위치였다고 한다. 하지만 그는 과자를 금방 먹고도 먹었다는 사실을 까먹고는 과자를 가지러 계속 왔다 갔다 했다고 한다. 그는 기억을 다시는 얻지 못했으며, 얻은 것이라곤 몸무게뿐이었다. 그러나 나는 이 실험 결과를 정확히 증명하지는 못한다. 이와 직접적으로 관련된 연구 보고서나 증거를 찾지 못했기 때문이다. 하지만 비슷한 연구로 브리스톨대학의 제프리 브룬스트롬Jeffrey Brunstrom과 그의 연구팀의 실험을 예로 들 수 있다. 이들은 배가 고픈 실험참가자들에게 500밀리리터 혹은 300밀리리터의 수프를 주겠다고 말했다. 그리고 그들은 딱 각각 자신들에게 제시된 양만큼 먹었다. 하지만 이 연구팀은 정밀한 펌프를 이용해서 한 가지 실험을 했다. 실제로 300밀리리터의 수프를 받은 그룹의 그릇은 몰래 더 채워서 실제 섭취량은 500밀리리터가 되게 했고, 반대로 500밀리리터의 수프를 받은 그룹은 몰래 수프를 빼내어 300밀리리터를 마시게 했다.[38]

여기서 재미있는 결과는 실제로 얼마를 마셨는지는 중요하지 않았다는 점이다. 실험대상자들이 마셨다고 기억하는 양이 (사실과 다르다 해도) 언제 배가 고픈지를 결정했다. 실제로는 500밀리리터를 마셨지만 300밀리리터의 수프를 마셨다고 생각한 그룹은 실제로 300밀리리터를 마셨지만 자신의 기억으로는 500밀리리터를 마신 그룹에 비해 배가 더 빨리 고프다고 느꼈다. 이로써 우리는 식욕을 결정함에 있어서 육체적인 신호보다 기억이 더 크게 작용하는 것을 알 수 있다. 따라서 기억체계가 타격을 받으면 우리의 식습관에도 큰 영향을 미칠 것으로 보인다.

드라마를 보면 '역행성 건망증', 즉 어떤 충격적인 사건이 발생하기 전의 일을 기억하지 못하는 증상이 아주 흔한 일처럼 등장한다. 조만간 드라마의 대 반전을 일으킬 정보를 알고 있는 등장인물이 이야기 전개상 너무나 절묘한 타이밍에 난데없이 공사장 옆을 지나다 우연히 인부가 떨어뜨린 벽돌에 머리를 맞고는 기절한다. 그리고 의식이 돌아오자 "여긴 어디죠? 당신들은 누구신가요?"라고 묻는다. 그러고는 "아니, 그것보다도 제가 누구인지 모르겠어요" 하고 혼란에 빠진다.

이런 경우는 사실 현실에서는 흔하지 않다. 머리를 크게 다쳐서 인생 전체의 기억과 자신의 정체성마저 잃어버리는 경우는 매우 드물다는 얘기다. 각각의 기억은 뇌 전체에 고루 퍼져 있다. 부상을 입어서 이 기억들이 파괴될 정도라면 뇌의 상당 부분이 손상되었을 가능성이 높다.[39] 만약 이런 상황이라면 지금 친구 이름을 기억하는 게 문제겠는가! 전두엽의 수집을 담당하는 실행 영역은 결정을 내리거나 이성적 사고를 하는 등 아주 중요한 역할을 한다. 따라서 이 부분에 문제가 생긴다면, 기억을 잃는 것은 상대적으로 큰 문제라고 느껴지지 않을 정도로 심각한 상태인 것이다. 물론 역행성 건망증은 발생할 수 있고, 또 실제로 발생한다. 하지만 이는 일시적이며 기억은 결국 다시 돌아온다. 이러한 사실은 드라마 소재로서는 별로겠지만, 우리 개개인에게는 좋은 소식이다.

만약 역행성 건망증이 실제로 일어난다면, 이 증상은 그 특성상 연구하기가 매우 어렵다. 기억을 잃기 전의 인생에서 잃어버린 기억이 어느 정도인지를 판단하기는 어렵기 때문이다. 이미 기억을 잃어버린 지금 시점에서 무엇을 알아낼 수 있겠는가? 환자는 "열한 살 때 버스를 타고 동물원을 간 기억이 나요"라고 말할 수도 있다. 이것만 보면 마치 기억이 되살아나는 것처럼 보인다. 하지만 의사가 그 당시 환자와 함께 버스에 탔던 게 아닌 이상 어떻게 확인할 수 있겠는가? 단순히 잘못된, 아니면 새로 창조된 기억일 수도 있다. 따라서 기억을 잃기 전 인생에 대한 기억상실을 테스트하거나 측정하려면 그 사람의 '인생 전체'에 대한 정확한 기록이 있어야 한다. 그래야 기억과 현실 간에 어떤 차이가 있으며, 어떤 부분을 잃었는지 정확하게 알 수 있을 것이다. 하지만 그런 기록을 갖고 있는 사람은 거의 없다.

한 실험에서 베르니케-코르사코프 증후군Wernicke-Korsakoff syndrome으로 인해 발생하는 역행성 건망증에 대해 연구한 바 있다. 베르니케-코르사코프 증후군은 일반적으로 심각한 알코올중독으로 인한 티아민 결핍으로 발생한다.[40] 이 실험은 증상 전에 이미 자서전을 써놓은 '환자 X' 덕분에 가능했다. 의사들은 그의 자서전을 참고삼아 그의 기억상실증 정도를 더 정확하게

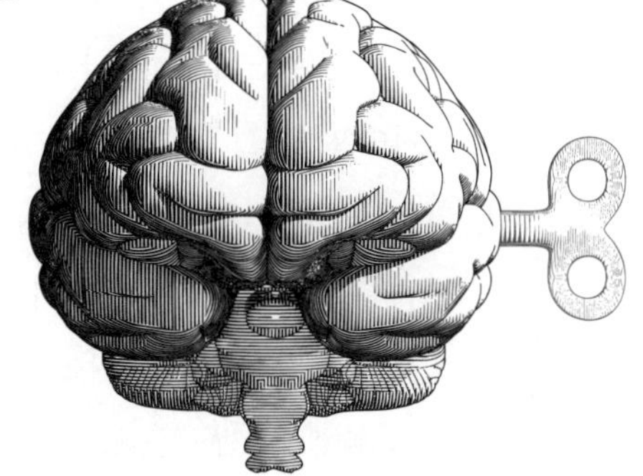

연구할 수 있었기 때문이다.[41] 점점 더 많은 사람들이 소셜미디어를 통해 자신의 삶을 기록하고 있으므로, 앞으로는 이런 사례가 좀 더 있을지 모르겠다. 하지만 웹상의 기록은 자신의 실제 삶을 항상 정확하게 반영하지 않는다. 극단적인 예로 심리학자가 기억상실증 환자의 페이스북 타임라인을 보고는 이 환자의 기억에는 고양이 동영상을 보면서 깔깔댄 기억밖엔 없다고 생각하는 일이 벌어질 수도 있다.

해마는 신체적인 트라우마나 뇌졸중, 여러 종류의 치매로 인해 쉽게 손상을 입는다. 입술 발진과 관련된 바이러스인 단순포진도 때때로 아주 심각해져서 해마를 공격하기도 한다.[42] 물론 해마는 새로운 기억 형성에 중요한 역할을 하므로, 기억상실은 순행성의 특징을 띠는 경우가 많다. 즉, 트라우마를 겪은 이후부터 새로운 내용을 기억하지 못한다는 뜻이다. 환자 H. M.(2008년 78세의 나이로 사망했다)이 이런 경우였다. 만약 여러분이 〈메멘토Memento〉라는 영화를 봤다면, 그 주인공의 경우와 아주 비슷하다고 생각하면 된다(만약 영화를 보긴 봤는데 아이러니하게도 기억이 안 난다면, 별 도움은 안 되겠지만 말이다).

지금까지 부상이나 수술, 질병, 술 등으로 인해 뇌의 기억 과정에 생길 수 있는 여러 가지 사례에 관해 간단히 알아보았다. 매우 다양한 기억상실 현상이 발생할 수 있고(예를 들어 어떤 사건에 대한 기억은 없지만 그 속의 사실은 기억하는 경우 등),

일부는 눈에 띄는 신체적 원인이 없는 경우도 있다(어떤 기억 상실증은 끔찍한 경험에 대한 거부반응이나 대응으로서 지극히 심리적인 증상으로 알려져 있다).

이처럼 기억체계는 복잡하고 혼란스러우며 일관성도 없고 쉽게 손상되는 나약한 존재인데 어떻게 쓸모가 있을 수 있을까? 그건 대부분의 경우 기억이 제대로 작동되기 때문이다. 인간의 기억체계는 최첨단 슈퍼컴퓨터의 빰을 칠 정도로 뛰어난 능력과 융통성을 보유하고 있다. 기억체계에 내재된 융통성과 기괴한 구조는 수백만 년의 진화를 통해 만들어진 것이다. 그러니 누구를 탓하겠는가? 인간의 기억은 완벽하지는 않다. 하지만 충분히 훌륭하다.

3

너무 고요하고 너무 평온한 게 왠지 수상해

이유 없는 공포와 불안… 범인은 당신이야!

여러분은 지금 무엇에 대해 걱정하고 있는가? 아마 수도 없이 많을 것이다. 아이 생일파티 때 필요한 것들이 다 준비됐나? 지금 진행 중인 프로젝트가 제대로 잘되고 있는 걸까? 이번 달 가스 요금이 너무 많이 나오면 어떡하지? 엄마와 마지막으로 전화 통화를 한 게 언제였더라. 무릎이 계속 아픈데 관절염이 아닌 게 확실한 걸까? 그때 남은 고기를 냉장고에 둔 지 일주일은 더 지난 것 같은데, 누가 먹었다가 식중독이라도 걸리면 어떻게 하지? 발이 왜 이렇게 간지럽지? 가만, 이 소리는 뭐야? 천장에 바퀴벌레가 있나? 고민은 끝도 없이 이어진다.

앞의 투쟁-도피 반응에서 보았듯이, 인간의 뇌는 잠재적인 위협 요소들을 잘도 생각해낸다. 인간의 섬세한 지능이 가진 한 가지 문제점은 '위협'이 무엇이든지 가리지 않고 공포를 느낀다는 점이다. 과거 오랜 진화 과정 중 실제적이고 물리적이며 목숨이 위태로운 위협에 대해서만 집중하던 시절이 있었다. 당시 세상은 그런 위협 요소로 가득 차 있었기 때문이다. 하지만 그런 시대는 이미 오래전에 끝났다. 세상은 변했지만 우리 뇌는 아직 거기까지 미치지 못했다. 말 그대로 인간은 그것이 무엇이든지 걱정거리를 어떻게든 찾아낸다.

앞에서 쭉 나열한 걱정거리들은 인간의 뇌가 만들어내는 거대한 강박의 극히 일부에 지나지 않는다. 조금이라도 부정적인 결과를 초래할 수 있다면, 아주 사소하거나 주관적인 생각이라 할지라도 '걱정할 가치가 있는 일'로 분류한다. 그럴 필요가 없는 경우에도 말이다. 여러분도 불운해질까 두려워 문지방을 밟지 않고 건너가거나, 장례식장에 다녀온 뒤 소금을 뿌리거나, 시험날에는 미역국을 먹지 않았던 적이 있지 않은가? 이러한 행동들이 모두 미신이라는 것을 알면서도 우리는 단순히 심리적인 안정을 위해 현실적으로 아무 영향도 미치지 않는 행동을 하기도 한다.

이와 마찬가지로 우리는 음모론에 솔깃해서, 일어날 수는 있지만 그 확률이 매우 낮은 일에 대해 분개하며 피해사고에 빠지기도 한다. 뇌는 또한 공포심을 조장하기도 한다. 어떤 일이 무해하다는 걸 알면서도 이로 인해 스트레스를 받고 걱정하는 태도 말이다. 그러나 뇌는 때로는 아주 말도 안 되는 작은 이유조차 찾아내지 못했으면서, 말 그대로 아무것도 아닌 일에 대해 그냥 걱정하기도 한다. 간혹 사람들이 "지금까지 아무 일도 없었으니 앞으로 곧 나쁜 일이 닥칠 거야"라고 말하는 경우를 보았을 것이다. 이런 성향 때문에 인간은 만성적인 불안장애anxiety disorder를 겪는다. 하지만 불안장애는 걱정을 잘하는 뇌가 신체에 실질적인 영향(고혈압, 긴장감, 떨림, 몸무게 감소나 증가)을 미치며 인간의 전반적인 삶에 영향을 주는(아무것도 아닌 일에 집착하는 것은 실제로 우리에게 해를 끼친다) 한 가지 사례에 불과하다. 통계청을 포함한 영국 기관의 조사에 따르면 영국의 성인 10명 중 1명은 일생 중

불안과 관련된 장애를 겪는다고 한다.[1] 그리고 영국정신건강협회는 2009년 보고서 〈불안에 직면하여In the Face of Fear〉에서 1993년부터 2007년 사이 불안과 관련된 장애를 겪는 비율이 12.8% 증가했다고 밝혔다.[2] 불안장애를 겪는 영국 성인이 100만 명 가까이 증가했다는 뜻이다.

안 그래도 커진 두개골 때문에 끊임없이 스트레스에 시달리는 마당에, 또 다른 적이 필요한 사람이 어디 있겠는가?

파란 스웨터를 입은 날마다 출근 버스를 놓쳤어, 이게 과연 아무 상관없는 일일까?

우리 뇌가 세상의 무계획성에 대처하는 자세

재미있는 이야기 하나 해줄까? 사실 나는 이 사회를 비밀리에 통제하는 어두운 음모에 연루되어 있다. '빅 파르마'■와 작당해 자연치료, 대체의학, 암 치료법을 파괴하고 있는 것이다. 돈벌이를 위해서 말이다(끊임없이 죽어나가는 잠재적 소비자만 한 큰 돈벌이 수단이 있겠는가). 또 달 착륙이 사실은 거대한 사기극이라는 것을 사람들이 절대 알지 못하도록 하는 음모에도 가담하고 있다. 뿐만 아니라 세계 과학자들과 함께 기후변화설, 진화론, 지구 구형론 등에 관한 미신을 퍼뜨리는 음모도 진행시키고 있다(이 책을 읽고 있는 여러분도 그래서 지구

■ '빅 파르마'는 글로벌 제약 산업을 통칭해서 쓰는 은어다. '빅 파르마 음모 이론Big Pharma conspiracy theory'에 따르면, 전 세계 제약회사들은 공공선에 반하는 사악한 짓을 벌이고 있다고 한다.

는 공처럼 둥글다고 철썩같이 믿고 있는 것이다). 이를 위장하기 위해 낮에는 정신보건의료 및 정신의학 분야에서 자유사고론자들을 억압하고 순종을 강요하는 대중 사기꾼 역할을 하고 있다.

여러분은 내가 이렇게 많은 음모론에 가담하고 있다는 사실에 놀랐을 것이다. 아니, 사실 정작 놀란 건 나다. 내가 이런 음모에 가담한다는 것은《가디언The Guardian》에 게재된 내 기사 밑에 열심히 댓글을 달아준 사람들 덕분에 우연히 알게 되었다. 지금까지 우주상에 존재했던 모든 인류 중 내가 가장 글을 못 쓴다는 댓글, 그리고 엿이나 똥, 심지어 차마 말로 표현할 수 없는 ××를 처먹으라는 댓글 사이에, 내가 비도덕적인 수많은 음모에 가담했다는 '증거'가 있었다.

이런 댓글은 주요 언론사에 글을 기고하는 사람들에게는 늘 예상되는 일이다. 기사를 읽다 보면 자신의 생각이나 신념에 반하는 내용이 많다. 이때 독자들이 하는 단순한 대응은 이를 어떤 나쁜 권력에 의해 조작된 글이라 단정 짓는 것이다. 실제로는 머리가 벗겨진 어느 젊은 남자가 영국 카디프에 있는 자신의 집 소파에 앉아 쓴 글일 뿐인데 말이다.

인터넷이 널리 사용되고 사회의 상호연결성이 점점 더 증가함에 따라, 음모론이 생기기에도 아주 적합한 환경이 되었다. 사람들은 집에 앉아서 9·11 테러에 대한 자신의 주장을 뒷받침할 '증거'를 쉽게 찾아내며, CIA나 에이즈 등에 대해 자기 멋대로 내린 결론을 비슷한 생각을 가진 사람들과 쉽게 공유할 수 있게 되었다. 음모론은 새로 생겨난 현상이 아니다.[3] 이는 아마도 강박적인 상상에 의해 쉽게 매도되며 또 매도되길 바라는 인간의 뇌가 가진 기이한 특성이 아닐까? 어떤 측면에서는 그렇기도 하다.

다시 원래의 주제로 돌아가 보자. 대체 음모론과 미신은 무슨 상관이 있다는 걸까? '미국 정부가 뉴멕시코주 로스웰에서 외계인을 발견하고 해부했다'는 사건과 '네잎클로버를 발견하면 행운이 따른다'는 이야기는 서로 전혀 무관한 일인데, 대체 어떤 관련이 있다는 걸까?

이는 음모와 미신을 서로 연결하려고 하는, 즉 대부분 서로 관련이 없는 것들에서 패턴을 찾으려고 하는 아이러니한 질문이다. 이처럼 서로 연관이 없는 곳에서 연관성을 찾아내는 현상을 가리키는 용어가 있다. 바로 '아포페니아Apophenia'다.[4] 예를 들어 만약 여러분이 실수로 팬티를 뒤집어 입었는데 그날 즉석 복권에 당첨되었다면, 아마도 여러분은 복권을 사는 날마다 팬티를 일부러 뒤집어 입을 것이다. 이를 아포페니아라고 한다. 속옷의 방향이 복권 당첨에 전혀 영향을 미칠 리 없지만, 여기서 여러분은 특정 패턴을 발견하고 이를 따르게 된다. 마찬가지로 서로 전혀 연관성이 없는 두 명의 고위직 인사가 각각 자연재해와 사고로 한 달도 채 안 되어 연이어 사망했다면, 그것은 단순히 비극이다. 하지만 만약 사망한 두 사람 모두 특정 정치 단체나 정부를 비판한 사람이라는 사실을 알게 된다면 이들이 암살당한 것은 아닐까 의심해보게 된다. 바로 아포페니아 현상이다. 즉, 가장 기본적인 단계에서 보면 음모론이나 미신 모두 누군가가 관련 없는 현상 사이에서 의미 있는 연관성을 찾아내는 것에서 시작된다.

아포페니아는 특별히 강박장애나 미신적인 성향을 가진 사람에게만 일어나는 현상이 아니다. 누구에게나 생길 수 있다. 우리 뇌는 끊임없이 다양한 정보를 받고 있으며, 이 정보들을 이해해야 한다. 우리가 인지하는 세상은 뇌가 받은 정보를 모두 처리한 최종 결과물이다. 이때 망막에서부터 시각피질, 해마, 전전두엽피질에 이르기까지 뇌의 여러 영역이 함께 작용하여 다양한 기능을 수행한다. 뇌의 수많은 영역이 함께 작용하여 우리는 주위 세상을 감지하고 인식하게 되지만, 여기에도 여전히 많은 한계가 있다. 뇌의 힘이 부족한 게 아니라, 한꺼번에 지나치게 많은 정보가 쏟아져 들어오기 때문이다. 하지만 그중 일부만이 필요한 정보이며, 1초도 채 안 되는 시간 안에 뇌가 이들 정보를 처리해야 우리가 사용할 수 있다. 그렇기에 (대체로) 중요한 내용에 집중할 수 있도록 뇌는 수많은 지름길을 이용한다.

뇌가 중요하지 않은 정보와 중요한 정보를 구별하는 방법 중 하나는 패턴을 인식하고 그 패턴에 중점을 두는 것이다. 대표적인 예가 시각체계다(이 부분은 5장에서 자세히 살펴볼 것이다). 그러나 여기서는 뇌가 우리가 보는 사물에서 끊임없이 연관성을 찾는다는 정도로 정리해두자. 이러한 성향은 분명 과거 인간이 끊임없는 위협 속에서 살아남아야 했으며(투쟁-도피 반응을 떠올려보자), 그중에 가짜 경보도 있을 수밖에 없었던 시대에서부터 이어져온 생존 전략이다. 목숨을 부지할 수만 있다면, 몇몇 가짜 경보 따위가 뭐 그리 대수겠는가?

그런데 이 가짜 경보가 문제다. 이 때문에 우리는 아포페니아에 빠지고, 뇌의 투쟁-도피 반응이 강화되어, 최악의 상황을 가정하며 많은 생각에 빠지는 성향이 더 심해진다. 우리는 실제로 있지도 않는 패턴을 보게 되며, 우리에게 해가 될 수도 있다는 아주 희박한 가능성을 이유로 이 패턴에 중요성을 부가한다. 실제로 수많은 미신이 불행이나 불운을 피하게 해준다는 내용임을 생각해보자. 여러분은 '사실은 누군가를 은밀히 돕기 위한 음모가 물밑에서 진행되고 있다'는 식의 이야기는 한 번도 들어본 적이 없을 것이다.

뿐만 아니라 뇌는 기억에 저장된 정보를 근거로 패턴이나 특정 성향을 인식한다. 즉, 우리의 경험이 사고 방식에 영향을 준다는 뜻이다. 어린아이들에게 부모님은 모든 것을 알고 있는 전능한 존재다(대개는 부모님께 최신 전자기기 사용법을 알려주기 전까지는 이러한 환상이 지속된다). 성장기에는 환경의 상당 부분이 통제된다. 이때 우리가 알고 있는 거의 모든 것은 우리가 믿고 인정하는 부모님으로부터 들은 것이며, 따라서 일어나는 모든 일은 부모님의 감독하에 이루어진다. 즉, 삶이 형성되는 대부분의 시기 동안 부모님은 참고서 역할을 하는 것이다. 따라서 만약 부모님이 미신을 믿는다면, (미신을 믿을 근거가 전혀 없다 해도) 자녀 역시 이를 똑같이 믿을 확률이 높다.[5]

다시 말하면, 우리가 어렸을 때 형성된 기억들은 우리가 이해하기 힘든 권력자가 만들고 통제하는 세상 속에서(무계획적이거나 혼란스러운 세상이 아닌) 만들어졌다는 뜻이다. 이렇게 만들어진 사고체계는 우리 마음속 깊이 자리를 잡으며 성인이 되어서까지 이어진다. 어떤 사람들에게는 이 세상이 돈 많은 거물이건, 뛰어난 기술을 가진 외계인이건, 혹은 인류를 실험 대상으로 삼는 과학자이건 간에 강력한 힘을 가진 누군가가 세상을 움직인다고 믿는 것이 더 마음 편한 일이다.

그런데 앞의 문단을 보면 음모론을 믿는 사람들은 불안정하고 미성숙하며, 어른이 되고도 부모님의 허락을 기다리는 사람들인 것처럼 비춰질 수도 있겠다. 물론 개중에는 그런 사람들도 있을 수 있다. 하지만 음모론을 믿지 않는 사람들 중에도 그런 부류는 많다. 나는 여기서 서로 무관한 두 가지를 근거 없이 연관 지을 때의 위험성에 대해 몇 문단을 할애해 장황하게 설명할 생각은 없으며, 또 나 스스로도 그런 짓은 하고 싶지 않다. 여기서 말하고자 하는 것은 인간의 뇌가 발달하면서 마치 음모론이 '진짜인 것'처럼 여겨질 수 있는 경우가 있다는 것이다.

하지만 이처럼 패턴을 찾음으로써 생기는 한 가지 분명한 결과는(반대로 원인이 될 수도 있다), 우리 뇌가 세상의 무계획성에 전혀 대처하지 못한다는 것이다. 뇌는 어떤 일이 '우연이 아닌 알 수 없는 이유로 발생한다'는 사실을 받아들이지 못하는 것처럼 보인다. 어쩌면 이는 어디서나 위험 신호를 발견하는 뇌 성향의 또 다른 결과일 수도 있다. 예를 들어 현재 위험한 일이 발생할 만한 실제 근거가 전혀 없고, 따라서 문제가 생겨도 손쓸 방법이 없다. 그런데 만약 이러한 때에 실제로 위험한 상황이 발생한다면 뇌로선 이 상황을 참을 수 없게 된다.

이처럼 뇌가 무계획적인 상황을 받아들이지 못함으로써 여러 가지 연쇄적인 결과가 발생한다. 그중 하나는 모든 일에는 이유가 있다고 반사적으로 추정하는 것이다. 이를 흔히 '운명'이라고 부른다. 현실에서 어떤 사람들은 그냥 운이 없을 때가 있다. 그러나 뇌는 이것을 받아들이지 못한다. 따라서 엉성한 이유라도 갖다 붙여야 한다. '정말 운이 없다고? 아니, 그 이유는 오늘 아침 깨진 거울 때문이야. 왜냐하면 그 거울엔 너의 영혼이 들어 있었는데 지금 산산조각이 났거든.'

그것이 아무리 사악한 조직일지언정 세상을 이끌어가는 누군가가 아예 존재하지 않는 것보다는 낫다는 생각에 사람들이 음모론을 믿는다고 주장할 수도 있다. 즉, 인간 사회는 무계획적인 일들 때문에 불안하므로, 이 세상을 운에 맡기느니 차라리 은밀한 지도층에 맡기는 게 낫다는 생각이다(그들이 설사 자신들의 탐욕을 채우기 위해 이 세상을 좌지우지하고 있다 해도 말이다). 비행기 조종실에 아무도 없는 것보단 술 취한 파일럿이라도 있는 편이 더 안전하다는 생각인 셈이다.

성격에 관한 연구에서는 이와 같은 개념을 '분명한 통제위치pronounced locus of control'라고 부른다. 이는 개인이 자신에게 영향을 미치는 일에 대해 스스로 영향력을 행사할 수 있다고 믿는 정도를 일컫는다.[6] 즉, 통제위치가 높을수록 자신의 '통제력이 크다'고 믿는다(실제 자신의 통제력이 어느 정도인지와는 무관하다). 왜 어떤 사람들은 다른 사람들에 비해 자신의 통제력이 더 크다고 느끼는지 그 이유는 아직 정확히 밝혀지지 않았다. 일부 연구에서는 높은 통제위치와 해마의 크기가 연관성을 보였다.[7] 스트레스를 받을 때 분비되는 호르몬인 코르티솔cortisol은 해마의 크기를 작게 만들며, 자신의 통제력이 약하다고 믿는 사람들은 스트레스를 더 쉽게 받는 경향이 있다. 따라서 해마의 크기는 통제위치의 원인이라기보다는 결과에 가깝다.[8] 정말 뇌에 관해선 쉬운 게 하나도 없다.

어쨌거나 통제위치가 높다는 것은 자신이 사건의 발생 원인을 통제할 수 있다고 믿는 것이다(실제로 사건의 발생 원인 따위는 없지만, 어쨌거나 그렇게 믿는다). 만약 통제위치가 높은 사람이 미신을 믿는다면, 그는 문지방을 절대 밟지 않거나, 불쾌한 사람이 집에 다녀가면 소금을 뿌리거나, 검은 고양이를 만나면 피해 가는 등의 모든 이성적인 설명이 불가능한 방법을 통해서 재앙을 피했다고 확신한다.

통제위치가 이보다 더 높은 사람들은 '음모'를 무너뜨리기 위해 이에 대한 부정적 인식을 퍼뜨린다. 이들은 음모론의 내용을 '더 깊게' 살펴보고(음모론의 출처가 믿을 만한지 따위는 신경 쓰지 않는다), 관심을 기울일 만한 모든 사람들에게 이를 알린다. 그리고 이에 귀를 기울이지 않는 사람들은 '무지한 양'이나 다름없다며 비난한다. 미신은 음모보다 수동적이다. 사람들은 미신을 믿기는 하지만, 또 평소에는 그런 대로 자신의 일상을 살아나간다. 하지만 음모는 더 많은 시간과 노력을 필요로 한다. 누군가 여러분에게 왜 '토끼 발'이 행운을 의미하는지 그에 대한 숨겨진 진실을 설명한 적이 있던가?

결론적으로, 패턴을 좋아하고 무계획성을 혐오하는 뇌 때문에 사람들은 꽤 극단적인 결론을 내릴 때가 많다. 물론 이는 큰 문제가 되지 않을 수도 있다. 하지만 이 때문에 수많은 증거 앞에서도 사람들은 자신의 투철한 믿음이나 결론이 틀렸다는 생각을 하지 않는다. 미신이나 음모를 믿는 사람들은 이성적인 세상에서 아무리 많은 증거가 발견된다 해도 자신의 괴상한 믿음을 버리지 않는다. 그리고 이는 다 멍청한 뇌 덕분에 일어나는 일이다.

지금까지 이야기한 모든 사실은 신경과학과 심리학 분야에서 현재까지 파악한 내용에 근거한 것이다. 하지만 이 역시 한계는 있다. 사실 주제 자체가 딱 꼬집어 얘기하기 쉽지 않다. 심리학적인 관점에서 미신은 무엇인가? 뇌 활동의 측면에서 한 개인은 어떻게 보이는가? 이것은 신념인가? 아니면 생각인가? 오늘날의 기술은 뇌 활동을 스캔할 수 있을 만큼 발전해 있다. 하지만 뇌의 활동을 관찰할 수 있다고 해서 그 활동의 의미까지 이해할 수 있는 것은 아니다. 여러분이 피아노 건반을 본다고 해서 모차르트를 연주할 수 있는 것은 아니듯이 말이다.

물론 과학자들이 뇌 해석을 시도해보지 않은 건 아니다. 한 예로 마자아나 린데만Marjaana Lindeman과 그녀의 동료들은 본인 스스로 초자연적인 것을 믿는다고 말한 12명의 사람들과 11명의 회의론자들을 대상으로 fMRI(기능성 자기공명

영상, 뇌 활동에 따른 뇌혈류량 증가와 이로 인한 혈중산소량의 변화를 측정하는 기술로 뇌 활동 변화를 연구하는 데 사용한다) 촬영을 했다.[9] 실험대상자들에게 갑작스러운 해고나 연인과의 이별 등 삶에서 위태로운 상황을 상상하게 한 다음, 생명이 없는 물체 사진(빨간 체리 두 알이 한 꼭지에 붙어 있는 사진 등)이나 감정을 고조시키는 풍경 사진(장엄한 산의 모습 등)을 보게 했다. 초자연적인 것을 믿는 사람들은 이 사진을 보고 자신의 어려운 상황이 앞으로 어떻게 풀려나갈지에 대한 힌트를 얻었다고 했다. 만약 연인과 헤어지는 상황을 상상했다면 사진 속 서로 붙어 있는 체리가 단단한 결속력과 약속을 의미하므로 곧 사이가 좋아질 것이라고 생각했다는 것이다. 하지만 여러분도 아마 눈치챘듯이 회의론적인 성향의 사람들은 전혀 이런 생각을 하지 못했다.

이 연구에서 재밌는 사실은 사진을 봤을 때 모든 실험 참가자들의 아래측두이랑inferior temporal gyrus이 활성화되었다는 점이다. 아래측두이랑은 이미지를 처리하는 영역이다. 그런데 초자연적인 것을 믿는 사람들은 회의론자들에 비해 오른쪽 아래측두이랑의 활동이 훨씬 저조했다. 이 영역은 인지적 억제, 즉 다른 인지 프로세스를 조절하고 억제하는 역할을 한다.[10] 이 실험에서는 오른쪽 아래측두이랑이 비논리적인 패턴과 연결고리를 형성하는 활동을 억누르고 있었을 것이다. 따라서 어떤 사람들은 비합리적이고 발생 가능성이 낮은 일을 주저 없이 믿은 반면, 다른 사람들은 이에 대한 확신이 있어야 믿는 것이다. 만약 오른쪽 아래측두이랑의 활동이 저조하다면, 이는 뇌에서 비이성적인 프로세스의 영향력이 더 크다는 뜻이다.

물론 여러 측면에서 이 실험만으로 확실한 결론을 내리기는 힘들다. 우선 실험 참여자 수가 너무 적다. 하지만 이 실험의 가장 큰 문제는 실험대상자의 '초자연적 성향'을 어떻게 측정할 수 있는가이다. 이는 미터법으로 잴 수 있는 게 아니다. 그리고 어떤 사람은 스스로 아주 이성적이라고 생각하지만, 아이러니하게도 착각하고 있는 경우도 있다.

음모론에 관한 연구는 심지어 이보다 더 어렵다. 같은 규칙을 적용한다 해도, 연구 주제의 특성상 참여자를 구하기가 더 힘들다. 음모론을 믿는 사람들은 은밀하고 피해망상적이며, 세상에 알려진 권위자들에 대해 불신하는 성향이 있다. 따라서 만약 어느 과학자가 가서 "당신에 대해 연구를 좀 하고 싶은데요, 저희 시설로 와주시겠어요? 실험은 아주 간단해요. 당신은 그저 뇌 스캔을 할 동안 철제 관 속에 들어가 계시기만 하면 됩니다" 이런 식으로 말한다면, 대답은 '네'가 아닐 가능성이 높다. 따라서 이번 장에서 언급된 음모론자들에 대한 내용은 모두 현재 조사 가능한 데이터에서 도출해낸 합리적인 이론 및 추정치다.

그렇다면 이 글을 쓰고 있는 나는 어떨까? 나도 혹시 음모론자가 아닐까? 어쩌면 이번 장의 모든 내용은 사람들의 눈을 가리려는 일종의 음모일지도 모른다.

저 거미가 독거미가 아니란 건 알아,
그치만 무서운 걸 어떡해

스스로도 납득할 수 없는 비이성적인 두려움, ○○공포증

어떤 사람들은 노래를 잘하든 못하든 낯선 사람들 앞에 서서 (보통은 술이 떡이 된 경우가 많다) 제대로 기억조차 못하는 노래를 부르는 걸 즐긴다. 그런데 또 어떤 사람들에게 이것은 아주 끔찍한 일이다. 악몽이나 다름없다. 만약 이들에게 일어나서 대중 앞에서 노래를 불러보라고 하면, 이들은 마치 모두가 보고 있는 앞에서 알몸으로 수류탄을 들고 묘기라도 해야 하는 것처럼 행동한다. 얼굴이 하얗게 질리고 긴장하는 빛이 역력해지며 숨이 가빠지기 시작한다. 그러고는 투쟁-도피 반응의 전형적인 증상들을 드러낸다. 이런 유형의 사람들은 노래를 하거나 전쟁에 나가는 두 가지 선택지가 주어지면 (전쟁에서도 관중이 있지 않은 한) 당연히 전쟁을 선택하고 죽을 때까지 싸울 것이다.

이들의 마음속에는 대체 무슨 일이 일어나는 걸까? 노래를 부르는 일은 전혀 위험하지 않다. 물론 노래를 불러서 망칠 수는 있다. 음정이 하나도 안 맞아서 관중들이 노래를 듣느니 차라리 죽겠다고 소리 지를 수도 있다. 하지만 그렇다고 뭘 어쩔 것인가? 기껏해야 인생에서 다시는 만나지도 않을 사람 몇몇이 내 노래 실력이 수준 이하라고 생각하는 정도 아닌가. 그게 무슨 큰 문제라고? 하지만 적어도 뇌에게는 큰 문제다. 부끄러움, 수치심, 공개적인 망신, 이는 모두 강한 부정적인 감정으로서 아무도 원하지 않는 것들이다. 그리고 세상에는 만의 하나 이런 일이 생길 수 있다는 아주 작은 가능성만으로도 아무 일도 하지 못하는 사람들이 존재한다.

심지어 '대중 앞에서 노래 부르기'보다 더 일상적인 일인데도 사람들이 두려워하는 일들은 많다. 전화로 대화하는 것(나는 가능한 한 이를 피하려고 한다), 내 뒤에 줄이 길게 서 있는 상황에서 계산하는 것, 프레젠테이션을 하는 것, 머리를 자르는 것 등(수백만 명의 사람들은 이 일들을 매일 무사히 하고 있지만, 일부 사람들은 여전히 두려움과 공포에 떨고 있다)이다. 이는 사회적 불안감이다. 누구나 어느 정도는 이런 두려움을 가지고 있다. 그러나 이 두려움이 개개인에게 지장을 주고 문제를 일으키는 수준이라면, 이는 사회공포증social phobia으로 분류할 수 있다. 사회공포증은 공포증이 여러 형태로 발현된 가장 흔한 경우로, 이것에 바탕이 되는 신경과학 원리를 이해하기 위해서는 우선 한 걸음 물러나 일반적인 개념에서의 공포증을 살펴봐야 한다.

공포증phobia은 어떤 특정한 대상이나 상황에 대한 비이성적인 공포감이다. 만약 머리 위로 갑자기 거미가 내려온다면, 여러분은 소리를 지르면서 몸을 마구 움직일 것이다. 사람들은 이런 반응을 이해한다. 일반적으로 사람들은 곤충이 몸에 닿는 것을 싫어하기 때문이다. 그런데 만약 거미가 당신의 머리 위에 내려왔다고 마구잡이로 소리를 질러대면서 테이블을 뒤집어엎고 손을 표백제로 박박 씻은 후 옷을 전부 다 태우고는 한 달 동안 집 밖으로 나가지 않는다면, 이는 '비이성적인' 행동으로 보일 것이다. 어쨌거나 거미일 뿐인데 말이다.

공포증의 흥미로운 사실은 공포증을 앓는 사람들은 대개 자신이 얼마나 비논리적인지 아주 잘 알고 있다는 점이다.[11] 거미공포증이 있는 사람들은 의식적으로는 십 원짜리 동전만 한 거미가 자신을 위협하지는 않는다는 걸 알고 있다. 하지만 거미에 대한 극심한 공포와 자신의 반응을 스스로 제어하지 못한다. 따라서 어떤 사람의 공포에 대해 지적할 때 흔히 쓰는 표현들("괜찮아, 널 해치지 않아")은 그 의도는 좋지만 사실 아무 의미가 없다. 어떤 대상이 위험하지 않다는 것을 알고 있다 해도 상황은 크게 달라지지 않으며, 어떤 자극 대상과 연관 짓는 공포심은 사실 의식보다 더 깊은 차원에서 발생한다. 따라서 공포증은 아주 다루기 어려우며 만성적으로 나타난다.

공포증은 구체적인(단순한) 것, 또는 복잡한 것으로 분류할 수 있다. 이 두 가지 경우 모두 공포증의 원인을 가리킨다. 단순한 공포증은 특정한 물체(칼 등), 동물(거미, 쥐 등), 상황(엘리베이터 안 등), 또는 어떤 것(피, 구토 등)에 대한 공포증이다. 따라서 이런 원인을 피하기만 한다면 별문제 없이 지낼 수 있다. 때로 원인을 완전히 차단할 수 없는 경우가 있기도 하지만, 보통 그런 경우는 아주 일시적이다. 한 예로 여러분이 엘리베이터에 대한 공포가 있다 해도, 보통 엘리베이터를 타는 시간은 몇 초에 지나지 않는다. 당신이 100층짜리 건물의 최고층에 살지 않는 다음에는 말이다.

이러한 공포증이 정확히 어떻게 발생하는지에 관한 이유는 여러 가지가 있다. 가장 기본적인 측면에서 보면, 연상학습을 들 수 있다. 특정 자극제(거미 등)에 대해 특정 반응(공포 등)을 연결하는 것이다. 연상학습은 군소(바다에 사는 연체동물. 민달팽이와 비슷하게 생겼다)처럼 신경학적으로 가장 단순한 생물에게도 나타난다. 군소는 길이가 20~30센티미터가량인 물속 복족류로서, 학습 중 나타나는 뉴런의 변화를 측정하기 위해 1970년대 초기 실험에서 사용되었다.[12] 군소는 인간의 기준에서 보면 단순하고 가장 기본적인 신경계를 가졌지만, 이들도 연상학습을 한다. 그런데 더 중요한 사실은 전극을 꼽아 어떤 현상이 일어나는지 기록할 수 있을 정도로 커다란 뉴런을 갖고 있다는 점이다. 이들 뉴런의 축색돌기(뉴런의 긴 몸통 부분)가 지름 1밀리미터에 이를 정도다. 1밀리미터가 그리 크지 않은 것으로 보일지 모르나, 상대적인 관점으로 보면 군소의 몸에 비교했을 때 아주 큰 크기다. 만약 인간 뉴런의 축색돌기가 빨대만 한 크기라면, 군소의 축색돌기는 영국과 프랑스를 잇는 해저터널쯤 된다.

만약 군소가 연상학습 능력이 없다면, 뉴런이 큰 것은 아무 소용이 없다. 하지만 핵심은 여기에 있다. 앞에서 이와 관련된 힌트를 암시한 적이 있는데, 1장의 '디저트 먹을 배가 또 있어?' 부분에서 뇌가 케이크와 질병을 연관시키면 케이크에 대해 생각만 해도 메스꺼워진다고 한 부분이다. 공포증과 공포심에도 이와 똑같은 메커니즘이 적용된다.

만약 여러분이 어떤 것(낯선 사람, 전기 배선, 쥐, 세균 등)에 대해 경고를 받았다면, 뇌는 이 상황에 맞닥뜨렸을 때 발생할 수 있는 모든 나쁜 경우를 추론한다. 그리고 실제로 이를 맞닥뜨리면 여러분의 뇌는 추론해낸 '가능한' 모든 상황을 활성화시킨 다음, 투쟁-도피 반응 체제를 가동시킨다. 그리고 기억에 공포라는 요소를 인코딩시키는 편도체는 이 경험의 기억에 위험이라는 딱지를 붙인다. 따라서 똑같은 대상을 다음번에 또 만나게 되면, 여러분은 위험을 떠올리게 되며 동일한 반응을 보이게 된다. 즉, 어떤 것에 대해 두려워하도록 학습하면, 그것에 공포를 느끼게 된다는 말이다. 그리고 일부 사람들에게는 이러한 현상이 공포증으로 발전하기도 한다.

이처럼 연상학습 과정을 살펴보면, 무엇이든 공포증의 대상이 될 수 있다는 것을 추측할 수 있다. 그리고 현재 존재하는 공포증의 목록을 살펴보면 이 추측이 사실임을 알 수 있다. 대표적인 예로 치즈공포증turophobia, 노란색공포증xanthophobia(노란색에 대해 공포심을 갖는 증상으로 치즈와 겹치는 부분이 분명 있다), 긴 단어 공포증hippopotomonstrosesquipedaliophobia(긴 단어에 대한 두려움을 갖는 증상으로, 심리학자들은 기본적으로 악랄한 부류라 이런 긴 단어를 만들어낸다), 그리고 공포공포증phobophobia(공포증에 대한 두려움을 뜻한다)이 있다. 하지만 일부 공포증은 다른 공포증보다 더 흔하게 발생하며, 이는 공포증을 일으키는 데 다른 요인들도 함께 작용한다는 것을 의미한다.

인간은 무엇을 두려워하도록 진화해왔다. 한 행동 연구에서 침팬지에게 뱀을 무서운 대상으로 인식하도록 가르쳤다. 이런 실험은 비교적 간단하다. 우선 침팬지에게 뱀을 보여주고, 그다음 불쾌한 감정을 느끼게 만든다. 전기 충격이나 불쾌한 음식처럼 침팬지가 가급적 피하려고 하는 대상을 가져다주는 것이다. 이 실험에서 재미있는 부분은 실험 대상인 침팬지들이 뱀을 보고 무서워하는 것을 다른 침팬지가 보게 되면, 따로 훈련을 하지 않아도 이들 역시 바로 뱀에 대한 공포심을 가지게 된다는 점이다.[13] 이러한 현상을 '사회적 학습 social learning'이라 부른다.■

우리는 현재 우리가 알고 있는 사실의 상당 부분을 다른 사람의 행동을 통해 배우며, 또 이를 통해 어떻게 행동해야 하는지에 대해서도 알게 된다. 특히 위협에 대해 반응하는 것은 더욱 그렇다. 사회적 학습과 신호는 매우 강력한 힘을 지니며, 뇌는 위협 요인에 대해 '나중에 후회하는 것보다 미리 조심하는 게 낫다'는 식의 태도를 가지고 있다. 따라서 남들이 두려워하는 것을 보면 우리 역시 같은 두려움을 가질 확률이 높다. 이러한 성향은 특히 세상에 대한 인지 능력이 아직 형성되는 단계인 어린이들에게서 뚜렷하게 나타난다. 즉, 자신보다 더 많이 알고 있는 것으로 생각되는 사람들의 반응에 영향을 받는 것이다. 어떤 아이가 자기 부모나 선생님, 혹은 롤모델이 쥐를 보고 소리를 지르고 흥분하는 것

■ 그런데 위의 침팬지를 대상으로 한 사회적 학습 실험에서, 이번에는 뱀 대신 꽃을 사용해 같은 실험을 한 결과 이상한 점이 발견되었다. 우선 뱀이 아닌 꽃으로도 침팬지들이 공포심을 갖도록 만들 수는 있었다. 하지만 이 경우 다른 침팬지들은 이 장면을 보고 꽃에 대한 두려움을 배우진 않았다. 즉, 뱀에 대한 공포심은 타인에게 쉽게 전염되었지만, 꽃의 경우는 그렇지 않았다는 말이다. 인간은 잠재적으로 치명적일 수 있는 위협에 대해 본능적으로 감지하는 능력이 있다. 그 결과 뱀이나 거미에 대한 두려움은 흔하게 나타난다.[14] 하지만 꽃가루 알레르기가 심각한 경우를 제외하고는, 꽃을 무서워하는 사람은 아무도 없다.

을 보게 되면, 이 기억은 아주 선명하지만 불안한 경험으로 어린 마음에 깊이 남게 된다. 따라서 만약 부모가 매우 심한 공포증을 가지고 있다면 자녀들도 이런 공포증을 가질 확률이 높다.

뇌가 어떤 대상에 대해 공포 반응을 보인다는 것은 공포증을 없애는 것이 어렵다는 뜻이다. 학습으로 얻은 연결고리는 대부분 그 유명한 파블로프의 개 실험을 통해서 없앨 수 있다. 이 실험에서는 종소리와 음식을 서로 연관시켜, 종소리만 나면 개가 학습된 반응(침 흘리기)을 보인다. 하지만 그 후 종을 계속 울리면서 음식을 주지 않으면, 종과 음식 간의 연결고리는 점점 사라진다. 이러한 현상을 '소멸'이라고 부르고, 다른 많은 상황에도 똑같이 적용할 수 있다.[15] 이때 뇌는 종과 같은 자극 요소와 연관된 것이 아무것도 없다고 생각함으로써 특정 반응을 유발시키지 않게 된다.

이처럼 원인이 발생할 때마다 아무 반응이 일어나지 않으므로, 여러분은 이와 유사한 방법으로 공포증도 치유할 수 있을 거라 추측하기 쉽다. 하지만 공포증은 한 가지 풀기 어려운 숙제를 가지고 있다. 공포증에 의해 발생한 두려움은 다시 공포증을 '정당화'시킨다는 것이다. 뇌는 순환논리라는 대명제에 따라 어떤 대상이 위험하다고 생각하면 그 대상을 만날 때마다 투쟁-도피 반응을 작동시킨다. 이 반응이 작동되면 아드레날린이 분비되어 긴장감을 느끼고 당황하게 되는 등의 모든 신체적 반응이 발생한다. 이와 같은 투쟁-도피 반응은 생물학적으로 힘들고 소모적이며 불쾌한 경험이다. 따라서 뇌는 이 상태를 '지난번에 내가 마지막으로 이것을 맞닥뜨렸을 때, 몸이 흥분 상태에 빠졌었지. 그래 내가 맞았어. 그건 분명 위험한 거라고!'라고 기억하게 된다. 그 결과 실제로 입은 피해가 적다고 해도 공포증은 약해지지 않고 오히려 더 강해진다.

공포증의 특성 역시 문제다. 지금까지 우리는 단순한 공포증(구체적인 대상, 사물, 쉽게 식별할 수 있고 피할 수 있는 원인에 의해 생기는 공포증)에 대해서만 살펴보았지만, 복잡한 공포증(상황이나 환경 등의 복잡한 요인에 의해 발생하는 공포증)도 있다. 광장공포증Agoraphobia이 그중 하나로, 일반적으로 공공장소에 있을 때 느끼는 공포증으로 잘못 인식되는 경우가 많다. 그러나 좀 더 정확하게 말하면 광장공포증은 탈출이 불가능하거나 도움을 받을 수 없는 상황에 있을 때 나타나는 증상이다.[16] 엄밀히 말해서 집 밖의 어느 곳이든 해당될 수 있으며, 심각한 경우 아예 집 밖으로 나가지 못하는 경우도 있다. 이런 특성 때문에 '공공장소에 대한 두려움'으로 잘못 해석되기도 한다.

광장공포증은 공황장애panic disorder와도 큰 관련이 있다. 공황 상태(공포심이 극도로 심해져 이에 대해 아무 조치도 취할 수 없으며, 고통과 두려움을 느끼고, 숨이 가쁘고 질식할 것 같으며, 머리가 혼란스럽고 어딘가에 갇혀 있는 느낌)는 누구나 겪을 수 있는 일이다. 증상은 사람마다 매우 다양하며, 2014년 린지 홈스 Lindsay Holmes는 《허핑턴포스트The Huffington Post》에 '공황장애가 오면 이런 느낌이다This Is What A Panic Attack Physically Feels Like'라는 제목으로 흥미로운 기사를 기고했다.[17] 공황장애를 앓는 사람들에 그에 대해 개인적인 설명을 하는 기사였다. 그중 한 사람은 "(공황장애가 오면) 나는 일어설 수도 없고 말을 할 수도 없다. 내가 느끼는 것은 단지 온몸의 엄청난 고통이며, 마치 나를 쥐어짜서 작은 공 안에 집어넣는 것 같다. 정말 심할 때에는 숨을 쉴 수가 없어서, 가쁘게 숨을 몰아쉬다가 토하기도 한다"라고 설명했다.

증상은 사람마다 아주 다양하게 나타났지만, 대부분 심각한 정도는 비슷했다. 이들의 설명은 모두 동일한 사실을 가리킨다. 바로 뇌가 중간 요인을 배제시켜서 아무런 원인이 없어도 공포심을 유발하는 것이다. 뚜렷한 원인이 없기 때문에 이에 대해 손쓸 방법도 없다. 따라서 공포심이 '압도'하는 것이다. 이것이 바로 공황장애다. 이를 앓는 사람들은 위험하지 않은 상황도 공포, 두려움과 연결시켜 공포와 불안감을 느끼게 되며, 결국 공포증을 가지게 된다.

공황장애가 처음에 어떻게 발생하는지에 대한 정확한 이유는 아직 알려지지 않았지만, 여러 가지 설득력 있는 주장은 있다. 우선 과거에 겪은 트라우마의 결과로 뇌가 이를 아직 완전히 해결하지 못했기 때문에 발생한다는 주장이다. 또 특정 신경전달물질이 지나치거나 부족해서 발생한다는 주장도 있다. 공황장애 환자와 직접적인 관련이 있는 사람들은 공황장애를 직접 겪을 확률이 높으므로, 유전자 역시 그 원인이 될 수 있다.[18] 심지어 공황장애 환자들은 파괴적인 생각을 하는 경향이 있다는 주장도 있다. 사소한 신체적 문제를 정상적인 수준 이상으로 지나치게 걱정한다는 것이다.[19] 이 모든 상황들이 복합적으로 함께 작용할 수도 있고, 아직 밝혀지지 않은 이유가 따로 있을 수도 있다. 어쨌건 비이성적인 공포 반응에 있어서는 뇌는 선택할 여지가 많은 듯하다.

마지막으로 사회적 불안감의 문제가 있다. 혹은, 사회적 불안감이 너무 강하면 이는 심신을 쇠약하게 하는 사회공포증으로 발전할 수 있다. 이번 장의 도입부에서 언급했듯이 사회공포증은 다른 사람들이 내 행동에 부정적으로 반응하지 않을까 두려워하는 증상이다. 그런데 우리가 두려워하는 대상은 적대감이나 공격만이 아니다. 타인의 단순한 반대 역시 하던 모든 일을 멈추게 만들 정도로 공포스러울 수 있다. 타인이 공포증의 강력한 원인이라는 사실은, 뇌가 세상을

인식하고 세상 속에서의 나의 입지를 평가할 때 타인의 뇌에 의존한다는 것을 보여주는 또 다른 예다. 따라서 누가 되었건 다른 사람의 인정을 받는 것은 중요한 일이다. 수백만 명의 사람들이 명예를 얻으려 노력한다. 그렇다면 타인의 인정이 결여된 명예가 있을까? 앞에서 우리는 뇌가 얼마나 자기중심적인지에 대해 살펴보았다. 그렇다면 아마도 유명한 사람들은 단순히 모두 대중의 인정을 갈구하는 사람들이 아닐까?

사회적 불안감은 뇌의 부정적 결과를 예측하고 걱정하는 특성과 사회적 인정과 승인을 바라는 성향이 만났을 때 발생한다. 전화로 대화를 하면 직접 대화할 때 얻을 수 있는 신호를 얻지 못한 채 상대와 이야기를 나눠야 한다. 따라서 어떤 사람들은(나를 포함하여) 전화를 아주 어려운 일로 생각하며, 상대를 불쾌하게 하거나 따분하게 만들 수 있다는 사실에 두려움을 가지고 있다. 계산대에서 내 뒤에 줄이 길게 서 있는 상태로 계산을 하는 것도 두려운 일일 수 있다. 내가 온갖 수학 공식을 동원해서 계산을 하고 있는 순간, 뒤에서 나를 뚫어지게 쳐다보고 있는 사람들은 계산이 늦어지기 때문이다. 이처럼 셀 수 없이 많은 상황에서 뇌는 우리가 남을 화나게 하거나 짜증나게 만들 수 있는 방식으로 작동하며, 따라서 우리는 남들로부터 부정적인 이야기를 듣거나 망신을 당하기도 한다. 이는 대중 앞에서 문제가 잘못될 것을 두려워하는 증상인 수행불안으로 이어진다.

이런 문제를 겪지 않는 사람도 있지만, 또 반대의 문제를 겪는 사람들도 있다. 불안장애의 원인에 대한 설명은 여러 가지가 있지만, 로즈린드 리엡Roselind Lieb의 연구에 따르면 부모의 육아 방식과 관련이 있다고 한다.[20] 그리고 이 주장은 논리가 있다. 부모가 지나치게 비판적이면 아이는 사소한 행동으로도 권위자를 화나게 할 수 있다는 두려움을 항상 가지게 된다. 반대로 부모가 과잉보호를 하면 아이는 아주 작은 문제가 생기는 경험조차도 하지 못한다. 이런 아이들이 자라 부모의 보호에서 벗어났을 때, 만약 자신의 행동으로 인해 어떤 결과가 나쁘게 나타난다면 이는 아주 낯선 상황으로 다가온다. 따라서 이들은 이 문제로부터 과도하게 큰 영향을 받는다. 다시 말해 이 아이들은 이 문제에 제대로 대처하지 못하고, 또다시 일어나지 않을까 지나치게 걱정하게 된다. 심지어 낯선 사람은 위험하다는 인식을 어릴 때부터 계속 주입시키게 되면, 낯선 이에 대한 비정상적인 두려움을 갖게 될 수 있다.

이러한 공포증을 겪는 사람들은 회피행동avoidant behaviour을 자주 보이는 경우가 많다. 회피행동이란 공포 반응이 일어날 수 있는 상황이라면 그 어떤 것도 피하려고 애쓰는 것이다.[21] 이는 심리적 안정에는 좋을지 모르나, 장기적으로 보면 공포증에 대해 어떤 행동을 취한다는 점에서 결코 좋지 않다. 회피행동이 심해지면 일상생활에도 문제가 생긴다. 예컨대 개를 무서워하는 사람의 경우 개와 마주치지 않기 위해 애쓰다가 아예 집 밖으로 못 나가는 상황까지 이를 수 있다. 공포증은 피하려고 노력할수록 뇌에 더 오랫동안 강하고 생생하게 남기 때문이다.

여러 자료에 따르면 사회적 불안감과 공포증은 공포증의 가장 흔한 형태다.[22] 이는 피해망상적인 뇌 때문에 우리가 위험하지 않은 것에 대해서도 공포를 느끼며, 타인의 인정에 의존한다는 점을 미루어볼 때 놀라운 사실은 아니다. 이 두 가지 불안감을 서로 합쳐보면 우리는 결국 우리의 결점에 대한 남들의 부정적인 시선에 대해 비이성적인 두려움을 가질 수 있다는 결론이 나온다. 이에 대한 증거로 나는 이 결론을 내기까지 아홉 번, 열 번, 열한 번, 열두 번……, 아니 스물여덟 번 원고를 수정했다. 그래도 여전히 내 글에 만족하지 못하는 사람은 수도 없이 많을 것이다.

뭐? 100층짜리 건물에서 뛰어내려 보고 싶다고?

진짜 공포와 진짜 같은 공포

왜 많은 사람들은 용납되지도 않는 이유로 자신을 위험에 처하게 만들면서까지 순간의 쾌감을 얻으려 할까? 번지점프나 패러글라이딩, 스카이다이빙을 하는 사람들을 생각해보자. 지금까지 우리가 다룬 내용들을 보면 뇌는 자기 보호적 성향이 있으며 이로 인해 긴장감, 회피행동 등이 나타난다고 했다. 그런데 스티븐 킹Stephen King이나 딘 쿤츠Dean Koontz 같은 작가의 책을 보면 공포심을 유발하는 초자연적인 현상이나 등장인물들의 잔인하고 폭력적인 죽음 같은 내용이 난무한다. 그리고 이 책들은 대박을 터뜨렸다. 합쳐서 거의 10억만 부가 팔려나갔다. 영화 〈쏘우Saw〉는 인간을 가장 독창적이고 잔인하게 죽이는 방법을 보여주는 전시장 같은 영화다. 납 상자에 단단히 밀봉해서 깊은 구덩이 속으로 던져버려야 할 것 같은 영화인데도, 현재 8편까지 나와 모두 전 세계 영화관에서 개봉되었다. 우리는 캠프파이어를 하면서도 무서운 이야기를 주고받는다. 학교 괴담, 폐가 괴담, 공동묘지 괴담 등 귀신 이야기도 가지각색이다. 우리가 이런 무서운 공포물을 좋아하는 이유는 어떻게 설명할 수 있을까?

공포에 대한 스릴과 달달한 사탕을 먹었을 때 느끼는 희열은 우연하게도 모두 뇌의 동일한 영역에 의해 작용할 가능성이 높다. 이 영역은 중변연계경로mesolimbic pathway이며, 뇌의 보상 감각을 담당하고 도파민 뉴런을 통해 작용하므로 중변연계보상회로 혹은 중변연계도파민경로라고도 부른다. 중변연계경로는 보상을 조정하는 여러 회로와 경로 중 하나지만, 일반적으로 그중 가장 '중심적인' 것으로 알려져 있다. 그리고 이 때문에 '두려움을 즐기는 사람들'의 현상이 중요한 의미를 지닌다.

중변연계경로는 배쪽피개구역ventral tegumental area과 측핵nucleus accumbens으로 이루어져 있다.[23] 이는 회로와 신경이 이어진 것으로 뇌 깊숙이 아주 빽빽하게 모여 있다. 그리고 이 회로와 신경들은 수많은 연결고리를 통해 해마와 전두엽 같은 더욱 섬세한 영역과 연결되어 있으며, 또한 뇌간처럼 좀 더 원시적인 영역과도 연결되어 있다. 따라서 중변연계경로는 뇌에서 아주 영향력 있는 영역이다.

배쪽피개구역은 자극 요인을 감지하고 이것이 긍정적인

것인지 부정적인 것인지, 즉 권장해야 할 대상인지 회피해야 할 대상인지를 판단한다. 그러고는 자신의 판단을 측핵으로 보낸다. 그럼 측핵은 이에 적절한 대응을 일으킨다. 만약 여러분이 맛있는 과자를 먹었다면, 배쪽피개구역은 이를 긍정적인 것으로 인식하고, 측핵에 이 내용을 알린다. 그럼 측핵은 여러분이 기쁨과 즐거움을 느낄 수 있도록 만든다. 그런데 만약 상한 우유를 마셨다면, 배쪽피개구역은 이를 나쁜 일로 인식하고 측핵에게 통보한다. 이때 여러분은 역겨움, 혐오감, 메스꺼움 등 뇌가 여러분에게 '다시는 하지 마!'라는 확신을 심어줄 수 있는 감정을 느끼게 된다. 이 과정이 종합적으로 일어나는 시스템을 중변연계보상회로라고 부른다.

여기서 '보상'이란 뇌가 허락한 것을 할 때 경험하는 긍정적이고 즐거운 느낌을 뜻한다. 일반적으로 배고플 때, 혹은 음식이 영양성분이나 에너지가 풍부하다는 얘기를 들었을 때(뇌에게 탄수화물은 중요한 에너지원이고, 이는 다이어트 중에 탄수화물을 거절하기가 매우 힘든 이유다), 음식을 먹게 되는 것처럼 생물학적인 작용을 뜻한다. 다른 경우에는 훨씬 더 강력한 보상 시스템을 가동시키기도 한다. 대표적으로 섹스 같은 경우다. 따라서 사람들은 섹스를 하지 않고서도 살 수 있는데도 이를 위해 많은 시간과 노력을 들인다. 맞다. 우리는 섹스 없이도 살 수 있다!

꼭 중요하거나 명백한 것이 있어야 보상을 받는 것은 아니다. 아까부터 계속 가려웠던 부분을 긁었을 때에도 기분 좋은 만족감을 얻을 수 있다. 이 역시 보상 시스템에서 하는 일이다. 이때 뇌는 우리에게 방금 있었던 일은 좋은 일이니 다시 하라고 이야기한다.

심리학적인 관점에서 보면 보상은 어떤 현상에 대한 (주관적으로) 긍정적인 반응이고, 이로 인해 잠재적으로 행동의 변화가 일어날 수도 있다. 보상의 종류는 매우 여러 형태로 나타나기도 한다. 만약 쥐가 지렛대를 눌러서 과일 한 조각을 얻었다고 한다면, 이 쥐는 지렛대를 계속 누를 것이다. 즉, 여기서 과일은 적절한 보상인 셈이다.[24]

그런데 만약 과일이 아니라 최신형 플레이스테이션 게임기를 얻었다면, 쥐는 지렛대를 더 자주 누르지는 않을 것이다. 물론 여러분의 평범한 10대 자녀들은 반박하겠지만, 쥐에게 플레이스테이션은 아무짝에도 쓸모없는, 전혀 동기부여가 안 되는 물건이다. 즉, 보상으로 기능하지 않는다는 말이다. 여기서 핵심은 사람들(혹은 생물)마다 각자 다른 것을 보상으로 여긴다는 점이다. 어떤 사람은 공포나 긴장감을 즐길 수도 있고, 반대로 이를 즐기지도 않으며 전혀 흥미를 느끼지 못하는 사람도 있다.

공포와 위험이 '원하는' 것이 될 수 있는 방법은 여러 가지가 있다. 우선 인간은 본질적으로 호기심이 많다. 심지어 쥐와 같은 동물들도 기회가 주어지면 새로운 것을 찾는 성향이 있는데, 인간은 말할 나위도 없다.[25] 우리가 단순히 그 결과가 궁금하다는 이유로 어떤 일을 하는 경우가 얼마나 많은가? 아이를 길러본 사람이라면 종종 힘든 결과를 낳기도 하는 이런 인간의 성향을 잘 알고 있을 것이다. 인간은 새로운 것에 매력을 느낀다. 그리고 엄청나게 다양한 새로운 감정과 경험들을 겪는다. 그런데 많고 많은 새롭고 선량한 것들 중에서 우리는 왜 하필 두려움과 위험이라는 이 두 가지 나쁜 것을 찾게 될까?

중변연계보상회로는 좋은 일을 할 때 기쁨을 보상으로 준다. 하지만 여기서 '좋은 일'의 정의는 매우 광범위하다. 나쁜 일이 더 이상 발생하지 않는 경우도 여기에 포함된다. 공포나 위험을 맞닥뜨리게 되면 아드레날린과 뇌의 투쟁-도피 반응 때문에 우리의 모든 감각과 시스템은 긴장 상태가 된다. 그런데 일반적으로 우리가 흔히 접하는 공포나 위험 상황은 계속 지속되는 경우는 드물고, 결국 없어지는 경우가 대부분이다(특히 피해망상증이 심각한 우리 뇌를 고려해볼 때 말이다). 이때 뇌는 위협이 지금은 사라졌다고 생각한다.

여러분이 놀이공원에 있는 '귀신의 집'에 있었다가 지금은 바깥으로 나왔다고 치자. 좀 전까지 여러분은 공중을 날아 죽음으로 돌진하는 상태였다. 하지만 지금은 살아서 땅 위에 서 있다. 여러분의 보상체계는 위험이 이제 끝났다는 사실을 인지한다. 따라서 여러분이 위험을 막기 위해 한 행동이 어떤 것이었든지, 다음번에도 위험에서 빠져나오기 위해서는 이와 똑같은 행동을 하는 것이 아주 중요하다. 이 때문에 보상체계는 아주 강력한 보상 반응을 일으킨다. 음식을 먹거나 섹스를 할 때에도 물론 우리는 강력한 쾌감을 얻게 된다. 그러나 이 경우엔 '죽음을 막은 것'이다(음식이나 섹스와는 비교도 할 수 없을 만큼 중요한 일이다)! 게다가 투쟁-도피 반응 방식의 아드레날린이 우리 몸 곳곳의 시스템에 흘러 다니면서 마치 모든 것이 좋아졌으며 감정이 고조되는 느낌을 준다. 긴장감 뒤에 따르는 기쁨과 안도감은 그 무엇보다도 아주 고무적이다.

중변연계경로는 뉴런을 통해 그리고 물리적으로 해마, 편도체와 연결되어 있다. 따라서 중요하다고 판단되는 사건의 기억을 강화시키고 강력한 정신적 의미를 부여한다.[26] 이때 중변연계경로는 행동에 대한 보상을 주거나 못하게 막는 것뿐만 아니라, 이 사건에 대한 기억도 특별히 강해지도록 만든다.

특정 경험에 대한 인식이 강화되고, 강렬한 기쁨을 느끼며, 기억이 생생해지는 등의 모든 현상을 종합해보면, 아주 무서운 것과 맞닥뜨렸을 때 우리는 그 어떤 때보다 '살아 있다'고 느끼게 된다고 할 수 있다. 다른 경험들은 비교적 조용하고 일상적인 데 반해, 이 경험은 아주 강력한 자극제가 되고 결국 이와 유사한 '황홀감'을 찾게 만든다. 마치 더블샷

에스프레소를 마시던 사람에게는 우유를 많이 넣은 카페라테가 성에 안 차는 것처럼 말이다.

그리고 많은 경우, 이는 가짜가 아닌 '진짜' 스릴이 있는 것이어야만 한다. 우리 뇌의 의식적인 사고 영역은 잘 속아 넘어가는 경우도 있다(이 책에서 그 사례를 많이 찾을 수 있다). 그러나 그렇게 속이기 쉬운 대상은 아니다. 초고화질의 대형 TV 화면으로 카레이싱 게임을 해보면, 그 장면이 아무리 진짜 같다 해도 실제로 자동차를 운전할 때 느끼는 흥분과 감정을 얻을 순 없다. 적이나 좀비를 쏘는 1인칭 슈팅 게임도 마찬가지다. 비디오게임이 현실에서의 폭력을 부추긴다는 주장이 오래전부터 있긴 하지만, 인간의 뇌는 현실과 비현실을 구분하며 그 차이를 대처하는 능력이 있다.

그런데 이처럼 눈앞에서 생생한 화면을 보여주는 비디오게임도 완전히 진짜 같은 공포감은 주지 못하는데, 책 속 이야기처럼 추상적인 것들은 어떻게 공포감을 자극할까? 이는 아마도 통제력과 관련이 있을 것이다. 비디오게임을 할 때 우리는 주변 환경을 완전히 통제할 수 있다. 게임 속 주인공은 우리가 조종하는 대로 움직이며, 심지어 게임은 우리가 화장실에 다녀올 동안 잠시 중단할 수도 있다. 그런데 무서운 책이나 영화는 다르다. 우리는 그저 줄거리에 사로잡힌 수동적인 구경꾼이 되며, 그 속에서 일어나는 일에 대해 어떤 영향력도 행사할 수 없다(책을 덮을 수는 있지만 그렇다고 책

속 스토리 자체가 바뀌지는 않는다). 가끔 영화나 책에 대한 인상이나 경험이 오랫동안 남아 마음을 어지럽힐 때가 있다. 이는 선명한 기억 때문이라고 할 수 있다. 기억이 머릿속에 '박혀서' 계속 상기되고 활성화되기 때문이다. 즉, 어떤 경험에 대해 뇌가 더 많은 통제력을 가질수록 그 사건에 대한 두려움은 줄어든다. 이런 이유 때문에 때로는 '독자의 상상에 맡기는 결말'로 끝나는 이야기가 실제로 매우 끔찍한 장면을 담은 영상물보다 더 큰 공포심을 일으키기도 한다.

컴퓨터그래픽을 통한 이미지 효과 기술이 그리 발전하지 않았던 1970년대를 영화평론가들은 공포영화의 황금기라고 부른다. 그 당시에는 암시나 타이밍, 분위기, 그리고 그 외 기발한 속임수를 이용해서 공포심을 자아냈다. 따라서 위협이나 위험 요인을 찾고 예측하려는 성향을 가진 뇌는 공포심을 조장하는 데 큰 역할을 했으며, 사람들을 말 그대로 극장 밖으로 달아나게 만들었다. 그 후 대형 할리우드 영화사들이 최첨단 효과를 사용하면서부터 공포는 노골적이고 직접적으로 표현되었다. 이들은 심리적인 긴장감 대신 피로 가득 찬 양동이나 컴퓨터그래픽으로 만든 괴물을 직접 보여주었다. 이처럼 공포 장면이 직접적으로 표현되면서부터 뇌의 역할은 줄어들었고, 관객들이 자유롭게 생각하고 분석하게 되면서 사람들은 스크린 속 이미지들은 다 가짜이므로 언제든 회피할 수 있다는 생각을 하게 됐다. 따라서 공포심은 이전만

큼 사람들에게 큰 영향을 미치지 못했다. 이 사실을 깨달은 비디오게임 제작자들은 거대한 레이저로 주인공을 산산조각 내버리는 게임 대신 주인공이 긴박하고 불확실한 환경 속에서 정체를 알 수 없는 위험을 피해 다녀야 하는 서바이벌 공포 게임을 만들기 시작했다.[27]

익스트림 스포츠나 다른 스릴감을 주는 활동도 마찬가지다. 인간의 뇌는 실제 위험과 가짜 위험을 완벽히 구별해낸다. 따라서 진짜 스릴을 느끼게 하려면, 불안한 일이 실제로 일어날 듯한 가능성을 심어주어야 한다. 스크린, 벨트, 커다란 선풍기를 동원해서 정말 생생한 번지점프 시설을 만들면 높은 곳에서 몸을 내던지는 스릴을 어떻게든 흉내 낼 수는 있다. 하지만 우리 뇌가 정말 높은 곳에서 떨어진다고 믿게 만들 만큼 현실적이지는 못하다.

다시 말해 무서운 감정에 대한 자신의 통제력이 낮을수록 우리는 더욱 스릴을 느낀다. 그러나 여기에도 조건이 있다. 공포를 '재미있는' 것으로 만들려면 단순히 공포심을 주는 것에 그치지 않고, 우리가 결과에 영향을 줄 수 있는 어떤 요소를 가미시켜야 한다. 낙하산을 메고 비행기에서 뛰어내리는 것은 짜릿하고 재미있는 경험으로 생각되지만, 낙하산

없이 비행기에서 뛰어내리는 것은 전혀 재미있는 일이 아닐 것이다. 즉, 뇌가 스릴을 즐기기 위해서는 실제 리스크가 동반되어야 하지만, 이때 리스크를 피할 수 있는 어떤 능력도 함께 있어야 한다. 자동차 충돌 사고에서 살아남은 사람들 대부분은 살아 있다는 사실에 매우 큰 안도감을 느끼지만, 이를 다시 겪고 싶어 하는 사람은 없을 것이다.

게다가 뇌는 앞에서도 언급한 '반사실적 사고'라는 이상한 버릇을 가지고 있다. 이는 실제로는 일어나지 않았던 일의 부정적인 결과에 집착하는 성향이다. 예컨대 사건 자체가 무서운 일이라면, 실제로 위험에 대한 감정을 느끼므로 이러한 성향은 더욱 두드러진다. 만약 여러분이 길을 건너다가 차에 치일 뻔한 상황을 가까스로 모면했다면, 그 뒤로 며칠 동안은 온종일 '그때 차에 치였다면 어떻게 되었을까'를 생각하게 된다. 하지만 사실은 치이지 않았다. 신체적으로 전혀 변한 게 없다. 그러나 뇌는 잠재적 위협에 집중하는 것을 아주 좋아한다. 그것이 과거의 일이든, 현재 혹은 미래의 일이든 말이다.

이런 스릴감을 즐기는 사람을 종종 아드레날린 중독자라 부른다.[28] 이런 사람들은 신체적, 재정적, 법적 리스크를 무릅쓰고(돈을 잃거나 경찰에 체포되는 것은 많은 사람들이 정말 피하고 싶어 하는 위험인데도) 새롭고 다양하며 복잡하고 강렬한 경험을 끊임없이 추구한다. 앞에서 스릴을 제대로 즐기려면 어떤 사건에 대한 통제력이 필요하다고 말한 바 있다. 그러나 자극을 추구하는 성향은 리스크를 평가하거나 인식하고 이를 적절히 통제하려는 능력을 저해할 수도 있다. 1980년대 말 한 심리학 연구에서는 스키를 타는 사람 중 다쳐본 사람과 다쳐본 적 없는 사람을 비교했다.[29] 그 결과 다쳐본 사람들은 그렇지 않은 그룹에 비해 자극을 찾는 성향이 더 강한 것으로 나타났다. 이는 다시 말하면 스릴에 대한 욕구로 인해 자신이 가진 통제력 이상의 일을 하게 되고, 결국 부상을 입는다는 것이다. 리스크에 대한 욕구가 리스크를 인식하는 능력을 저하시킨다는 것은 잔인한 아이러니가 아닐 수 없다.

이들이 왜 이토록 극단적인 성향을 가지게 되는지는 분명하지 않다. 어쩌면 재미삼아 잠깐 해봤다가 점점 빠져들어 강도를 높이다 보니 일어난 일일 수도 있다. 이러한 생각은 오래전부터 '미끄러운 경사slippery slope' 이론이라 불렸다. 특히 스키를 타는 사람들에겐 아주 적절한 용어다.

그 원인에 대해서 생물학적으로나 신경학적으로 좀 더 연구한 사례도 있다. 이들 연구에 따르면 자극을 좇는 사람들의 경우 특정 도파민 수용체를 인코딩하는 'DRD4'와 같은 유전자의 변이가 일어날 수 있다고 한다. 이렇게 되면 중변연계보상 활동에 변화가 생기고, 그 결과 자극이 보상되는 방식이 바뀐다.[30] 만약 중변연계보상 활동이 더 활발하다면, 격렬한 경험 역시 더 강력해질 것이다. 하지만 반대로 이 활동이 저조해지면, 보다 더 강한 자극을 주어야만 진정한 즐거움을 느낄 수 있다. 우리가 당연하게 여기는 일들이 사실은 목숨을 걸 만큼의 엄청난 노력이 필요한 것이다. 어떤 경우든 간에 결국 사람들은 더 많은 자극을 찾게 된다. 뇌에서 특별한 유전자의 역할을 알아내는 것은 시간이 오래 걸리는 복잡한 과정이다. 아직 우리는 이에 대해 정확하게 파악하지 못했다.

2007년 사라 B. 마틴Sarah B. Martin과 그의 동료들은 격렬하고 스릴 있는 경험을 좇는 성향에 점수를 매겨 이 점수가 다양한 수십 명의 사람들을 모아 뇌를 스캔했다. 이들의 연구에 따르면 자극을 찾는 성향은 오른쪽 전방 해마의 확장과 관련이 있다고 한다.[31] 이 영역은 뇌와 기억체계에서 새로운 것을 처리하고 인식하는 곳이다. 기본적으로 인간의 기억체계는 이 영역을 통해 움직인다. 기억체계가 '이것 좀 봐. 예전에 본 것 같지 않아?'라고 하면, 오른쪽 전방 해마는 '그렇다' 또는 '아니다'라고 대답한다.

하지만 오른쪽 전방 해마가 확장되었다는 것이 무엇을 의미하는지는 정확히 알 수 없다. 새로운 것을 너무 많이 경험해서 새로움을 인식하는 이 영역이 많은 경험을 처리하기 위해 확장되었다는 뜻일 수도 있고, 아니면 이 영역이 지나치게 발달해서 정말 새롭다고 느낄 수 있는 훨씬 더 비일상적인 것을 필요로 한다는 의미일 수도 있다. 만약 후자의 경우라면, 새로운 자극과 경험은 자극을 좇는 사람들에게 훨씬 더 큰 중요성을 지니게 된다. 전방 해마의 확장 원인이 무엇이건 간에, 신경과학자의 입장에서는 성격만큼 복잡하고 미묘한 이런 성향이 뇌에서 가시적이고 물리적인 차이를 나타낸다는 사실 자체가 아주 짜릿한 일이다.

칭찬은 힘이 세다, 그런데 비난은 그보다 더 힘세다

짧은 옥시토신, 긴 코르티솔

"몽둥이나 돌로는 내 뼈를 부러뜨릴 수 있을지라도, 비난의 말 따위로는 결코 나를 해칠 수 없다(Sticks and stones will break my bones, but names will never hurt me)."

이 속담을 자세히 따져보면 절대 말이 되지 않는다는 걸 알 수 있다. 그렇지 않은가? 첫째, 우선 뼈가 부러지면 그 고통은 상당히 심하다. 그렇기 때문에 일반적인 고통의 기준으로 삼을 수 없다. 둘째, 만약 비방이나 모욕이 전혀 우리에게 해가 되지 않는다면, 애초에 이런 속담은 왜 만들어졌을까? '칼과 칼날은 내 몸을 벨 수 있을지 모르나, 마시멜로로는 결코 나를 해칠 수 없다' 따위의 속담은 없지 않은가? 좀 솔직해보자. 칭찬은 아주 좋다. 하지만 비난은 분명 기분 나쁘다.

누군가 당신에게 이렇게 말한다. "당신은 멋있어요! 전

몸무게 걱정 안 하는 사람들이 멋져 보이더라고요." 언뜻 들으면 칭찬 같다. 상대방의 외모와 태도를 칭찬하고 있으니, 칭찬이 두 개나 되는 셈이다. 하지만 이 말을 들은 사람이 이를 칭찬으로 받아들일 확률은 낮다. 여기에는 비난이 미묘하게 암시되어 있으며, '당신은 살을 좀 빼야겠다'는 의미가 내포되어 있다. 그리고 미묘한 암시라고 해도 이 말에서 더 강력한 힘을 발휘하는 것은 비난이다. 일반적으로 비난이 칭찬보다 더 힘이 세다.

특히 머리 스타일을 바꿨거나 새로 산 옷을 입었을 때, 이를 칭찬해주는 사람이 얼마나 많았는지는 중요하지 않다. 내 모습을 보고 칭찬을 하기 전에 머뭇거렸거나, 싫증 난 듯한 눈길을 주었던 사람, 즉 부정적인 반응을 보이는 사람이 결국 여러분의 마음에 남아 기분을 상하게 만든다.

이건 무슨 현상일까? 만약 이 태도가 기분을 아주 상하게 한다면, 우리 뇌는 왜 비난을 이처럼 심각하게 받아들일까? 이와 관련된 신경학적인 메커니즘 같은 게 있는 걸까? 아니면 상처에 생긴 딱지를 긁어버리고 싶은 것처럼 불쾌함 뒤에 따라오는 어떤 병적인 심리적 마력 같은 게 있는 걸까? 물론 답은 여러 가지다.

뇌에는 일반적으로 좋은 것보다 나쁜 것이 더 큰 힘을 발휘한다.[32] 아주 근본적인 신경학적 관점에서 보면, 비난이 강력한 힘을 발휘하는 것은 코르티솔의 작용 때문이다. 코르티솔은 스트레스를 받았을 때 뇌에서 분비되는 호르몬이다. 이는 뇌의 투쟁-도피 반응을 일으키는 화학적 자극제 중 하나이기도 하며, 지속적인 스트레스로 인해 생기는 모든 문제의 원인으로 알려져 있다. 코르티솔의 분비는 주로 HPA 축 Hypothalamic-Pituitary-Adrenal Axis(시상하부 뇌하수체 부신 축)에서 담당한다. HPA 축은 스트레스에 대한 일반적인 반응을 조율하는 뇌와 몸의 신경 및 내분비(호르몬을 조절하는) 영역이 복잡하게 연결되어 있다. 과거에 HPA 축은 갑작스러운 소음처럼 일반적인 종류의 스트레스에도 반응한다고 알려져 있었다. 하지만 최근 연구에 따르면 그보다는 좀 더 선택적으로 반응하며 특정 환경에서만 활성화된다고 한다.

최근 한 이론에서는 HPA 축이 '목표'가 위협을 받을 때에만 활성화된다고 주장한다.[33] 예를 들어 여러분이 길을 걷고 있는데 새똥이 머리 위에 떨어졌다고 하자. 이는 화가 나기도 하고, 논쟁의 여지는 있지만 위생상 해롭기도 한 일이다. 그러나 '나는 지금 이 순간 절대 더러워지면 안 된다'라는 의식적인 목표가 있는 것은 아니므로, HPA 반응이 일어나지는 않는다. 그런데 여러분이 면접을 보러 가는 길에 똑같은 길에서 새한테 같은 일을 당했다면, 이때는 HPA 반응이 일어날 확률이 높다. 왜냐하면 면접에 가서 좋은 인상을 주어서 취직을 하겠다는 분명한 목표가 있기 때문이다. 그런데 나쁜 새 때문에 이 계획이 상당히 좌절된 것이다.

우리의 여러 목표 중 가장 분명한 목표는 자기 보호다. 따라서 계속 살겠다는 목표를 가지고 있는데 이 목표를 방해하는 일이 생겨 살아가는 것을 막는다면, HPA 축은 스트레스 반응을 일으킨다. 이는 과거에 HPA가 모든 것에 반응한다고 믿게 된 이유 중 하나이기도 하다. 인간은 모든 곳에서 자기 자신에 대한 위험 요소를 발견할 수 있고, 또 실제로 위험해지는 경우가 발생하기 때문이다.

그런데 인간은 복잡한 동물이며, 이 때문에 타인의 생각이나 반응에 상당히 의존한다. 사회적 자기 보호 이론에 따르면 인간은 자신의 사회적 지위를 유지하려는(그래서 자신이 중요하게 여기는 사람들로부터 인정을 계속 받으려는) 동기가 깊이 뿌리박혀 있다고 한다. 이로 인해 사회 평가적 위협이 발생한다. 다시 말해 개인의 사회적 입지 혹은 이미지를 위협하는 것은 모두 타인에게 호감을 얻으려는 목표를 방해하며, 따라서 HPA 축이 활성화되어 코르티솔을 분비시킨다.

비난, 모욕, 거절, 조롱 등은 특히 공개적으로 발생할 경우 우리의 자존감을 공격하고 잠재적으로 자존감을 해치게 된다. 그리고 타인에게 호감을 얻고 인정받으려는 우리 목표를 방해한다. 이때 이러한 스트레스로 인해 코르티솔이 분비되고, 코르티솔은 여러 가지 생리적 영향(글루코스glucose 분비 등)을 일으킨다. 동시에 우리 뇌에도 직접적인 영향을 준다. 여러분은 투쟁-도피 반응이 집중력을 고조시키고 기억을 더 생생하게 만든다는 사실을 이미 알고 있다. 타인에게 비난받을 때 코르티솔은 다른 호르몬과 함께 이러한 신체적 현상이 일어나도록 만든다. 그 결과 우리는 예민해지고 이에 대한 기억에 더 집중하게 되는 신체적 반응을 실제로 겪게 된다. 이번 장은 뇌가 위협 요인을 찾을 때 흥분하게 되는 성향에 대해 다루고 있으며, 여기에는 비난도 포함된다. 비난과 같은 부정적인 일을 겪게 되면 관련된 모든 기분과 감정들이 생겨나며, 이때 해마와 편도체가 다시 활동하면서 감정적으로 그 기억을 강화시키고 눈에 띄도록 저장한다.

물론 칭찬받을 때 역시 기쁨을 느끼게 하는 호르몬인 옥시토신을 분비시킴으로써 신경학적 반응을 일으킨다. 그러나 이때의 반응은 약할 뿐만 아니라 아주 순간적으로 일어난다. 칭찬을 받을 때 나오는 옥시토신의 화학반응은 약 5분 안에 혈류로부터 사라지지만, 비난을 받을 때 나오는 코르티솔은 한 시간 이상, 심지어 두 시간까지도 지속된다. 코르티솔의 효과가 훨씬 오래 가는 것이다.[34] 기쁨이 순간적이라는 점은 다소 잔인해 보일 수 있다. 그러나 강렬한 기쁨이 오래 지속되면 오히려 무력감을 낳는다(이에 대해서는 뒤에서 다시 자세히 살펴볼 것이다).

하지만 뇌에서 일어나는 모든 일을 특정 화학물질 탓으로 돌릴 수는 없다. 그렇다면 우리는 왜 칭찬보다는 비난에 집중하게 되는지에 대해 다른 이유를 좀 더 찾아보도록 하자.

대부분의 사람들은 사회적 규범이나 에티켓에 따라 타인에게 존중하는 태도를 보인다. 우리는 마트에서 계산대 점원이 잔돈을 거슬러 주면, 점원이 마땅히 내주어야 할 내 돈이더라도 감사의 인사를 건넨다. 이처럼 상대방을 배려하고 간단한 칭찬을 하는 것이 사회적 규범이다. 그런데 어떤 일이 사회적 규범이 되면 새로운 것을 선호하는 뇌는 습관적으로 이를 걸러낸다. 항상 일어나는 일이라면 무시해도 무방한데 뭐 하러 아까운 정신적 자원을 낭비하겠는가?

그러나 비난은 사회적 규범처럼 일반적인 것이 아니므로, 칭찬보다 더 큰 영향을 미친다. 관객들이 웃고 있는 가운데 딱 한 명이 못마땅한 표정을 짓고 있으면, 다른 사람들의 표정과 너무 다르기 때문에 더 눈에 띈다. 우리의 시각과 관심체계 역시 진화를 통해 새로운 것, 다른 것, 그리고 위협적인 것에 집중하도록 만들어졌다. 마찬가지로 "잘했어", "훌륭해"라는 의미 없는 반응에 익숙해져 있는 상황에서 누군가 "쓰레기 같은 놈!"이라고 한다면, 이는 흔히 듣는 말이 아니므로 훨씬 더 귀에 거슬리게 된다. 그리고 불쾌한 일이 생기면 왜 그런 일이 생겼는지 알아야 다음에도 같은 일이 반복되는 것을 피할 수 있으므로, 우리 뇌는 여기에 더 집중하게 된다.

우리는 2장에서 뇌의 작용으로 인해 모든 인간은 자기중심적인 성향을 가지고 있으며, 어떤 사건이나 대상을 자신의 이미지에 유리하게 해석하는 성향이 있다는 사실에 대해 살펴보았다. 만약 이런 상태가 우리의 기본 상태라면, 칭찬은 이미 우리가 '알고 있는' 사실을 이야기해주는 것뿐이다. 반면 직접적인 비난은 다르게 해석하기도 어려우며, 인간의 자기중심적인 체계에 충격적인 사건이다.

만약 여러분이 자신의 성과나 직접 만든 물건, 혹은 남들과 공유하고 싶은 생각 등 어떤 형태로든 자신을 '외부에' 드러냈다면, 여러분이 궁극적으로 전하는 메시지는 '당신이 좋아할 거야'다. 즉, 여러분은 명백히 사람들의 인정을 구하고 있다. 아주 자신감이 넘치는 사람을 제외하고는, 누구나 자신이 틀릴 수 있다는 가능성에 대한 생각을 항상 가지고 있다. 그렇다면 여러분은 거절을 당할 수 있는 리스크에 민감하며, 특히 스스로 대단한 자부심을 가지고 있거나 많은 시간과 노력을 들인 것이라면 거절이나 비난을 받은 조짐이 없는지 찾게 된다. 그리고 자신이 우려하는 바를 찾으려고 하면 할수록, 그것을 찾을 확률은 더 높아진다. 건강염려증 환자가 자신에게서 항상 희귀병의 증상을 찾아내는 것처럼 말이다. 이렇게 자신이 찾는 것은 발견하고, 그 외의 것은 무시

해버리는 성향을 확증편향confirmation bias이라고 한다.[35]

우리 뇌는 우리가 알고 있는 사실에만 근거해서 판단을 내릴 수 있으며, 우리가 알고 있는 사실은 이전에 직접 내렸던 결론이나 겪은 경험에 근거한다. 따라서 우리는 우리의 행동을 기준으로 다른 사람들의 행동을 판단하게 된다. 따라서 만약 여러분이 단지 사회적 규범 때문에 남들에게 예의를 갖추고 경의를 표하는 거라면, 다른 모든 사람들도 당연히 그렇지 않겠는가? 따라서 나를 칭찬하는 모든 말들은 진심인지 아닌지 확실하지 않다. 이런 상황에서 누가 여러분을 비판한다면, 이는 여러분이 단순히 나쁜 것이 아니라 '상대방이 사회적 규범을 거스르면서까지 지적할 만큼' 나쁘다는 뜻이 된다. 그러므로 비난은 칭찬보다 더 큰 힘을 발휘하는 것이다.

뇌가 잠재적인 위협 요인을 찾아내어 대응하는 섬세한 시스템을 가진 덕분에, 인류는 황무지에서도 오랫동안 살아남을 수 있었으며 오늘날의 섬세하고 문명화된 인간으로 발전하게 되었다. 하지만 여기에 문제점이 없는 것은 아니다. 인간의 복잡한 지능은 위협 요인을 찾아내기만 하는 것이 아니라 이를 예측하고 상상해내기도 한다. 뇌가 위협 요인을 피하기 위해 찾아다니다가 급기야는 스스로 위협을 만들어내고 있다니, 정말 잔인한 아이러니가 아닐 수 없다.

4

사람들은 다들 자신이 '너보단' 똑똑하다고 생각한다

언제나 우리보다 한 뼘 더 똑똑한 뇌

인간의 뇌를 특별하거나 특출하게 만드는 것은 무엇일까? 여기에는 여러 가지 답이 존재하지만, 뭐니 뭐니 해도 가장 중요한 것은 인간의 뛰어난 지능일 것이다. 인간의 뇌가 하는 모든 기본적인 기능은 다른 많은 생물들도 할 수 있다. 그러나 지금까지 고유의 철학이나 교통수단, 옷, 에너지 자원, 종교, 혹은 300여 가지 종류의 파스타는 고사하고 단 한 가지 파스타라도 만들어낸 생물은 없었다. 이 책에서는 대체로 인간의 뇌가 가진 비효율적이고 기괴한 점에 대해 다루고 있지만, 뇌로 인해 인간이 풍부하고 다양한 내적 존재를 얻게 되었으며, 현재 누리고 있는 많은 것을 성취하게 되었다는 점은 부인할 수 없다. 인간의 뇌가 할 일을 제대로 하고 있다는 점만은 간과하지 말아야 한다.

"만약 인간이 쉽게 이해할 수 있을 정도로 뇌가 단순하다면, 그때는 인간이 너무나도 단순한 존재라 뇌를 이해할 수 없게 될 것이다" 라는 유명한 속담이 있다. 여러분이 뇌과학을, 그리고 뇌와 지능이 서로 어떻게 연관되어 있는지를 살펴본다면, 이 속담이 정말 딱 맞는 말이라는 점을 인정할 수 있을 것이다. 뇌는 우리가 똑똑하다는 점을 깨달을 수 있을 만큼 우리를 똑똑하게 해주고, 이것이 모든 일반적인 생물에 해당하는 경우는 아니라는 것을 깨달을 수 있을 만큼 관찰력을 갖게 하며, 왜 그런 것인지 고민할 만큼 호기심을 갖게 한다.

하지만 우리는 지능이 어디에서 비롯되며 어떻게 작용하는지 쉽게 이해할 만큼 똑똑해 보이진 않는다. 결국 뇌의 전체 프로세스가 어떻게 발생하는지 조금이라도 이해하려면 다시 뇌와 심리학을 살펴보아야 한다. 과학은 우리의 지능 덕분에 생겨났는데, 지금 우리는 과학을 이용해서 지능이 어떻게 작동되는지를 이해하려고 하지 않는가? 이는 매우 효율적이거나 순환적인 논리인데, 나는 이에 대해 더 길게 이야기할 수 있을 정도로 똑똑하지 못하다.

혼란스럽고, 엉망진창이며, 종종 모순적이고, 당신이 이해하기엔 어렵다는 표현은 지능에 대해 여러분이 찾을 수 있는 가장 적절한 묘사다. 지능은 측정하거나 제대로 정의내리기 어렵지만, 어쨌건 이번 장에서는 우리가 지능을 어떻게 이용하며 지능의 이상한 특성에는 어떤 것이 있는지 살펴볼 것이다.

전 세계 사람들의 평균 IQ는 몇일까?

지능이란 무엇이며, 어떻게 측정할 수 있는가

여러분은 자신이 지적인 생명체라고 자부하는가? 스스로에게 이 질문을 한다면 대답은 분명 '그렇다'일 것이다. 자신은 많은 인지 작용을 처리할 능력이 있으므로 '지구상에서 가장 똑똑한 종'에 속한다고 생각하는 것이다.

여러분은 추상적인 정의나 현실에서 그 실체가 존재하지 않는 개념도 이해하고 받아들일 수 있다. 그리고 자신은 이 세상에서 몇 안 되는 선택받은 종에 속하며 개인적인 독립체라고 인식한다. 또한 자신의 특성이나 능력을 생각해내고, 이를 이상적인 목표와 비교하거나 다른 사람에 비해서는 부족한 편이라고 추론하기도 한다. 지구상에 이처럼 복잡한 정신세계를 가지고 있는 생물은 없다. 이는 기본적으로 약간의 신경증적인(노이로제) 상태이긴 하지만, 그리 심각한 것은 아니다.

즉, 인간은 지구상에서 가장 지능이 뛰어난 존재다. 그런데 가만, '지능'이라는 말은 정확히 무슨 뜻일까? 대부분의 사람들은 '아이러니irony'나 '서머타임제'처럼 지능에 대해서 기본적으로는 이해하지만 구체적으로 설명하지는 못한다.

이는 과학계에서도 문젯거리다. 많은 과학자들이 지난 수십 년 동안 지능에 관해 다양한 정의를 내렸다. IQ 테스트를 처음 만든 프랑스의 과학자 비네Alfred Binet와 시몽Theodor Simon은 지능을 "판단을 잘하고 이해를 잘하며 사고를 잘하는 능력, 이것이 바로 지능의 중요한 역할이다"라고 정의 내렸다. 미국의 심리학자 데이비드 웩슬러David Weschler는 지능에 관한 여러 가지 이론 및 측정법을 제시했으며, 웩슬러 성인지능검사와 같은 테스트는 아직도 사용되고 있다. 그는 지능을 "의도적으로 행동하고 환경에 효과적으로 대처하는 포괄적인 역량의 종합체"라고 묘사했다. 그리고 이 분야의 또 다른 선구자 필립 버넌Philip E. Vernon은 지능을 "관계와 이유를 이해하고 받아들일 수 있는 효율적이며 다재다능한 인지력"이라고 설명했다.

그러나 이런 정의가 모두 의미 없는 추측일 뿐이라고 생각해서는 안 된다. 지능에 대해 보편적으로 의견이 일치하는 부분도 많다. 대표적으로 지능은 뇌가 '무엇'을 하는 능력을 반영한다는 점을 들 수 있다. 좀 더 정확하게 말하면 뇌가 정보를 처리하고 이용하는 능력이다. 추리, 추상적 사고, 추론 패턴, 이해력과 같은 단어들은 보통 뛰어난 지능의 예로 인용된다. 그리고 이는 논리적으로 어느 정도는 일리가 있다. 이들은 모두 완전히 무형적인 것에서 정보를 측정하고 다루는 작업이기 때문이다. 간단히 말해서 인간은 어떤 것과 직접적인 관계를 맺지 않아도 이를 처리할 수 있을 만큼 지적이다.

예를 들어 어떤 평범한 사람이 자물쇠로 잠긴 문 쪽으로 다가갔다가 즉시 '문이 잠겼네'라고 생각하고는 다른 출입구를 찾아간다. 이 행동은 별것 아닌 것으로 보이지만 여기에는 지능을 나타내는 신호가 분명히 있다. 이 사람은 상황을 관찰하고 그 상황이 어떤 뜻인지 추론했으며 그에 따라 대응했다. '아, 문이 잠겼군'이라고 판단하기 위해 문을 직접 열어보는 물리적 행동을 하지 않았다. 사실 그럴 필요가 없었다. 논리, 추리, 이해력, 계획, 이 모두가 동원되어 행동을 지시했다. 이것이 바로 지능이다. 하지만 이 사례를 통해서 우리가 지능을 어떻게 연구하고 측정할 수 있는지는 알 수 없다. 뇌 속에서 정보를 복잡하게 다루는 작업은 문제없이 잘 돌아가고 있지만, 이 과정을 직접 볼 수는 없다(현재 최첨단 뇌 스캐너가 다양한 색깔로 이 활동을 희미하게 보여주긴 하지만, 크게 도움이 되진 않는다). 따라서 지능을 측정하는 것은 이를 위해 특별히 개발한 테스트를 통해 행동과 역량을 관찰하는 간접적인 방식으로만 가능하다.

여기서 여러분은 아마 중요한 사실 하나가 빠졌다고 생각할 것이다. 왜냐하면 우리에겐 지능을 측정하는 방법이 실제로 있기 때문이다. 바로 IQ 테스트다. 지능지수를 뜻하는 IQ가 무엇인지 모르는 사람은 없다. IQ는 어떤 사람이 얼마나 똑똑한지를 보여주는 측정법이다. 사람의 질량은 무게로, 몸길이는 키로 측정할 수 있다. 음주량은 경찰이 갖다 대는 기계에 후 하고 숨을 불어넣음으로써 측정된다. 그리고 지능은 IQ 테스트로 결정된다. 간단하지 않은가?

그러나 실제로는 그렇게 간단하지만은 않다. IQ는 지능의 파악하기 힘들고 모호한 특성을 바탕으로 계산한다. 그런데 대부분의 사람들은 IQ 테스트가 실제보다 더 완벽하다고 생각한다. 여기서 여러분이 기억해야 할 중요한 사실이 하나 있다. 전체 인구의 평균 IQ는 100이라는 사실이다. 예외는 없다. 만약 누군가가 "○○ 국가의 평균 IQ는 85밖에 안 된다"라고 말한다면, 그는 잘못 알고 있는 것이다. 이는 "○○ 국가에서 1미터는 85센티미터밖에 안 된다"라고 말하는 것과 같다. 이는 논리적으로 불가능한 일이다. IQ도 마찬가지다.

적절한 IQ 테스트라면 '일반적인' 분포도에 따라 여러분의 지능은 전체 국민 중 일반적인 그룹에 속한다고 평가할 것이다. 일반적인 분포도는 '평균' IQ를 100으로 설정한다. IQ가 90에서 110이면 평균, 110에서 119이면 '평균에서 조금 높은', 120에서 129이면 '뛰어난'으로 분류된다. 그리고 130을 초과하면 '매우 뛰어난' 그룹에 속한다. 반대로 IQ가 80에서 89라면 '평균에서 조금 낮은', 70에서 79라면 '평균과 낮음의 중간쯤', 69 이하는 '매우 낮은' 그룹으로 분류된다.

이 체계를 이용하면 인구의 80% 이상이 80~110 사이의 평균적인 그룹에 속한다. 여기서 점점 더 멀어질수록 해당 IQ를 지닌 사람 수는 줄어든다. 전체 인구의 5% 미만이 아주 뛰어나거나 매우 낮은 IQ를 가지고 있다. 즉, 일반적인 IQ 테스트는 지능 자체를 직접 측정하는 것이 아니라 다른 사람들과 비교해서 얼마나 지능이 뛰어난지를 측정하는 것이다.

이런 방식은 다소 혼란스러운 결과를 도출한다. 예를 들어 강력한 바이러스가 전 세계에 퍼지게 되었다고 하자. 이 바이러스는 이상하게 특정 사람들에게만 전염되어서 IQ가 100 이상인 사람들이 다 죽어버렸다. 하지만 남아 있는 사람들의 '평균 IQ는 여전히 100'이다. 이 전염병이 퍼지기 전에 IQ가 99였던 사람은 IQ가 더 높은 사람들의 죽음으로 인해 갑자기 130 이상이 되고, 엘리트 중의 엘리트 그룹에 속하게 된다. 화폐를 예로 들어보자. 영국의 파운드화는 경제 흐름에 따라 가치가 변동한다. 그러나 항상 1파운드는 100페니다. 즉, 파운드 가치는 유동적이면서 동시에 고정적이다. IQ도 마찬가지다.

앞에서 말한 것처럼 IQ는 전체 인구의 평균치에 따라 일반화되므로, IQ 측정법은 다소 제한적일 수 있다. 알베르트 아인슈타인Albert Einstein이나 스티븐 호킹Stephen Hawking과 같은 사람들은 IQ가 160 근처였다고 한다. 이는 아주 높은 수치이지만 평균이 100인 점을 감안해보면 엄청나다는 생각이 들지는 않는다. 만약 누가 자신의 IQ가 270이라고 한다면, 아마도 점수를 잘못 알고 있는 것이다. 아니면 과학적으로 입증되지 않은 다른 테스트 결과이거나, 테스트 결과를 잘못 해석한 경우일 것이며, 따라서 자신이 대단한 천재라는 주장은 터무니없다.

물론 이렇게 높은 IQ가 전혀 존재하지 않는다고 말하는 건 아니다. 세계 기네스북에 따르면 가장 지능이 뛰어난 사람들 중 일부는 IQ가 250 이상이라고 한다. 하지만 IQ 신기록 항목은 높은 점수를 측정하는 IQ 테스트의 불확실성과 모호함 때문에 1990년 기네스북에서 제외되었다.

과학자나 연구자들이 사용하는 IQ 테스트는 아주 세심하게 고안된 방법들이다. 이 테스트들은 현미경이나 질량분석계처럼 마치 실제하는 도구인 듯이 사용된다. 그런데 이런 테스트들은 비용이 많이 든다. 인터넷상에 무료로 배포되지 않는 이유다(답이 유포되는 것을 방지하기 위해서이기도 하다). 그리고 이것들은 가능한 한 가장 많은 사람들을 대상으로 일반적이고 평균적인 지능을 측정하도록 개발되었다. 따라서 여러분의 IQ가 극단적인 점수에 가까울수록 이런 테스트는 쓸모가 없다. 비슷한 예로, 여러분이 학교 교실에서 일상적인 물건을 가지고 물리학 개념을 증명할 수는 있다(지속적인 중력의 작용을 증명하기 위해 다양한 무게의 추를 이용하거나, 탄성을 입증하기 위해 스프링을 사용하는 것처럼). 하지만 좀 더 심도 깊은 물리학을 연구하려면 입자가속기나 원자로, 혹은 아주 복잡한 계산도구가 필요한 것과 마찬가지다.

따라서 누군가 매우 놀라운 지능을 갖고 있다면 IQ 측정은 훨씬 더 어려워진다. 과학적인 IQ 테스트는 패턴 완성 테스트를 통한 공간지각능력, 질문을 통한 이해력, 특정 카테고리의 단어를 나열하는 언어유창성 등을 측정한다. 이들 항목은 물론 측정할 만한 것이긴 하지만, 그렇다고 아주 뛰어난 천재들의 지능의 한계까지 측정할 정도는 되지 못한다. 가정용 체중계로 코끼리 몸무게를 재는 격이라고나 할까. 체중계로 일반적인 사람들의 몸무게를 잴 수는 있지만 코끼리 정도가 되면 별 쓸모가 없다. 아마도 산산조각 난 플라스틱 조각과 스프링만 남을 것이다.

이에 관한 또 다른 문제는 '지능 테스트로 과연 지능을 측정할 수 있는가?' 하는 점이다. 일부 냉소적인 과학자들은 바로 이 같은 본질적인 문제에 의문을 제기한다. 오늘날 널리 사용되고 있는 지능 테스트들은 측정의 신뢰성을 높이기 위해 계속된 수정을 거쳐온 결과물이다. 그러나 여전히 일부 사람들은 이 테스트들이 근본적인 문제를 간과하고 있다고 생각한다. 이들이 지적하는 지능 테스트의 근본적인 문제는, 그것이 측정하는 바가 엄밀히 말해 '지능'이 아니라 사회적 교육, 전반적인 건강 상태, 시험에 대한 적성, 교육 수준 등을 나타낸다는 것이다. 다시 말해 지능과 무관한 것들이다. 따라서 이런 테스트 자체는 필요할지 모르지만, '지능 측정'이라는 실제 목표와는 부합하지 않는다.

그렇다고 상황이 완전히 암울한 것은 아니다. 과학자들도 이런 비판의 목소리를 알고 있으며, 이를 극복하기 위해 여러 가지 지혜를 짜내고 있다. 오늘날 지능 테스트는 단편적인 일반 시험에 비해 다양한 종류의 평가(공간지각능력, 산술능력 등)를 통해서 좀 더 유용해졌으며, 좀 더 확실하고 철저하게 능력을 측정한다. 여러 연구 결과에 따르면 지능 테스트의 결과는 우리가 살면서 여러 가지 변화를 겪고 학습을 하는 것과 상관없이 인생 전반에 걸쳐 상당히 일관성을 보인다고 한다. 이들 시험이 단순히 임의적인 상황보다는 내재된 특성을 측정해내고 있는 것은 분명하다.[1]

따라서 이제 여러분은 우리가 아는, 아니 우리가 알고 있다고 생각하는 것에 대해 알게 되었다. 일반적으로 지능을 보여준다고 알려진 지표 중 하나는 우리가 모른다는 사실을 인식하고 이를 받아들이는 것이다. 그러니 모른다는 것을 알고 있는 것만으로도 여러분은 똑똑하지 않은가.

초파리 유전체를 설명하며 넥타이에 버터를 바르는 저 박사는 똑똑한 걸까 멍청한 걸까?

단 하나의 핵심 지능 '스피어먼의 g'와 다중지능이론

사람들의 고정관념 속에 있는 '전형적인 과학자'는 주로 덥수룩한 곱슬머리에 커다란 뿔테 안경을 쓰고 다니며, 평소에는 입을 꾹 다물었다가도 자신의 전문 분야에 대한 이야기가 나오면 침을 튀겨가며 빠르게 말을 이어가는 중년 남성(이 경우 대부분 남자다)의 모습으로 나타난다. 이들은 저녁식사 모임에서 만난 동료와 초파리 유전체genom에 대해 정신없이 이야기를 늘어놓다가, 접시에 놓인 빵 대신 넥타이에 버터를 바르곤 한다. 이들에게는 사회적 규범이나 일상적인 일들은 완전히 낯설고 당황스러울 뿐이다. 이들이 알고 있는 내용은 자신의 분야에 한정되며, 그 이상은 거의 알지 못한다.

똑똑한 것과 강한 것은 다르다. 강한 사람은 어떤 환경에서든 강하다. 그러나 특정 환경에서 똑똑한 사람은 다른 환경에서는 벌벌 떠는 바보일 수도 있다. 이런 일이 생기는 이유는 육체적 힘과 달리 지능은 절대로 단순하지 않은 뇌의 부산물이기 때문이다.

그렇다면 지적 능력의 밑바탕이 되는 뇌의 프로세스는 무엇이며 왜 그렇게 다양한 것일까? 우선, 심리학에서는 인간이 단 하나의 지능을 사용하는지 아니면 여러 종류의 지능을 사용하는지에 대한 논쟁이 계속되고 있다. 그리고 현재까지의 연구 자료에 따르면 인간이 사용하는 지능은 여러 가지 요인이 합쳐진 복합체다.

가장 일반적인 관점은 인간의 지능 밑바탕에는 한 가지 특성이 있으며, 이 특성이 여러 방식으로 표현된다는 것이다. 이러한 주장은 흔히 '스피어먼의 gSpearman's g' 또는 단순히 'g'라고 알려져 있다. 이 용어는 1920년대에 요인분석■을 발견하여 전반적인 지능 연구 및 과학 분야에 큰 일조를 했던 과학자 찰스 스피어먼Charles Spearman의 이름을 붙인 것이다. 앞에서 IQ 테스트에 의구심이 제기되고 있는데도 여전히 대중적으로 사용되는 이유에 대해 살펴보았다. 이때 요인분석은 IQ 테스트(및 다른 테스트)의 효용성을 높여주는 역할을 한다.

■ 요인분석이란 몇 개의 검사 결과를 종합해서 소수의 특징적인 요인(인자)을 이끌어내고, 다시 요인 상호 간의 관계를 연구하는 방법을 말한다. 지능이나 성격 등 복잡한 정신 능력의 주요 요인이 무엇인가를 통계적 방법으로 설명하기 위하여 고안해낸 방법이다.

요인분석은 수학적으로 난해한 과정이지만, 우리가 알아야 할 점은 요인분석이 통계적 분석의 한 형태라는 사실이다. 요인분석은 대량의 데이터(예를 들어 IQ 테스트 결과와 같은 데이터)를 선택하여 이를 수학적으로 여러 측면에서 분석하고, 그 결과와 관련이 있거나 결과에 영향을 미치는 요인들을 찾아낸다. 이 요인들은 전에는 알려지지 않은 내용이지만 요인분석을 통해 드러나게 된다. 예컨대 만약 학생들이 학교 시험에서 중간 점수를 받았다면, 교장은 그 점수가 어떻게 나온 것인지 자세히 알고 싶을 것이다. 요인분석은 모든 시험 성적에서 정보를 얻어 이를 분석하고 자세히 살펴보는 것에서 시작한다. 그리고 그 결과 학생들이 수학은 전반적으로 잘 봤지만 역사 과목은 엉망이었다는 것을 알 수 있다. 이때 교장은 역사 교사들을 불러 모아놓고 호통을 칠 정당성을 얻게 된다.

스피어먼은 이와 유사한 프로세스를 통해서 IQ 테스트를 측정했고, 그 결과 시험 점수에 영향을 미치는 한 가지 근본적인 요인이 있음을 발견했다. 그리고 이 요인은 '일반 요인 general factor'을 의미하는 g라고 불리게 되었다. 만약 과학에서 일반적으로 지능이라고 생각되는 요소가 있다면 그것이 바로 g이다.

지능은 매우 다양한 방식으로 나타날 수 있기 때문에 g가 반드시 '모든 가능한 지능'이라고 말할 수는 없다. 그보다는

g는 지능의 좀 더 보편적인 '핵심'이라고 할 수 있다. 집으로 치면 토대나 뼈대 같은 것이다. 아무리 겉모습이 아름답다 해도 집은 밑바탕이 되는 구조가 튼튼하지 않다면 쓸모가 없다. 마찬가지로 여러분은 알아두면 그럴듯해 보일 어려운 단어를 배울 수는 있지만 g 능력이 이에 미치지 못한다면 이런 정보들은 그다지 쓸모가 없을 것이다.

연구 결과에 따르면 뇌에는 g를 담당하는 영역이 있다고 한다. 앞서 2장에서 단기기억에 대해 자세히 설명하면서 '작업기억'에 대해 잠깐 언급한 바 있다. 작업기억은 단기기억 속에 있는 정보의 '사용', 즉 정보를 실제로 처리하고 다루는 것을 일컫는다. 2000년대 초반 클라우스 오베라우어Klaus Oberauer와 동료들은 여러 실험을 통해 작업기억의 테스트 결과와 g 테스트가 매우 일치한다는 사실을 알게 되었다. 이는 곧 한 사람의 작업기억 용량은 전반적인 지능의 주요 요인이라는 의미다.[2] 즉, 만약 여러분이 작업기억 테스트에서 높은 점수를 받았다면 IQ 테스트에서도 높은 점수를 받을 확률이 높다. 그리고 이는 논리적으로 일리가 있다. 지능은 가능한 한 효율적으로 정보를 얻어 유지하고 사용하는 작업이며, IQ 테스트는 이를 측정하는 시험이기 때문이다. 그러나 이러한 프로세스는 기본적으로 작업기억의 목적은 아니다.

뇌손상을 입은 사람들을 대상으로 스캐닝 및 조사를 한 결과 전전두엽피질이 g 및 작업기억에 있어서 중요한 역할을 한다는 강력한 증거가 발견되었다. 이 실험은 전두엽의 손상으로 이상기억 증세를 보이는 여러 사람들을 대상으로 실시되었다. 이상기억의 원인은 보통 작업기억의 문제에 있었으며, 이것은 전두엽과 작업기억 사이에 크게 중첩되는 부분이 있다는 것을 암시한다. 전전두엽피질은 이마 바로 뒤쪽에 위치하며, 사고나 주의력, 의식처럼 좀 더 고차원적인 '중심적인' 기능에 참여하는 전두엽의 시작점이다.

그러나 작업기억과 g가 전부는 아니다. 작업기억의 프로세스는 혼자 말하는 독백처럼 큰 소리로 내뱉는 단어/용어 등의 구술 정보로 대부분 이루어진다. 반면 지능은 모든 정보(시각, 공간, 숫자 등)에 적용되어, 지능이 무엇인지 정의를 내리고 설명하려는 연구자들은 작업기억과 g를 넘어서 그 이상을 살펴봐야 한다.

찰스 스피어먼의 제자였던 레이먼드 커텔Raymond Cattell과 그의 제자인 존 혼John Horn은 1940년대부터 1960년대에 걸쳐 요소분석의 새로운 방법을 고안했으며, 유동적 지능과 결정적 지능이라는 두 가지 지능을 발견했다.

먼저 유동적 지능은 정보를 적절히 이용하여 작업하는 등의 능력을 뜻한다. 애인에게 잘못한 기억이 없는데 왜 아까부터 말없이 싸늘한 표정을 짓고 있는지 그 이유를 생각할 때, 또 루빅스 큐브Rubik's cube를 풀 때와 같은 경우에 필요한 것이 유동적 지능이다. 어떤 경우라도 내가 얻은 정보는 새로운 것이며, 나에게 이익이 되는 방향으로 결론을 도출하기 위해서는 이 정보를 가지고 무엇을 할지 생각해내야 한다.

결정적 지능은 기억 속에 저장된 정보로서, 특정 상황에서 좀 더 나은 것을 얻기 위해 이용할 수 있는 지능이다. 예를 들어 퀴즈 대결에서 별로 유명하지 않은 1950년대 영화의 주연 배우에 대한 문제가 나왔을 때는 결정적 지능을 이용해야 풀 수 있다. 전 세계 모든 나라의 수도를 다 기억하는 것도 결정적 지능이다. 제2외국어(혹은 제3, 제4외국어)를 배울 때도 결정적 지능을 사용한다. 간단히 정리하면 결정적 지능은 우리가 축적한 지식을 말하며, 유동적 지능은 우리가 그 지식을 어떻게 잘 활용할 수 있는지(혹은 낯선 문제를 어떻게 해결할 수 있는지)에 관한 문제다.

유동적 지능은 정보의 활용과 처리라는 측면에서 g와 작업기억의 또 다른 형태라고 말해도 과언이 아니다. 하지만 결정적 지능은 점점 더 별개의 시스템으로 간주되고 있으며, 뇌 활동이 이를 지원한다. 여기서 한 가지 분명한 사실은 나이가 들수록 유동적 지능은 약해진다는 점이다. 80세 노인은 30대나 50대에 비해 유동지능 테스트 성적이 훨씬 낮다. 신경해부학적 연구에 따르면 (그리고 수많은 부검 결과) 유동적 지능을 담당하는 것으로 여겨지는 전전두엽피질이 나이가 들수록 뇌의 다른 영역에 비해 더 많이 위축되었다고 한다.

반대로 결정적 지능은 일생에 걸쳐 안정된 상태를 유지

한다. 18세에 프랑스어를 배운 사람은 더 이상 사용하지 않아 19세쯤 되어 다 잊어버린 경우가 아니라면 85세가 되어도 여전히 프랑스어를 할 수 있다. 결정적 지능은 장기기억에 의해 이루어지기 때문이다. 장기기억은 뇌 전체에 고루 분포되어 있으며, 시간의 공격을 견뎌낼 만큼 회복력이 뛰어나다. 하지만 전전두엽피질은 까다롭고 에너지가 넘치는 영역으로, 유동적 지능을 돕기 위해 계속해서 활발한 활동을 해야 한다. 따라서 점차적으로 쇠퇴할 가능성이 더 높다(뉴런 활동이 강하게 일어나면 유리기나 고에너지 입자처럼 해로운 수많은 폐기물을 세포로 방출한다).

그런데 이 두 가지 지능은 서로 상관관계가 있다. 정보에 접근할 수 없다면 이를 이용한다는 것은 의미가 없으며, 반대의 경우도 마찬가지다. 이 두 가지 지능을 정확히 분리하여 각각 분석하기는 어렵다. 하지만 다행스럽게도 지능 테스트에서 유동적 지능이나 결정적 지능 중 한 가지에 전반적인 초점을 맞추어 평가할 수는 있다. 생소한 패턴을 분석하고 이상한 부분을 찾아내거나 서로의 상관관계를 파악해야 하는 테스트는 유동적 지능 테스트로 볼 수 있다. 이 경우 모든 정보는 새롭게 처리해야 하는 것이므로 결정적 지능은 아주 미미하게 사용된다. 마찬가지로 단어 목록과 같은 지식을 기억해내거나 앞에서 언급했던 퀴즈 대결과 같은 경우는 결정적 지능을 평가한다.

물론 이 두 가지 지능을 평가하는 일은 결코 그렇게 간단하지 않다. 테스트에서 새로운 패턴을 분류한다 해도 여기에는 여전히 이미지나 색깔, 심지어는 테스트를 끝내기 위한 수단에 대해 인지하고 있어야 한다(만약 카드를 재배열하는 문제라면, 카드가 어떤 카드이며 이를 어떻게 배열하는지에 대한 자신의 지식을 활용하게 된다). 이는 뇌 스캐닝 연구가 쉽지 않은 또 다른 이유이기도 하다. 간단한 문제를 푼다 해도 뇌의 여러 영역을 사용하기 때문이다. 그러나 보편적으로 유동적 지능과 관련된 문제는 전전두엽피질 및 관련 영역에서 더 많은 활동을 보이며, 결정적 지능 문제는 좀 더 광범위한 피질에서 관여한다.

마일즈 킹스턴Miles Kingston은 이런 생각을 명쾌하게 설명하고 있다. "지식은 토마토가 식물학적으로 과일이라는 것을 아는 것이다. 지혜는 토마토를 과일 샐러드에 같이 담지 않는 것이다." 토마토가 어떤 종류에 속하는지를 알려면 결정적 지식을 사용해야 하며, 과일 샐러드를 만들 때 이 정보를 활용하려면 유동적 지식이 필요하다. 여기서 여러분은 유동적 지식이 일반 상식과 비슷하다고 생각할지도 모른다. 그렇다. 이 또한 이 두 가지 지식의 차이를 보여주는 예일 수 있다. 그러나 일부 과학자들에게는 서로 다른 두 가지 지식만으로는 충분하지 않다. 이들은 더 많은 종류의 지식을 원한다.

여기서 요점은 일반 요인으로는 인간이 가진 다양한 지적 능력을 모두 설명하기 힘들다는 점이다. 축구 선수를 떠올려보자. 이들은 학문적으로는 살아남지 못했지만, 축구와 같은 복잡한 스포츠를 전문적인 수준으로 해내려면 정확한 통제력, 연산 능력, 각도, 넓은 공간에 대한 공간지각 능력 등 수많은 지적 능력이 필요하다. 그리고 열렬한 팬들의 함성을 걸러내면서 자신의 일에 집중하기 위해서는 엄청난 정신력이 필요하다.

이를 잘 보여주는 가장 대표적인 사례는 아마도 '서번트savant'일 것이다. 서번트는 뇌 기능 장애를 가지고 있지만 수학, 음악, 기억력 등 복잡한 일에 대해 엄청난 친밀감이나 능력을 보여주는 사람들을 가리킨다. 영화 〈레인맨Rain Man〉에서 더스틴 호프먼은 자폐증을 앓고 있지만 수학적 재능이 뛰어난 정신질환자 레이먼드 역을 연기했다. 영화 주인공은 김픽Kim Peek이라는 실존 인물에서 영감을 얻었는데, 그는 1만 2,000권에 달하는 책을 외울 정도로 단어에 대한 엄청난 기억력을 가지고 있어서 '메가 서번트'라고 불린다.

이런 사례들을 보면 지능은 다양하다는 이론이 유력해 보인다. 만약 인간의 지능이 한 가지라면, 어떻게 한쪽 분야에서는 덜 똑똑하지만 다른 부분에서는 재능이 탁월한 사람이 있을 수 있겠는가? 이러한 특성에 대해 주장한 초기 이론을 꼽자면 1938년 루이스 리언 서스턴Louis Leon Thurstone을 들 수 있다. 그는 인간의 지능은 7가지 주요 정신 능력으로 이루어져 있다고 주장했다.

- **언어 이해력**: (단어 이해 능력) 이봐, 나 그게 무슨 뜻인지 알아!
- **언어 유창성:** (언어를 이용하는 능력) 여기 와서 말해봐, 이 머리도 없는 광대야!
- **기억력**: 잠깐만, 네가 누군지 생각났어. 너 그 이종격투기 세계챔피언이잖아!
- **수리 능력:** 내가 이 싸움에서 이길 확률은 82,523대 1이야.
- **지각 속도**: (디테일한 것을 찾고 연결시키는 능력) 그 사람 악어 이빨로 만든 목걸이를 하고 있지?
- **귀납적 추리 능력**: (상황에서 아이디어나 규칙을 찾아내는 능력) 이 인간을 달래려고 하는 시도가 어떤 것이든 그는 늘 그렇듯 화를 낼 것이 분명해.
- **공간지각 능력**: (3D 환경을 마음으로 시각화한 다음 이를 활용하는 능력) 내가 저 테이블을 기울이면 저 사람이 빨리 못 올 테니 그사이 난 창문 밖으로 뛰어내릴 수 있을 거야.

서스턴은 자신만의 요인분석 방법을 만들고 이를 수천 명의 대학생을 대상으로 한 IQ 테스트 결과에 적용해본 다음, 자신의 기본 정신 능력Primary Mental Abilities 이론을 수립했다.[3] 하지만 좀 더 전통적인 방식의 요인분석을 활용하여 그의 연구 결과를 재분석해본 결과 여러 가지 능력보다 단 한 가지 능력이 모든 테스트 결과에 영향을 미치는 것으로 드러났다. 즉, g 요인을 다시 발견한 것이다. 이 문제점과 더불어 그의 연구에 대한 또 다른 비판(예를 들면 연구 대상이 대학생에 국한되어 있었으며, 대학생들은 보편적인 인간 지능 측면에서 가장 대표적인 집단이 되기 어렵다는 점 등)이 제기됨으로써 그의 기본 정신 능력 이론은 크게 호응을 받지 못했다.

다양한 지능에 대한 주장이 다시 제기된 것은 1980년대 저명한 학자 하워드 가드너Howard Gardner가 지능에는 여러 가지 타입이 있다는 주장과 함께 적절한 제목을 붙인 다중지능이론multiple-intelligence theory을 제시하면서부터다. 그는 뇌 손상을 입고도 특정 종류의 지적 능력을 여전히 가지고 있는 환자들을 연구한 후 이 이론을 제시했다.[4] 하워드 가드너가 주장한 지능은 앞의 서스턴의 이론과 어떤 측면에서는 유사하지만, 음악 지능 및 대인관계 지능(다른 사람과 교류하는 능력), 자기 이해 지능(자신의 내적 상태를 판단하는 능력)이 포함되어 있다.

그리고 다중지능이론은 지지자들이 많다. 다중지능이론이 인기가 많은 이유는 잠재적으로 누구나 똑똑할 수 있다는 뜻을 내포하기 때문이다. 단지 '일반적으로' 아주 명석한 과학자처럼은 아닐 뿐이다. 그러나 이러한 일반화는 공격의 대상이 되기도 했다. 만약 모든 사람이 똑똑하다면, 과학적인 의미에서 똑똑하다는 개념 자체가 무의미해지기 때문이다. 마치 학교 운동경기 때 참여한 모든 학생들에게 메달을 주는 것과 같다. 모든 학생들의 기분을 좋게 만드는 건 좋은 일이지만, '운동경기'라는 의미는 필요 없어진다.

아직까지 다중지능이론에 대한 논쟁은 여전하다. 현재는 개인의 특성과 취향을 더한 g 요인이나 이와 유사한 이론에 대한 근거가 더 유력하다. 다시 말하면 한 사람은 음악에, 또 다른 사람은 수학에 뛰어난 재능을 보일 때 서로 두 가지의 각각 다른 재능을 가지고 있는 것이 아니라 둘 다 동일한 일반적인 지능이지만 다른 종류의 일에 적용이 되었을 뿐이라는 것이다. 마찬가지로 수영 선수나 테니스 선수가 운동연습 때 사용하는 근육은 같다. 즉, 인간의 신체에는 테니스만을 위한 근육은 없다. 하지만 뛰어난 수영 선수가 자동적으로 최고의 테니스 선수가 되지는 않는다. 지능도 이와 비슷한 방식으로 작용한다는 말이다.

많은 사람들은 뛰어난 g를 가짐과 동시에 이를 구체적인 특정 방식으로 사용하고 적용하는 것이 가능하다고 주장한다. 이때 g를 특정 관점에서 관찰하면 다른 '종류'의 지능으로 드러난다는 것이다. 하지만 여러 종류의 지능은 성장 환경, 성향, 영향 등 개인적 특성을 반영하는 것이라는 주장도 있다.

현재의 신경학 연구 자료를 보면 g의 존재와 유동적/결정적 지능 구조에 대한 근거가 더 많다. 그리고 뇌의 지능은 각각 독립된 시스템이라기보다는 뇌가 여러 종류의 정보를 조직하고 편성하는 방식에 따라 이루어진다고 알려져 있다. 이에 대한 구체적인 내용은 뒤에서 다시 살펴보기로 하자.

우리는 선호도, 교육, 환경 혹은 신경학적 특성으로 인한 편향성에 따라 지능을 특정 방식이나 방향으로 이용한다. 따라서 아주 똑똑한 사람도 우리 눈에는 멍청해 보이는 행동을 하게 된다. 이들이 엉뚱한 부분에서 멍청한 행동을 하는 것은 완벽하게 똑똑하지 않기 때문이 아니다. 특정한 곳에 너무 치중한 나머지 그 외의 일에 신경을 쓰지 못할 뿐이다. 그리고 이를 긍정적인 측면에서 보면 이들을 맘껏 비웃어줘도 괜찮다는 뜻이 되기도 한다. 다른 곳에 정신이 팔려 있어서 우리가 자신을 비웃어도 모를 테니 말이다.

지금이 21세기면 1990년은 20세기였게? 쯧쯧, 이런 바보들이 있나...

자신만만한 바보들과 가면 뒤로 숨는 똑똑한 사람들

가장 짜증나는 일 중 하나는 상대방이 틀렸다는 사실을 내가 잘 알고 있고 증거나 사실을 들이댈 수도 있는데, 상대방이 자신이 맞는다고 우겨대는 일이다. 이들은 그야말로 요지부동이다. 나는 전에 어느 두 사람이 불꽃 튀기는 논쟁을 하는 장면을 목격한 적이 있다. 그중 한 사람은 지금이 20세기이지 21세기가 아니라고 막무가내로 우기고 있었다. 그는 "지금은 2018년이잖아, 참나!"라며 우겼다. 이건 실제 대화다.

이를 '가면 증후군impostor syndrome'이라는 심리적 증상과 비교해보자. 여러 분야에서 능력이 뛰어난 사람들은 자신의 성과에 대한 실제 증거가 있는데도 자신의 능력과 성과를 항상 저평가한다. 여기에는 여러 가지 사회적 요소가 작용한다. 한 예로 가면 증후군은 전통적으로 남성 위주의 환경에서 성공한 여성들에게서 특히 흔하게 나타난다. 따라서 이 여성들은 고정관념, 편견, 문화적 기준 등에 의해 영향을 받을 확률이 높다. 하지만 여성뿐만이 아니다. 더 흥미로운 사실은 성과가 뛰어난 사람들(전형적으로 지능이 높은 사람들)이 특히 더 영향을 많이 받는다는 점이다.

어떤 과학자가 죽기 직전에 이런 말을 했다고 생각해보자. "내 필생의 업적에 대한 과장된 평가는 나를 아주 아프게 만든다네. 나는 마치 내 자신이 의도하지 않았지만 사기꾼이 된 것 같은 생각이 들거든." 그는 바로 알베르트 아인슈타인이다.

똑똑한 사람들의 가면 증후군과 덜 똑똑한 사람들의 비논리적인 자부심, 이 두 가지 특성은 쓸모없는 방향으로 서로 중복되는 경우가 많다. 오늘날의 여론 역시 이로 인해 심각하게 왜곡되어 있다. 백신이나 기후 온난화와 같은 중요한 문제들은, 전문가들의 차분한 논리보다는 제대로 된 지식도 없으면서 목소리만 큰 사람들이 예외 없이 장악하고 있다. 이는 모두 뇌의 몇몇 기이한 특성 때문에 일어난다.

기본적으로 사람들은 다른 사람으로부터 정보를 얻으며 자기 자신의 관점, 견해, 자부심을 고수한다. 이 내용은 7장에서 더 자세히 살펴볼 것이나, 여기서는 자부심이 강할수록 이들의 주장이 더 그럴듯해 보이며 남들도 이를 더 믿는 경향이 있다고 정리해두자. 이는 수많은 연구에서도 입증된 바 있으며, 대표적으로 법정 상황에 대한 1990년대 펜로드와 커스터Penrod and Custer의 실험을 들 수 있다. 이들 연구에서는 증인의 진술에 대한 배심원의 반응을 살펴보았는데, 초조해하고 망설이거나 자신의 주장에 대해 확신이 없는 증인보다 자신감 있고 확고한 인상을 가진 증인의 진술을 더 선호하는 것으로 드러났다. 이는 아주 걱정스러운 결과다. 형량을 결정하는 데 있어서 진술의 전달 형식이 진술의 내용보다 더 큰 영향력을 가진다는 것은 사법체계에 심각한 문제를 일으킬 수 있다. 게다가 이 문제가 단순히 법정에만 국한된다고 말할 수도 없다. 정치에서 이런 문제가 일어나지 않는다고 누가 확신할 수 있겠는가?

흔히 어떤 분야를 이끄는 리더는 해당 집단에서 가장 똑똑한 사람일 것이라고 여겨지기 쉽다. 즉, 똑똑할수록 일도 더 잘할 거라고 생각하는 것이다. 하지만 지금까지 살펴본 바에 따르면 똑똑한 사람일수록 자신의 견해에 확신이 없을 확률이 더 높고, 자신감 없는 인상을 주며, 남들에게 신뢰도 받지 못한다. 민주주의니까 어쩔 수 없다.

똑똑한 사람들의 자신감이 더 낮은 이유

는 일반적으로 사람들은 지적인 신념을 가진 사람에 대해 적개심을 갖는 경우가 많기 때문이다. 나는 교육을 통해 신경과학자가 되었지만, 누가 직접적으로 묻지 않는 이상 이 사실을 사람들에게 말하지는 않는다. 예전에 그 이야기를 했다가 상대방으로부터 "아, 그럼 당신은 자신이 똑똑하다고 생각하겠군요?" 이런 질문을 받은 적이 있기 때문이다. 그렇다면 다른 경우도 마찬가지일까? 만약 내가 올림픽에 출전한 육상선수라고 말했다면, 상대방은 과연 "아, 그럼 당신은 자신이 빠르다고 생각하겠군요"라고 물어보았을까? 그럴 가능성은 없어 보인다.

이렇듯 사회적으로나 문화적으로 반지성주의적 태도가 나타나는 이유는 무엇일까? 여러 가지 원인이 있겠지만 그 중 한 가지 추론은, 이는 우리 뇌의 자기중심적인 편향과 위협 요인을 두려워하는 성향이 결합하여 나타나는 태도일 수 있다는 것이다. 말하자면 사람들은 자신의 사회적 지위와 만족을 중요시하기 때문에, 자신보다 더 똑똑한 사람은 위협 요인으로 인식한다는 뜻이다.

신체적으로 더 크고 더 강한 사람은 분명 위협적이다. 그러나 우리는 신체적으로 튼튼한 사람이 어떤 사람인지 쉽게 추측할 수 있다. 아마도 이들은 헬스장을 열심히 다니며 어떤 운동을 오랫동안 해온 사람들일 것이다. 또한 누구나 열정과 시간만 있다면 이들처럼 운동을 통해 튼튼한 몸을 만들 수 있다. 하지만 우리보다 더 똑똑한 사람은 쉽게 추측할 수 없는 대상이다. 이들은 늘 우리보다 한 뼘 더 똑똑하기 때문에 이들이 어떤 행동을 보일지, 어떤 생각을 하고 있을지 짐작하기 어렵다. 즉, 이들이 위협 요소가 될지 아닐지 알 수가 없다는 말이다. 이런 상황에서는 우리 뇌는 '나중에 후회하느니 지금 조심하자'라는 본능을 작동시키며, 의심과 적개심을 불러일으킨다. 물론 우리도 열심히 공부하고 노력하면 이들처럼 똑똑한 사람이 될 수 있을지도 모른다. 하지만 신체적 단련의 경우 웨이트 트레이닝을 하면 분명 튼튼한 팔을 얻을 수 있지만, 학습과 지능의 관계는 이처럼 직접적이지 않다는 것이 문제다.

똑똑하지 않은 사람들이 똑똑한 사람들보다 오히려 더 자신만만하게 되는 현상을 과학에서는 더닝-크루거 효과Dunning-Kruger effect라고 부른다. 코넬대학의 데이비드 더닝David Dunning과 저스틴 크루거Justin Kruger의 이름을 따서 지은 것이다. 이들은 한 은행강도가 얼굴에 레몬즙을 바르고 범죄를 저질렀다는 기사를 보고 이 현상에 대해 연구를 하게 되었다. 이 은행강도는 레몬즙이 얼굴을 보이지 않게 만드는 잉크와 같다는 말을 믿고 레몬즙을 바르면 자신의 얼굴이 카메라에 나타나지 않을 거라 생각했다.[5]

잠시 이 부분을 생각해보자. 더닝과 크루거는 여러 실험을 하기 위해 실험자들을 모집했다. 그리고 이들에게 자신이 테스트에서 얼마나 잘했다고 생각하는지도 평가하도록 했다. 그 결과 놀라운 패턴이 발견되었다. 시험 성적이 나쁜 사람은 거의 항상 자신이 생각보다 훨씬 잘했다고 생각했고, 시험 성적이 좋은 사람은 항상 자신이 더 못했다고 생각했다. 더닝과 크루거는 지능이 낮은 사람들은 지적 능력이 부족할 뿐 아니라 '자신이 어떤 일에 소질이 없다는 사실을 인지하는 능력'도 떨어진다고 주장했다. 자신에 대한 부정적인 인식을 심어줄 수 있는 것을 억제시키는 뇌의 자기중심적 성향이 여기서 다시 발현된 것이다. 그래서 직접적인 경험도 없으면서 평생 그 분야에 몸담았던 사람과 격렬히 논쟁하는 사람들이 생기게 되는 것이다. 자신의 한계를 인식하고 타인의 재능을 인정하는 것은 그것 자체로 지능이 필요한 일이다. 즉, 지적이지 못한 사람은 실제로 훨씬 더 지적인 것을 '인지할' 능력이 없다. 이는 색맹인 사람한테 빨강과 녹색 패턴을 설명해보라고 하는 것이나 다를 바 없다.

한편 뇌는 우리 자신이 겪은 경험의 토대에서만 사고하며, 우리는 모든 사람들은 나와 같다는 기본 전제를 깔고 있다. 따라서 똑똑한 사람들은 자신의 능력이 일반적이며, 자신의 지능 역시 일반적인 것이라고 생각한다(그리고 이들은 직장에서나 사회에서 자신과 비슷한 부류의 사람들과 함께 있으므로, 이들 주위에는 자신의 생각을 입증시켜주는 증거가 많을 것이다). 하지만 만약 똑똑한 사람들이 새로운 것을 배우거나 새로운 지식을 습득하는 성향을 가졌다면, 자신이 모든 것을 알지 못하며 알아야 할 것들이 얼마나 많은지 생각할 확률이 높다. 이런 생각은 결국 자신의 주장이나 발언에 대한 확신을 약화시킨다.

예를 들어 과학 분야에서 어떤 원리에 대해 주장하려면 자신의 데이터나 연구에 대해 (이상적으로) 매우 완벽하게 파악해야 한다. 그리고 보통 과학자들의 주위에는 자신처럼 똑똑한 사람들이 넘쳐나므로, 만약 실수를 하거나 거창한 주장을 제시하면 그들은 금방 알아차리고 이에 대해 물어볼 확률이 높다. 따라서 논리적으로 이런 상황에서는 자신이 잘 모르거나 확신하지 못하는 것에 대해 날카롭게 인지하게 되며, 이는 결국 논쟁이나 주장을 펼 때 핸디캡으로 작용한다.

이는 매우 흔한 일이긴 하지만, 그렇다고 절대적이지는 않다. 즉, 모든 지식인이 이런 의구심에 시달리는 것은 아니며, 똑똑하지 않은 사람들이 모두 허풍 떠는 바보는 아니라는 말이다. 똑똑한 사람들 가운데는 자신의 생각을 너무 사랑한 나머지 자기 주장을 듣고 싶으면 수천 파운드를 내라는 사람도 많으며, 똑똑하지 않은 사람들 중에는 자신의 생각이 부족함을 받아들이고 겸손한 태도를 갖춘 경우도 많다. 여기에는 문화적인 측면도 있다. 더닝-크루거 효과를 뒷받침하는 연구는 거의 대부분 서구 사회와 관련이 있다. 하지만 일부 동아시아 문화는 아주 다른 양상을 보이기도 한다. 이러한 차이가 나타나는 이유 중 하나는 동아시아 문화는 인지력의 부재는 발전의 기회라는 (더 건강한) 태도를 가지고 있기 때문이다. 따라서 이들의 우선순위와 행동은 매우 다르다.[6]

그렇다면 뇌 속에 이러한 현상을 일으키는 영역이 실제로 있을까? 다시 말해 뇌 속에 '지금 내가 하는 일에 소질이 있긴 한가?'와 같은 생각을 담당하는 영역이 있을까? 놀랍게도 그럴 가능성이 있다. 2009년 하워드 로센Howard Rosen과 그의 동료들은 40명의 신경퇴행성질환 환자를 대상으로 실험을 했다. 그리고 실험 결과 자신에 대한 평가의 정확성은 전전두엽피질의 오른쪽 복내측 부분의 조직의 두께와 상관관계가 있다는 결론을 내렸다.[7] 이들은 전전두엽피질이 자신의 성향이나 능력을 평가할 때 사용되는 감정적이고 생리적인 작용에 필요한 영역이라고 주장한다. 이는 전전두엽에 대해 이미 알려진 내용으로, 복잡한 정보를 처리하고 이용하며 정보에 대해 가능한 한 최선의 의견을 가지고 대응하는 것과 관련이 있다.

그런데 사실 이 연구 자체만으로 결론을 내리기엔 한계도 분명 있다. 환자 40명에게서 도출한 정보가 모든 사람에게 적용된다고 말하긴 힘들기 때문이다. 하지만 '메타인지적 능력(생각에 대해 생각하는 능력)'이라고 불리는, 자기 자신의 지적 수준을 정확하게 측정하는 능력에 대해 연구하는 것 자체는 아주 중요한 일이다. 왜냐하면 자기 평가를 정확하게 하지 못하는 것은 치매의 잘 알려진 특성이기 때문이다. 이러한 특성은 전두측두엽 치매에서 특히나 많이 발견된다. 전두측두엽 치매는 전전두엽피질이 있는 전두엽이 손상되는 장애의 일종이다. 이 치매를 앓고 있는 환자들은 여러 테스트에서 자신의 능력을 정확히 평가하지 못하며, 이는 자신의 능력을 측정하거나 평가하는 능력이 심각하게 훼손되었음을 보여준다. 그런데 이처럼 정확하게 자기 평가를 하지 못하는 증상은 뇌의 다른 영역이 손상되어 발생하는 다른 종류의 치매에서는 나타나지 않는다. 이 말은 곧 전두엽이 자기 평가와 큰 관련이 있다는 뜻으로, 따라서 로센의 연구는 타당성이 있다.

어떤 사람들은 치매 환자가 공격적으로 변하는 이유가 바로 여기에 있다고 주장한다. 치매에 걸리면 자신의 능력으로 할 수 없는 일들이 생긴다. 그러나 그 이유를 이해할 수도, 인지할 수도 없으므로 격분하게 되는 것이다.

하지만 신경퇴행성 질환이 없고 전전두엽피질의 기능에 전혀 문제가 없다 할지라도 이는 자기 평가가 가능하다는 뜻이지 그 평가가 정확하다는 뜻은 아니다. 따라서 결국 자신만만한 바보들과 끊임없이 자신의 생각을 의심하는 똑똑한 사람들만 남는다. 그리고 불행히도 자신만만한 사람들에게 더 많은 관심을 쏟는 것이 인간의 특성이다.

똑똑한 사람들의 뇌는 어떻게 생겼을까?

뇌 구조와 지능의 관련성 연구

좀 더 똑똑해 보일 수 있는 방법은 많다(《이코노미스트The Economist》 같은 시사주간지를 들고 '정세에 밝다au courant'처럼 어려운 단어를 사용하면 된다). 하지만 우리가 실제로 더 똑똑해질 수는 없을까? 머릿속에 회로를 넣고 산업발전기와 연결시키면 뇌 속 에너지의 양을 늘릴 수 있다. 하지만 이는 우리에게 전혀 유익한 일이 아니다. 자신의 생각을 말 그대로 산산조각 내버리고 싶지 않은 이상 말이다.

아마 여러분도 뇌 기능을 향상시켜준다는 약이나 기기 등에 관한 광고를 본 적이 있을 것이다. 물론 대부분 가격도 비싸다. 하지만 이런 것들이 특별한 효과가 있을 가능성은 낮다. 정말 효과가 있었다면 훨씬 더 인기가 많았을 테고, 모든 사람들이 점점 더 똑똑해지고 뇌가 거대해져서 결국 우리 모두 무거운 두개골에 깔려 찌그러졌을 것이다. 그렇다면 뇌 기능을 실제로 늘리고 지능을 향상시킬 수 있는 방법은 정녕 없는 것일까? 이를 알려면 우선 똑똑한 뇌와 그렇지 않은 뇌의 차이를 이해할 필요가 있다. 어떻게 똑똑하지 않은 뇌를 똑똑한 뇌로 바꿀 수 있을까? 한 가지 잠재적인 요인이 있긴 한데 이는 완전히 틀린 것 같다. 바로 똑똑한 뇌는 힘을 덜 쓴다는 생각이다.

이러한 반직관적인 주장이 제기된 것은 fMRI처럼 뇌의 활동을 직접 관찰하고 기록하는 스캐닝 연구를 통해서다. fMRI는 환자를 MRI 스캐너에 눕혀놓고 신진대사 활동(몸의 조직과 세포가 '하는 일')을 관찰하는 첨단 기술이다. 우리는 이를 통해 기본적으로 뇌의 활동을 관찰하고, 뇌의 특정 부분이 유난히 활동적인 경우 이를 감지할 수 있다. 예를 들어 실험대상자가 기억 작업을 하고 있다면 기억 프로세스에 필요한 뇌 영역은 평소보다 더 활발하게 움직일 것이며, 이 모습이 스캐너에 나타난다. 즉, 어떤 영역의 움직임이 더 활발해지면 우리는 이를 기억 처리 영역으로 간주한다.

하지만 뇌는 끊임없이 여러 방식으로 활발하게 움직이므로, 이 과정이 그리 간단하지만은 않다. 따라서 '더' 활발한 영역을 찾으려면 필터링과 분석 작업을 거쳐야 한다. 그러나 현재 연구는 대부분 특정 기능에 대한 뇌 영역을 찾기 위해 fMRI를 사용해왔다.

지금까지의 내용은 그럭저럭 이해할 만하다. 이제 여러분은 특정 기능을 하는 영역은 그 기능을 수행하기 위해 더 활발하게 움직인다고 예상할 것이다. 역도선수가 덤벨을 들어올릴 때 이두박근이 더 많은 에너지를 사용하는 것처럼 말이다. 그런데 그렇지 않다. 1995년 라슨H. J. Larson을 비롯한 여러 사람들의 연구[8]에서 이상한 점이 발견되었다. 실험대상자에게 유동적 지능을 테스트하게 했는데, 그 일에 매우 탁월한 사람을 제외한 나머지 사람들에게서 오히려 전전두엽피질이 활발하게 움직이는 것이 관찰되었다. 즉, 유동적 지능을 담당하는 영역이 유동적 지능이 높은 사람들에게선 사용되지 않았다는 것이다. 이해하기 힘든 일이다. 이 현상에 대해 좀 더 깊게 분석해보니, 똑똑한 사람들에게서도 전전두엽피질이 활동하는 모습이 나타나긴 했다. 하지만 그건 테스트가 너무 어려워서 이들이 '노력'을 해야 하는 경우에만 그랬다.

우리는 여기서 흥미로운 사실을 알 수 있다. 지능은 뇌의 특정 영역이 담당하는 것이 아니라 여러 부분에서 함께 작용하는 것이며, 이들은 모두 서로 연결되어 있다. 똑똑한 사람들의 경우, 이러한 연결고리가 더 효율적이고 유기적으로 이루어져 있어서 보다 적은 활동으로도 일을 해낼 수 있다. 자동차를 예로 들어보자. 한 자동차는 시동을 걸면 엔진이 마치 폭발할 것처럼 요란한 소리를 내며 운전석에 앉은 엉덩이가 들썩일 정도로 차체가 덜덜 떨린다. 반면 다른 한 자동차는 아무 소음도, 떨림도 일으키지 않는다(첫 번째 자동차는 당장 폐차를 시키는 것이 당신의 안전에 좋을 것이다). 소음과 움직임이 발생하는 것은 자동차가 무언가 하려고 하기 때문이며, 연비가 더 높은 모델일수록 최소한의 노력으로 이를 해낼 수 있다. 이와 마찬가지로 인간의 지능에 큰 영향을 미치는 것은 뇌 영역 간(전전두엽피질, 두정엽 등)의 연결고리의 정도와 효율성이라는 주장에 점점 무게가 실리고 있다. 다시 말해 이들의 커뮤니케이션이나 상호작용이 뛰어날수록 관련된 결정이나 계산을 하는 처리 시간이 더 빨라지며 노력은 더 적게 든다는 뜻이다.

뇌 속 백질의 무결성과 밀도가 지능의 척도라는 연구 결과도 이를 잘 뒷받침해준다. 백질은 쉽게 간과되는 뇌 속의 또 다른 종류의 조직이다. 모든 관심이 회백질에 쏠려 있지만, 뇌의 50%는 백질이며 회백질과 마찬가지로 매우 중요하다. 백질이 많이 알려지지 않은 이유는 하는 일이 적기 때문이다. 회백질은 중요한 모든 활동이 일어나는 장소지만, 백질은 다른 곳(축색돌기, 뉴런을 구성하는 길쭉한 부분)으로 활동을 보내는 요소들의 집합체다. 즉, 회백질을 공장이라고 한다면, 백질은 운송과 재공급에 필요한 도로라고 할 수 있다.

뇌의 두 영역을 잇는 백질의 연결고리가 더 훌륭할수록, 이 영역들을 조율하고 이들의 기능을 수행하는 데 드는 에너지와 노력이 적어진다. 그리고 스캐너로 백질을 찾기는 더 어려워진다. 마치 잔디밭에서 바늘을 찾는 격이다(다만 잔디밭이 아닌 조금 더 큰 바늘 더미이며, 모두 세탁기 통 안에 들어 있는 것과 같은 상황이다).

좀 더 상세한 스캐닝 연구를 한 결과, 뇌량corpus callosum의 두께가 일반적인 지적 수준과 상관관계가 있다는 것이 밝혀졌다. 뇌량은 좌반구와 우반구를 연결하는 '다리' 역할을 한다. 뇌량은 큰 백질관으로, 두께가 두꺼울수록 두 반구 간의 연결성이 높아져 이들 간의 커뮤니케이션이 더 잘 일어난다. 만약 한쪽 반구에 저장되어 있는 기억을 다른 반구의 전전두엽피질에서 사용해야 한다고 하면, 뇌량이 두꺼울수록 이 작업이 더 쉽고 빠르게 일어난다. 또한 이러한 뇌 영역들이 서로 효율적이고 효과적으로 연결되어 있을수록 지능을 업무 외의 문제에 적용하는 능력이 발달하는 것으로 보인다. 따라서 뇌가 구조적으로 다른 모습(특정 부위의 크기나 피질에서의 구성 형태 등)을 보일지라도, 지능은 서로 비슷할 수 있다. 서로 다른 회사에서 만든 게임 콘솔도 기능이 서로 엇비슷하듯이 말이다.

이제 우리는 뇌 기능 향상에 있어서 효율성이 매우 중요하다는 사실을 알았다. 그렇다면 이를 통해 좀 더 똑똑해지는 방법을 알아낼 수 있을까? 교육과 학습은 분명 그 방법 중 하나다. 더 많은 사실, 정보, 개념에 자신을 적극적으로 노출시키면 우리가 기억하는 모든 것이 결정적 지능을 크게 향상시킨다. 또한 자신의 유동적 지능을 가능한 한 많은 상황에 적용시킴으로써 개선할 수 있다. 이처럼 교육과 학습은 좋은 방법이긴 하나 그것을 행하는 것이 쉽지만은 않다(내가 책임을 회피하려고 하는 말이 아니라 사실이 그렇다). 새로운 것을 배우고 새로운 기술을 연마하게 되면 뇌 구조에 변화가 일어난다. 뇌는 쉽게 변형되는 기관이다. 따라서 자신에 대한 요구 사항이 있으면 뇌는 이에 대해 물리적으로 맞출 수 있으며, 또 실제로 그렇게 한다. 앞서 2장에서 이런 내용을 언급한 적이 있다. 뉴런은 새로운 기억을 인코딩하기 위해 새로운 시냅스를 만든다고 말이다. 이러한 프로세스는 뇌의 전반에서 일어난다.

한 예로 전두엽에서 운동피질은 자발적인 움직임을 계획하고 통제하는 역할을 한다. 운동피질의 여러 요소는 몸의 각기 다른 부분을 통제하며, 운동피질이 해당 신체 부위에 얼마나 집중적으로 작용하느냐는 얼마만큼의 통제가 필요한가에 달려 있다. 운동피질은 몸통에는 크게 관여하지 않는데, 그 이유는 몸통으로는 할 수 있는 것이 그다지 많지 않기 때문이다. 몸통은 호흡과 팔을 연결시키는 측면에서는 중요하지만 움직임 측면에서는 돌리거나 약간 구부리는 것 정도가 전부다. 반대로 운동피질은 얼굴이나 손처럼 미세한 통제가 많이 필요한 부분에 집중적으로 관여한다. 이는 물론 일반적인 사람의 경우다. 여러 연구에 따르면 바이올리니스트나 피아니스트 같은 음악가들은 손과 손가락을 미세하게 통제하는 운동피질이 상대적으로 더 큰 경우가 많다고 한다.[9] 이들은 대개 어릴 때부터 악기 연주를 위해 아주 복잡하고 빠른 손동작을 연습해왔기 때문에 뇌가 이에 맞춰 점점 변하게 된 것이다.

마찬가지로 해마는 일화적 기억뿐만 아니라 공간 기억(장소와 방향에 대한 기억)에도 활용된다. 해마는 사람이 인지하는 복잡한 덩어리에 대한 기억을 처리하므로, 우리가 살아가는 환경에서 길을 찾기 위해서는 해마가 필요하다. 엘리너 매과이어Eleanor Maguire와 그녀의 동료들이 실시한 연구에 따르면, 이러한 '지식'(대도시의 거대하고 복잡한 도로 체계를 세세하게 파악하는 능력)을 갖춘 런던의 택시기사들은 후방 해마가 다른 사람들에 비해 더 확장되어 있다고 한다.[10] 물론 이 연구들은 위성항법이나 GPS가 나오기 전의 일이므로 지금은 어떤지 알 수 없다.

심지어 새로운 기술이나 능력을 배우게 되면 신경 주위의 미엘린myelin(신호 전송 속도와 효율성을 담당하는 지원 세포가 만드는 막)이 발달하여, 관련된 백질이 더 향상된다는 증거도 있다(물론 이들 실험은 대부분 쥐를 이용한 것이다. 쥐가 똑똑해봐야 얼마나 똑똑할까 싶긴 하지만). 즉, 우리의 뇌 기능을 향상시킬 방법이 있다는 것이다. 와우! 이는 분명 희소식이다. 그런데 나쁜 소식도 있다.

앞에서 언급한 모든 방법에는 시간과 노력이 많이 든다. 하지만 그에 비해 성과는 상당히 제한적일 수 있다. 뇌는 복잡하고 엄청나게 많은 기능을 담당한다. 따라서 다른 영역에 영향을 미치지 않고서 특정한 영역의 능력만 향상시키기는 쉽다. 음악가들은 악보를 읽고 소리를 분석하는 것에 대한 교과서적인 능력을 가지고 있을 것이다. 하지만 그렇다고 이들이 수학과 언어도 잘한다는 의미는 아니다. 일반적인 유동적 지능을 향상시키는 것은 힘들다. 유동적 지능은 다양한 뇌 영역과 연결고리에 의해 이루어지기 때문에, 제한된 일이나 방법으로 '향상'시키는 것은 특히나 어려운 일이다.

뇌는 일생 동안 상대적으로 변형이 가능한 유동적 상태지만, 뇌의 구성 형태나 구조는 사실상 '고정되어' 있다. 그 기다란 백질관과 길(뇌량)은 아직 발달이 이루어지는 단계인 초기에 만들어진다. 그리고 20대 중반쯤 되면, 뇌는 완전히 발달되어 그때부터는 미세한 조정 작업이 이루어진다. 이것이 현재 연구자들의 대체적인 견해다. 이처럼 유동적 지능은 성인이 되면 '고정'되며, 유전 및 성장 과정에서의 요인(부모의 태도, 사회적 배경 및 교육 등)에 의해 크게 좌우된다는 것이 지배적인 의견이다.

이는 대부분의 사람들, 특히 정신적 능력 향상에 대한 빠르고 쉬운 방법을 찾는 사람들에게는 너무 수동적인 해결책일 것이다. 뇌과학은 이런 수동성을 용납하지 않는다. 그러나 안타깝지만 어쩔 수 없이 많은 사람들은 이런 결론을 내렸다.

수많은 회사들이 지능을 향상시켜준다는 '두뇌 훈련' 게임과 기기들을 팔고 있다. 이들 상품은 다양한 난이도의 퍼즐이나 문제로 되어 있으며, 자주 할수록 그만큼 점점 잘하게 되는 건 사실이다. 그런데 '그것만' 잘하게 된다. 아직 이런 상품들이 전반적으로 지능을 향상시켜준다는 점을 뒷받침할 만한 제대로 된 근거는 없다. 단지 특정 게임을 더 잘하게 될 뿐이다. 뇌는 매우 복잡하기 때문에 다른 모든 영역을 향상시키지 않고서도 특정한 게임만 잘하게 만들 수 있다.

일부 사람들, 특히 시험을 앞둔 학생들은 집중력이나 주의력을 향상시키고자 리탈린Ritalin이나 애더럴Adderall 같은 약을 복용하기도 한다. 이 약들은 ADHD에서 보이는 증상을 치료하기 위해 개발되었다. 이 약을 복용하면 원하는 능력을 잠시 아주 제한적으로는 얻을 수 있을지 모른다. 그러나 이 약의 주 치료 목적인 해당 증세가 없는데도 이처럼 뇌에 영향을 미치는 강한 약을 장기적으로 복용한다면 그 결과는 매우 걱정스러울 수밖에 없다. 게다가 부작용도 있을 수 있다. 약을 통해 비정상적인 방법으로 집중력을 늘리게 되면 비축된 에너지가 빨리 소모된다. 다시 말해 평소보다 더 빨리 피곤해져서 (예를 들면) 시험 내내 졸게 될 수도 있다는 말이다.

정신적 기능을 향상시키거나 개선시키는 약은 누트로픽Nootropic으로 분류되며, 일명 '머리 좋아지는 약'으로도 알려져 있다. 이 약들은 대부분 최근에 나온 것이 많으며, 기억이나 집중력 같은 특정 프로세스에만 영향을 미친다. 따라서 이들이 장기적으로 전반적인 지능에 얼마나 효과가 있는지는 현재로선 추측에 맡길 뿐이다. 이들 중 특히 강한 약들은 뇌가 빠른 속도로 퇴화하는 알츠하이머와 같은 신경퇴행성 질환에만 사용하도록 크게 제한되어 있다.

지능을 향상시켜준다는 음식(생선류 등)도 많다. 하지만 이 또한 확실히 증명된 바는 없다. 이 음식들은 뇌의 한 측면을 아주 미미하게 향상시킬 뿐, 영구적으로 광범위하게 지능을 향상시키기에는 부족하다.

요즘 한창 떠들어대는 기술적인 방법도 있다. 대표적인 것이 tDCS(경두개직류전기자극, 저전류 전기를 원하는 뇌 영역으로 흘려보내는 방법)다. 2014년 드자밀라 벤나비Djamila Bennabi와 그녀의 동료들이 분석한 바에 따르면, tDCS는 건강한 사람들이나 정신적 문제가 있는 사람들이나 관계 없이 모든 사람에게 있어 기억이나 언어와 같은 능력을 향상시키는 것으로 보인다고 한다. 또한 지금까지는 부작용을 겪은 사람도 거의 없는 것으로 알려졌다. 그러나 물론 이런 기술들이 보편적인 치료법으로 사용되기 위해서는 더 많은 연구가 필요하다.[11]

그럼에도 많은 회사들이 이미 tDCS를 이용한 기기들을 판매하고 있다. 비디오 게임과 같은 제품에서의 역량을 향상시켜준다는 상품들이다. (명예훼손을 피하기 위해 말하지만) 이런 제품들이 효과가 없다는 뜻은 아니다. 그러나 효과가 있다면 이 회사들은 과학적으로 검증되거나 밝혀지지 않은 수단을 통해 뇌의 활동을 크게 변형시키는(강력한 약처럼) 물건을 팔고 있다는 뜻이다. 게다가 전문적인 교육도 받지 않고 아무런 감독도 없이 말이다. 슈퍼마켓에서 초콜릿과 건전지 옆에 항우울제를 놓고 파는 것과 비슷한 경우다.

뭐, 좋다. 지능을 향상시킬 수 있다고 치자. 이를 위해서는 아주 오랜 시간 동안 많은 시간과 노력을 투입해야 한다. 그런데 우리는 이미 우리가 능숙하게 하고 있거나 알고 있는 것을 그냥 이행하지는 않는다. 어떤 일에 매우 능숙해지면, 뇌 역시 아주 능숙해져서 그 일이 일어나고 있다는 사실조차 인식하지 못한다. 만약 뇌가 어떤 일이 일어나고 있음을 모르고 있는 상태라면 뇌가 이 일에 적응을 한다거나 반응하지는 않을 것이다.

문제는 바로 이 지점이다. 만약 지능을 향상시키고 싶다면, 여러분은 자신의 뇌를 능가할 수 있을 만큼 아주 결단력이 있거나 더 똑똑해져야 한다. 어떤가? 할 수 있겠는가?

키 큰 사람이 더 똑똑할 확률이 높다, 진짜다

지능을 결정짓는 여러 가지 요인들

키가 큰 사람들은 작은 사람들에 비해 더 똑똑하다. 이는 사실이다. 많은 사람들은 이 사실에 대해 놀라기도 하고, 불쾌해하기도 한다(키가 작다면 말이다). 키가 지능과 연관이 있다는 건 터무니없는 소리일까? 그렇지 않다.

화가 난 키 작은 사람들이 몰려와 나를 에워싸기 전에 나는 이 사실이 절대적인 것은 아니라는 점을 얼른 강조해야겠다. 키 큰 농구 선수들이 몸집이 작은 경마 기수보다 무조건 더 똑똑한 것은 아니다. 퀴리 부인이 《해리 포터》 시리즈에 나오는 거인 해그리드보다 무식하진 않았을 것이다. 키와 지능의 상관관계는 0.2라고 부르는데, 이는 키와 지능의 관계가 5명 중 1명 정도에게서만 나타난다는 뜻이다.

따지고 보면 별 차이도 없다. 임의적으로 키 큰 사람 한

명과 키 작은 사람 한 명을 선택해서 IQ를 재보자. 누가 더 똑똑할지는 아무도 알 수 없다. 그러나 이 실험을 계속 반복해서 하다 보면, 1만 명의 키 큰 사람들과 1만 명의 키 작은 사람들이 있을 때 전체적으로 키 큰 사람의 평균 IQ가 작은 사람들보다 약간 더 높게 나타날 것이다. 차이라고 해봐야 3~4점 정도지만, 많은 연구에서 동일하게 나타나는 패턴임은 분명하다.[12] 대체 무슨 일이 일어나고 있는 것일까? 키가 큰 것은 왜 우리를 더 똑똑하게 만들까? 이는 인간 지능이 가진 이상하고 복잡한 특성 중 하나다.

관련 연구에 따르면 키와 지능 간의 관계에 대한 유력한 원인 중 하나는 유전이라고 한다. 지능은 어느 정도는 유전된다고 알려져 있다. 먼저 유전에 대해 좀 더 자세히 살펴보자. 유전성은 한 사람의 성격이나 특성이 유전으로 인해 변화될 수 있는 정도를 말한다. 유전성이 1.0이라는 것은 가능한 모든 변이는 유전에 의해 일어난다는 뜻이며, 유전성이 0.0이라면 유전으로 인한 변화는 전혀 없다는 뜻이다. 예를 들어 '종'의 유전성은 1.0이다. 만약 여러분이 고양이라면 성장 과정에서 어떤 일을 겪든 여러분의 자식은 고양이가 될 거라는 뜻이다. 이 경우 어떤 환경적 요인으로도 고양이가 개가 되는 일은 일어나지 않는다. 반면 만약 불에 타고 있는 사람이 있다면 이는 완전히 환경의 결과이며 유전성은 0.0이다. 그 어떤 유전자도 사람을 불에 타도록 만들지는 않는다. 계속 불에 타거나 불에 타고 있는 아기를 낳는 DNA는 없다. 뇌가 가진 수많은 특징은 유전과 환경의 영향이 모두 합쳐진 결과다.

지능 자체는 아주 놀라울 정도로 유전성이 높다. 토마스 부샤르Thomas J. Bouchard의 연구 자료를 분석해보면,[13] 성인의 경우 지능의 유전성이 0.85라고 한다. 그런데 흥미롭게도 아이들은 0.45밖에 안 된다. 이상한 일이다. 유전자가 어떻게 아이보다 성인에게 더 많은 영향을 미치는 것일까? 그런데 이는 유전성의 의미를 잘못 이해해서 생긴 결과다. 유전성이란 특정 집단에서 발생한 변이가 성격상 얼마만큼 유전에 의한 것인가를 측정한 것이다. 유전이 무엇을 일으킨 정도가 아니다. 유전자는 성인과 똑같은 정도로 아이의 지능에 영향을 미칠 것이다. 그러나 아이들에게는 지능에 영향을 미칠 수 있는 요인들이 더 많다. 아이들의 뇌는 아직 발달 단계이며, 이때 지능에 영향을 미칠 요인들이 많이 발생한다. 성인의 뇌는 이보다 더 '고정적'이다. 성인들은 이미 발달과 성숙화 단계를 거쳤기 때문에 외부 요인은 더 이상 큰 힘을 발휘하지 못한다. 따라서 개인 간의 차이(의무 교육을 실시하는 일반적인 사회에서는 대부분의 사람들은 거의 비슷한 교육을 거친다)는 내부의(유전적인) 차이일 경우가 더 많다.

그런데 이 내용은 마치 유전자가 실제보다 더 단순하고 직접적인 구조로 되어 있는 듯한 인상을 준다. 마치 인간에게는 지능을 담당하는 유전자가 있어서, 이 유전자가 활성화되거나 강해지면 우리가 더 똑똑해진다고 오해하기 쉽다. 그러나 지능은 여러 가지 프로세스들의 총합이며, 이 프로세스들은 여러 다양한 유전자에 의해 이루어진다. '어떤 유전자가 지능을 조절할까?' 하고 생각하는 것은 마치 '피아노의 어떤 건반이 베토벤의 월광 소나타를 연주할까?' 하고 생각하는 것이나 마찬가지다.■

키를 결정하는 요인은 여러 가지이며, 그중 상당수는 유전적이다. 일부 과학자들은 지능과 키에 동시에 영향을 미치는 특정 유전자(혹은 여러 유전자들)가 있으며, 따라서 키와 지능이 서로 연관되어 있다고 생각한다. 하나의 유전자가 여러 기능을 하는 것은 당연히 가능한 일이다. 이를 '다면발현 pleiotropy'이라고 한다.

한편 키와 지능을 조율하는 유전자 따위는 없으며, 그보다는 둘 간의 관계는 성별에 의해 정해진다는 주장도 있다. 남자의 키와 지능은 보통 여성들에게 매력으로 작용한다. 따라서 키가 크고 똑똑한 남자는 가장 섹시한 파트너를 차지할 것이며, 자손을 통해 자신의 DNA를 널리 퍼뜨릴 확률이 더

■ 물론 지능을 조절하는 데 있어서 결정적인 요인과 관련된 유전자도 있다. 예를 들어 아포지질단백질은 다양한 신체 기능을 담당하는 지방 분자를 형성하며, 알츠하이머병이나 인지 능력에 영향을 준다. 그러나 유전자가 지능에 미치는 영향은 말할 수 없을 정도로 복잡하며, 그에 대한 증거는 부족하다. 따라서 여기서 더 깊게 설명하지는 않을 것이다.

높다. 그리하여 이들의 자손은 모두 키가 크고 지능이 우수한 유전자를 가지게 된다는 주장이다. 이는 재미있는 주장이긴 하나, 많은 사람들에게 받아들여지진 못했다. 우선 이 주장은 매우 남성 중심적이다. 이에 따르면 남성의 매력은 두 가지만 갖추면 된다는 것이고, 마치 나방이 불빛만 보면 와락 달려들듯 여성들은 모두 이런 남성들에게 끌려야 한다는 말이다.

또 다른 주장으로는 성장 단계에서 좋은 음식을 골고루 잘 먹고 건강하게 지내면 키가 클 수 있고, 이로 인해 뇌도 튼튼해질 것이므로 결과적으로 지능 발달에 유익해진다는 생각도 있다. 그러나 이는 아주 단순한 생각이다. 아무리 훌륭한 영양 섭취를 하고 최상의 건강 상태를 유지해도 키가 작을 수 있다. 혹은 잘 먹고 잘 자라서 키는 크지만 머리는 멍청할 수도 있다. 그리고 어떤 이들은 이 두 가지 모두에 해당되기도 한다.

그렇다면 뇌의 크기는 관련이 있을까? 키가 크면 대체로 뇌의 크기도 크다. 그러나 뇌의 크기와 일반적인 지능 간의 상관관계는 아주 미약하다.[14] 하지만 이는 상당히 뜨거운 논쟁거리다. 뇌의 프로세스와 연결고리의 효율성은 지능에 큰 영향을 미친다. 그리고 지능이 높은 사람은 전전두엽피질이나 해마 같은 특정 영역이 더 크고 회백질도 더 많다. 뇌가 더 크다는 것은 팽창하거나 발달할 수 있는 자원이 더 많다는 뜻이므로 논리적으로 이 주장의 타당성을 높여준다. 하지만 일반적으로 뇌가 크다는 것은 높은 지능에 대한 하나의 요인이긴 하나, 결정적인 원인은 아닌 것으로 보인다. 다시 말해 큰 뇌는 높은 지능에 필수적인 것은 아니며, 단지 좀 더 똑똑할 수 있는 가능성을 높여주는 정도일 거라는 말이다. 비싼 운동화를 신는다고 더 빨리 달릴 수 있는 것은 아니듯이(더 빨리 달릴 수 있도록 도와줄 수는 있겠다).

유전자, 부모의 훈육 방식, 교육 수준, 문화적 기준, 고정관념, 전반적인 건강 상태, 개인적 관심사, 질환 등 이 모든 요소는 뇌가 지적인 활동을 수행하는 역량이나 그 가능성을 결정한다. 인간의 지능을 인간의 문화와 따로 떼어내서 생각하는 것은 물고기의 발달을 물과 별개로 생각하는 것이나 마찬가지다.

문화는 지능이 발현되는 데 중추적인 역할을 한다. 이와 관련하여 1980년대 마이클 콜Michael Cole은 대표적인 사례를 제시했다.[15] 그의 연구팀은 아프리카의 외딴 곳에 사는 크펠레족을 찾아갔다. 이 부족은 현대 문명과 외부 세상으로부터 거의 차단되어 있었다. 이들은 서구 문명의 문화적 요소가 결여된 크펠레족 사람들도 동등한 인간의 지능을 가지고 있는지 관찰하고자 했다. 실험 결과는 처음에는 낙담스러웠다. 크펠레족 사람들은 가장 기본적인 지능만 가지고 있었으며, 다른 발달된 국가의 아이들이 손쉽게 푸는 간단한 문제조차 풀지 못했다. 심지어 연구팀이 '실수로' 힌트를 주었을 때에도 이를 알아차리지 못했다. 이는 크펠레족의 원시 문화가 지능을 발달시킬 만큼 제대로 발전하지 못했거나 크펠레족의 어떤 생물학적 특성 때문에 지적 발달이 저해되었을 수도 있다는 뜻이었다. 그런데 낙담한 한 연구원이 크펠레 사람들에게 '바보'들이라면 이 문제를 어떻게 해결할지 생각해보라고 하자 이들은 바로 '정답'을 찾아냈다.

연구팀은 물건을 그룹별로 나누는 테스트를 실행했다. 언어와 문화적 장벽을 감안한 실험이었다. 범주(도구, 동물, 돌로 만들어진 것, 나무 등)에 따라 나누게 했는데, 이는 추상적 사고 및 프로세스를 필요로 하므로 좀 더 높은 지능을 요구한다고 생각했다. 하지만 크펠레족은 항상 기능별(먹는 것, 입는 것, 땅을 팔 때 쓰는 도구 등)로 물건을 분류했다. 연구팀에게 이는 '덜' 지적인 일로 여겨졌지만, 크펠레족은 이 사실에 대해 동의하지 않았다. 이들은 땅에 의존해서 먹고살아가므로, 물건을 임의의 범주로 분류하는 것은 이들에게 아무짝에도 쓸모없는 행동, 즉 '바보'나 하는 짓이었던 것이다. 우리는 이 사례를 통해 자신의 선입견으로 남을 판단해서는 안 된다는 중요한 교훈(그리고

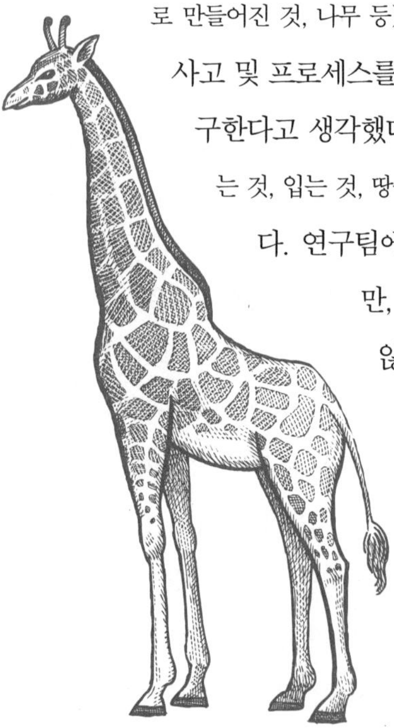

실험을 하기 전에는 준비 작업을 좀 더 철저하게 해야 한다는 교훈)도 얻을 수 있지만, 지능이라는 개념이 환경과 사회의 선입견에 의해 아주 많은 영향을 받는다는 사실을 알 수 있다.

크펠레족만큼 분명한 예는 아니지만 피그말리온 효과 Pygmalion effect 역시 또 다른 예로 들 수 있다. 이는 긍정적인 기대나 관심이 사람에게 좋은 영향을 미치는 효과를 말한다. 1965년 로버트 로젠탈Robert Rosenthal과 레노어 제이콥슨Lenore Jacobson은 초등학교 교사들에게 학생들의 지능 검사 결과를 알려주고는 아이들의 수준에 맞게 가르치고 또 관찰하도록 했다.[16] 그 결과 지능이 높다고 알려진 학생들은 자신들의 지능 수준에 걸맞게 우수한 학습 성적을 보였다. 여기서 문제는 이 학생들이 실제로는 지능이 평범한 학생들이었다는 점이다. 똑똑한 인재처럼 대우를 받자 성적이 기대치만큼 향상된 것이다. 대학생들을 대상으로 한 또 다른 실험에서도 비슷한 예를 찾을 수 있다. 지적 수준은 변하지 않는다고 말해준 그룹은 성적이 떨어졌지만, 반대로 지적 수준은 변화할 수 있다고 말한 그룹의 경우에는 성적이 더 향상되었다.

키가 큰 사람들이 전반적으로 더 똑똑한 데에는 이러한 점 역시 영향을 준 것이 아닐까? 만약 여러분이 어릴 때부터 키가 컸다면, 사람들은 여러분을 실제보다 좀 더 성숙한 사람으로 여기고, 좀 더 어른스러운 대화를 했을 것이다. 그리고 아직 발달 중이었던 여러분의 뇌는 이러한 기대치에 순응한다. 어떤 경우든 자신을 어떻게 생각하는지가 중요한 건 분명하다. 따라서 내가 이 책의 어느 구절에서 '지능은 변하지 않는다'라고 한다면, 나는 실질적으로 여러분의 발전을 저해하고 있는 것이다. 미안하다. 내 잘못이다.

이 밖에도 지능이 가진 또 다른 흥미롭고 이상한 점은 무엇이 있을까? 전 세계적으로 점점 증가하고 있지만, 우리가 아직 그 이유를 모르는 것이 있다. 바로 '플린 효과Flynn effect'다. 플린 효과란 많은 나라에서 세대가 지날수록 사람들의 유동적 지능과 결정적 지능이 일반적으로 모두 높아지는 현상을 일컫는다. 이는 아마도 전 세계적인 교육 수준의 향상, 의료보건 및 건강에 대한 관심의 증대, 풍부한 정보와 발전된 기술 덕분일 것이다. 혹은 잠자고 있던 인간의 돌연변이가 깨어나 조금씩 인류를 천재들의 사회로 탈바꿈시키고 있는 건지도…….

키와 지능 간의 상관관계에 대한 여러 가지 가설은 많다. 이들은 모두 맞을 수도 있고, 아니면 모두 틀렸을 수도 있다. 혹은 진실은 이 두 가지 극단적인 가설의 중간 어디쯤에 있을 수도 있다. 이는 결국 '고유의 본성인가, 아니면 양육의 결과인가' 논쟁의 또 다른 사례다.

5

1.4킬로그램의 슈퍼슈퍼슈퍼컴퓨터

완벽에 가까운 (아주 가끔 제멋대로인) 우리 뇌의 정보처리 기술

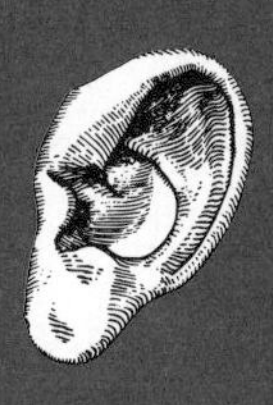
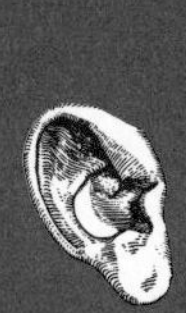

전지전능한 뇌가 인간에게 준 더욱 흥미롭고 특이한 특성은 '내면'을 들여다보는 능력이다. 우리는 자의식이 있으며, 내부 상태와 마음을 감지하고, 심지어 이를 측정하고 연구하기까지 한다. 그 결과 많은 사람들은 자기 성찰과 철학적 사색을 중요하게 여긴다. 하지만 뇌가 두개골 바깥의 세상을 어떻게 인식하느냐 역시 매우 중요하다. 뇌의 메커니즘의 상당 부분도 이 작업에 할당되어 있다. 우리는 감각을 통해 세상을 인지하고, 세상의 중요한 부분에 대해 집중하며, 그에 맞게 행동한다.

머릿속에서 인식하는 것이 세상을 100% 정확하게 보여주는 것이라고 생각하는 사람이 많을 것이다. 파일럿이 장비를 점검하듯, 눈과 귀 같은 감각이 정보를 받아 뇌로 전달하면 뇌는 받은 정보를 분류하고 구조화한 다음 관련 영역으로 보내는 수동적인 기록 시스템이라고 말이다. 하지만 생물학은 기술이 아니다. 감각을 통해 뇌로 전달되는 실제 정보는 우리가 당연하다고 생각하는 시야, 소리, 감각의 풍부하고 구체적인 연속체가 아니다. 사실 감각이 제공하는 데이터는 조금씩 흘러가는 진흙탕과 같으며, 따라서 뇌는 정보를 열심히 갈고닦는 엄청난 작업을 통해서 우리에게 세상에 대한 포괄적이고 풍부한 시야를 주게 된다.

남이 얘기해주는 묘사를 바탕으로 사람의 이미지를 그리는 경찰서의 몽타주 화가를 생각해보자. 그리고 묘사를 하는 사람이 한 명이 아닌 수백 명이라고 가정해보자. 이들이 한꺼번에 동시에 묘사를 한다. 그리고 화가가 그려야 하는 것은 사람이 아니라 범죄가 일어난 마을, 또 모든 사람이 그 속에 담겨 있는 여러 색깔의 3D 장면이다. 그리고 이 그림을 매분 매초마다 업데이트해야 한다. 물론 이 화가만큼 힘들지는 않겠지만, 뇌가 하는 일도 비슷하다.

뇌가 이처럼 제한된 정보를 가지고 환경에 대해 구체적으로 표현할 수 있다는 것은 정말 놀라운 일이다. 그러나 여기에는 오류와 실수가 슬금슬금 침입한다. 뇌가 우리 주위의 세상을 인식하는 방식, 그리고 어떤 부분에 중요성을 부여해 관심을 집중시키는 방식은 뇌가 가진 엄청난 힘을 보여주지만 동시에 수많은 문제점도 함께 드러낸다.

먹느냐 말느냐 그것이 문제로다

섬세하고도 불완전한 후각과 미각

모두가 아는 것처럼 뇌는 다섯 가지 감각을 가지고 있다. 하지만 실제로 신경과학자들은 그 이상의 감각이 있다고 믿는다. '그 외의' 감각에 대해선 이미 언급한 바 있다. 고유수용감각(몸과 팔다리의 형태에 대한 감각), 균형감각(중력이 있는 공간에서 몸의 움직임을 감지하는 내이가 조정하는 감각), 식욕, 그리고 혈액과 몸 내부의 영양 수준을 감지하는 것 역시 또 다른 감각이다. 이는 대부분 우리의 내부 상태와 관련이 있으며, '엄밀한 의미'의 다섯 가지 감각은 우리 주위의 세상, 즉 환경을 관찰하고 인지하는 역할을 한다.

다섯 가지 감각은 시각, 청각, 미각, 후각, 촉각을 말한다. 이들은 각각 섬세한 신경학적 메커니즘에 의해 이루어지며, 이 감각들이 제공하는 정보를 사용함으로써 뇌는 더욱더 섬세해진다. 이들 오감은 궁극적으로 우리 주위 환경에 있는 것을 감지하여 이를 뇌와 연결된 뉴런이 사용하는 전기화학적 신호로 변환시키는 역할을 한다. 이 모든 과정을 조율하는 것은 어려운 일이며, 뇌는 여기에 상당한 시간을 쏟는다.

우선 가장 이상한 감각인 후각부터 살펴보자. 후각은 가장 먼저 진화된 감각으로 알려져 있다. 그리고 후각은 인간의 아주 초기부터, 즉 엄마의 자궁 속에 있을 때 가장 먼저 발달하는 감각이다. 실제로 생성 중인 태아는 엄마가 맡는 냄새를 맡을 수 있다는 사실이 관찰되었다. 엄마가 들이마신 입자는 태아가 감지할 수 있는 양수로 이동한다. 과거에는 인간이 구분할 수 있는 냄새는 1만 가지라고 생각했다. 이는 상당히 많은 것처럼 들리지만, 1920년대 한 연구에서 이론적인 분석과 추정을 토대로 내린 결론이며 실제로 면밀한 검사가 이루어진 적은 없다.

그 후 2014년에 캐롤린 부쉬디드Caroline Bushdid의 연구팀은 이 주장을 실제로 시험해보기로 했다. 실험대상자들에게 아주 비슷한 향을 풍기는 화학적 혼합물을 가져다주고 이를 구별하게 했다. 만약 우리의 후각 시스템이 1만 개의 냄새만 맡을 수 있다면, 이는 실제로 불가능한 일이다. 그런데 놀랍게도 실험대상자들은 이 냄새들을 꽤 쉽게 구별해냈다. 이 실험 결과에 따라 인간이 맡을 수 있는 냄새는 실제로 1조 개에 달하는 것으로 추정되었다. 1조 개라니! '조'라는 단위는 보통은 천문학적 거리를 표현할 때나 쓰이며, 인간의 감각처럼 단순한 것에는 사용되지 않는 것이었다. 마치 청소기를 넣는 벽장이 두더지족들의 문명 세계인 지하 도시로 연결되어 있는 것을 발견한 것만큼이나 놀라운 일이다.■

그렇다면 후각은 어떻게 작용할까? 얼굴에는 머리의 기능을 뇌로 연결시켜주는 12개의 얼굴신경이 있는데, 이 중 후각은 후각신경에 의해 뇌로 전달된다. 후각신경을 구성하는 후각뉴런Olfactory neuron은 여러 측면에서 독특한 특성을 가지고 있는데, 그중 가장 두드러진 점은 재생이 가능한 인간의 몇몇 뉴런 중 하나라는 사실이다. 말하자면 후각신경은 신경계의 울버린(맞다, 그 울버린이다)이라고 할 수 있다. 후각뉴런이 재생 능력을 가지고 있다는 것은 이들에 대해 광범위한 연구가 가능하다는 의미다. 이 재생 능력을 이용해서 마비 환자의 척추와 같은 다른 부위의 손상된 뉴런에 후각뉴런을 적용해볼 수 있다.

후각뉴런이 재생 능력을 가지고 있는 이유는 약한 신경세포를 손상시키는 외부 환경에 직접적으로 노출되어 있는 몇 안 되는 감각뉴런sensory neurons이기 때문이다. 후각뉴런은 코 위쪽의 내부에 있으며, 후각 수용체가 있어 입자를 감

■ 일부 과학자들은 이 결과에 대해 의문을 제기했다. 이들은 이 실험 결과에 나타난 엄청난 수의 후각은 인간의 위대한 비공의 결과물이라기보다는 연구에 사용된 미심쩍은 수학법의 장난일 것이라고 주장한다.[1]

지한다. 특정 물질이 후각 수용체에 닿으면, 이들 수용체는 냄새에 관한 정보를 수집하여 정리하는 뇌의 후각망울로 신호를 보낸다. 다른 종류의 후각 수용체도 많다. 1991년 노벨상을 수상한 리차드 악셀Richard Axel과 린다 벅Linda Buck의 연구에서는 인간의 유전체 중 3%가 후각 수용체와 관련 있다는 사실을 발견했다.[2] 이는 또한 인간의 후각은 알려진 것보다 훨씬 더 복잡하다는 생각을 증명해준다.

후각뉴런이 특정 물질(치즈 분자, 단 음식에서 나오는 케톤, 구강의 위생 상태가 의심스러운 사람의 입에서 튀어나온 것)을 감지해 후각망울로 전기신호를 보내면, 후각망울은 이 정보를 후각핵과 조롱박 피질 등의 영역으로 보낸다. 이는 우리가 이 냄새를 맡는다는 의미다.

냄새는 기억과 연관되어 있는 경우가 아주 많다. 후각 시스템은 해마와 기억체계의 다른 주요 요소들 바로 오른편에 있다. 그 거리가 너무 가까워서 초기 해부 연구에서는 기억체계가 냄새를 처리한다고 생각했다. 그러나 이들이 어쩌다 우연히 함께 붙어 있게 된 것은 아니다. 마치 어쩌다 보니 아주 극심한 채식주의자가 정육점 주인 옆집에 살게 된 그런 경우는 아니란 얘기다. 후각망울은 기억 처리 영역처럼 변연계의 일부이며, 해마 및 편도체와도 긴밀히 연결되어 있다. 따라서 어떤 냄새는 생생하고 감정적인 기억과 아주 강하게 이어져 있다.

여러분도 이런 경험이 있을 것이다. 특정 냄새를 맡으면 어릴 적 어느 날의 기억이 선명하게 떠오르거나 그 냄새와 관련된 감정이 문득 되살아나는 그런 경험 말이다. 어렸을 때 할아버지 집에서 행복한 시간을 많이 보냈고 할아버지가 파이프 담배를 피웠다면, 여러분은 파이프 담배에 대해 아련한 애정을 갖게 될 것이다. 후각이 변연계의 일부라는 점은 다른 감각에 비해 감정을 일으키는 직접적인 통로가 있다는 뜻이다. 따라서 냄새는 다른 감각보다 더 강력한 반응을 일으키게 된다. 갓 구운 빵 한 덩어리를 눈으로 보는 것은 특별할 것 없는 일이지만 빵 냄새를 맡는 것은 아주 행복하고 편안해지는 경험이 될 수 있다. 그 냄새가 빵 굽는 냄새와 관련된 즐거운 추억을 자극시키고, 빵 굽는 냄새는 어김없이 맛있는 음식을 먹는 일로 이어지기 때문이다.

후각의 강력함과 기억 및 감정을 불러일으키는 특성은 돈을 버는 데 이용되기도 한다. 백화점, 커피숍, 항공사, 향초 제조회사 등 많은 기업들이 냄새를 이용해서 사람들의 감정을 조종하여 지갑을 열도록 만든다. 이러한 방식의 효과는 잘 알려져 있긴 하지만, 사람마다 경우가 매우 다르므로 그 효과는 제한적일 수 있다(바닐라아이스크림을 먹고 식중독에 걸렸던 사람은 이 냄새가 마음을 편하게 해준다고 느끼지 않을 것이다).

후각에 대한 또 다른 흥미로운 오해는 오랫동안 '냄새는 절대 속일 수 없다'고 생각되어온 점이다. 하지만 여러 연구 결과 이는 사실이 아니었다. 사람들이 냄새를 착각하는 일은 늘상 일어난다. 예를 들어 같은 냄새라 할지라도 병에 어떤 이름표를 붙이느냐에 따라 사람들은 이를 다르게 느낀다. 2001년 허츠와 본 클레프Herz and von Clef는 같은 냄새 샘플이 들어 있는 병에 각각 '크리스마스트리'와 '화장실 세제'라는 이름표를 붙이고 사람들에게 냄새를 맡게 했다. 결과가 어땠을지는 더 이상 설명하지 않아도 알 것이다.

과거에 냄새는 속일 수 없다고 생각했던 이유는 뇌가 냄새로부터 상당히 제한적인 정보만 얻을 수 있기 때문이었다. 우리는 다른 정보가 주어지지 않는 한 어떤 냄새를 맡아도 그것이 어디에서 나는 냄새인지 정확히 가려내지 못한다. 그저 냄새를 풍기는 것이 근처에 '있다' 혹은 '없다'는 것을 감지하는 정도다. 거기까지다. 따라서 뇌가 여러 가지 후각 신호를 뒤죽박죽 섞어버린다면, 여러분은 실제로 그 냄새를 풍기는 것이 아닌 다른 대상에서 그 냄새가 난다고 착각하게 된다. 냄새의 대상이 잘못된 것을 인식조차 못한다.

그런가 하면 존재하지 않는 것에 대한 냄새를 맡는 증상인 환후도 있다. 그런데 이 증상은 걱정스럽게도 꽤 흔하게 일어난다. 사람들은 종종 실제로는 있지 않은 타는 냄새(토스트, 고무, 머리카락, 아니면 단순히 일반적인 '강한 탄내')가 난다고 이야기한다. 너무 흔한 일이라 이와 관련된 웹사이트만 해도 수없이 많다. 이는 뇌전증, 종양, 뇌종양처럼 신경학적 증상과 관련이 있는 경우가 많으며, 결국 후각망울이나 후각 처리 시스템의 다른 영역에서 예상치 못한 일이 일어나도록 만든다. 그리고 이런 현상을 작열감으로 해석할 수 있다. 이 증상은 착각과 환각을 구별하게 해주는 중요한 차이점이기도 하다.■

후각은 보통 혼자 작동되지 않는다. 후각은 종종 화학적 감각으로 분류되는데, 이는 특정 화학물질을 감지하기도 하고 또 화학물질로 인해 일어나기도 하기 때문이다. 여기서 화학적 감각이란 미각을 가리킨다. 미각과 후각은 함께 사용되는 경우가 많으며, 그 이유는 우리가 먹는 음식 대부분이 특정 냄새를 가지고 있기 때문이다. 혀와 입의 다른 부위에 있는 수용체는 특정 화학물질, 특히 물에 녹는 분자(타액을 가리킨다)에 반응하므로 이 두 감각은 서로 비슷한 메커니즘을 가지고 있기도 하다. 이 수용체들은 혀 전체를 덮고 있는 미뢰에 모여 있다. 통상적으로 미뢰는 다섯 가지가 있다고 알려져 있다. 짠맛, 단맛, 쓴맛, 신맛, 감칠맛이 그것이다. 그중 마지막 감칠맛은 L-글루타민산나트륨, 즉

■ 착각은 감각 시스템이 어떤 것을 감지했지만 이를 잘못 해석한 경우이며, 따라서 실제 대상이 아닌 다른 것으로 인식한다. 반면 실제 자극 대상이 없는데도 어떤 냄새를 맡는다면 이는 환각이다. 실제로 없는 것을 인지한다는 것은 뇌의 감각을 처리하는 영역 깊은 곳에서 무언가가 정상적으로 작동되지 않고 있다는 뜻이다. 착각은 뇌 작용의 기이한 특성이며, 환각은 이보다 더 심각한 문제다.

'고기 맛'에 반응한다. 그러나 실제로는 이 다섯 가지 맛 외에도 떫은맛, 매운맛(생강 등의 맛), 금속 맛(금속에서 느낄 수 있는 맛) 등 더 많은 종류의 미각이 있다.

후각은 과소평가되어 있지만, 반대로 미각은 과대평가된 부분이 있다(사실 미각은 좀 형편없는 감각이다). 미각은 인간의 주요 감각 중 가장 약하다. 여러 연구에 따르면 미각은 다른 요소에 의해 크게 영향을 받는다고 한다. 예를 들어 한 와인 감식가가 와인 한 모금을 마시고는 "이 와인은 프랑스 남서부에서 재배된 포도로 만든 1980년산 '시라즈Shiraz'로군" 하고 이야기한다. 이 감식가의 능력은 아주 인상적이고 섬세하다. 하지만 엄밀히 말해 미각은 혀가 아니라 마음과 더 관계가 깊다고 한다. 사실 전문 와인 감식가들의 판단은 아주 일관성이 떨어진다. 한 감식가가 특정 와인을 두고 지상 최고의 와인이라고 칭송을 하는 반면, 같은 와인을 마신 다른 감식가는 연못에서 떠온 물일 뿐이라고 얘기하기도 한다.[3] 좋은 와인이라면 당연히 모든 사람들이 알아차릴 수 있어야 하는 것 아닐까? 하지만 미각은 이처럼 믿을 것이 못 되기 때문에 그렇지 않다. 와인 감식가들 역시 여러 종류의 와인을 시음했을 때 어떤 것이 유명한 빈티지 와인인지 대량 생산된 싸구려인지 구별하지 못했다. 더 심각한 실험 결과는 와인 감식가들에게 레드와인을 주고 평가를 하라고 했을 때, 이들은 자신이 식용색소를 넣은 화이트와인을 마시고 있다는 것도 알아차리지 못했다는 것이다. 따라서 미각이 정확성이나 정밀성 측면에서 전혀 뛰어나지 못하다는 점은 분명하다.

분명히 말하지만, 과학자들이 와인 감식가들에게 무슨 원한이 있는 건 아니다. 단지 이들처럼 발달된 미각에 의존하는 직업이 많지 않아 이들을 실험 대상으로 택했을 뿐이다. 그렇다면 감식가들은 거짓말을 하고 있는 것일까? 아니다. 사실 이들이 자신이 주장하는 맛을 느끼고 있는 것은 분명하다. 하지만 이는 대부분 예상하고 경험하고 창의력을 발휘하는 뇌의 결과이지, 미뢰의 결과는 아니라는 것이다. 와인 감식가들은 신경과학자들이 자신들을 계속 깎아내리는 것에 대해 아직도 이의를 제기하고 있을 것이다.

사실 많은 경우에 있어서 맛을 느끼는 것은 여러 감각의 종합적인 경험이다. 지독한 감기에 걸렸거나 코 막힘 증상이 있는 사람들은 종종 음식 맛을 느낄 수 없다고 불평한다. 이는 미각을 결정하는 여러 감각들이 한데 섞여 뇌를 혼동시키며, 나약하기 짝이 없는 미각은 계속해서 다른 감각, 특히 여러분도 예상했다시피 후각에 의지하기 때문이다. 맛을 느끼는 것은 상당 부분 음식의 냄새에 의해 좌우된다. 여러 실험에서 실험참가자들의 코를 막고 눈을 가린 뒤 오로지 미각에만 의존하게 했을 때, 이들은 실제로 사과와 감자, 양파를 구

분하지 못했다.[4]

말리카 아우브라이Malika Auvray와 찰스 스펜스Charles Spence는 2007년 논문을 통해 만약 음식을 먹고 있을 때 음식에서 아주 강한 냄새가 나면, 코에서 이 신호가 전달이 된다 하더라도 뇌는 이를 냄새가 아닌 맛으로 해석하는 경향이 있다고 밝힌 바 있다.[5] 대부분의 감각은 입 안에 있기 때문에, 뇌는 이를 과도하게 일반화시켜서 대부분 입에서 비롯된 것이니 따라서 미각일 것이라고 추정한다. 하지만 이때 뇌는 이미 미각을 발생시키느라 상당히 많은 일을 했으므로, 뇌가 잘못된 추정이나 한다고 비판하는 것은 무례한 일이다.

이 모든 내용을 통해서 알 수 있는 사실은 바로 이것이다. 만약 여러분이 정말 요리를 못해서 저녁식사를 엉망으로 대접한다 해도, 손님이 지독한 코감기에 걸려 있고 앞이 잘 안 보이는 어두컴컴한 자리에 앉는다면 걱정 안 해도 괜찮다.

저 따뜻하고 보드라운 소리의 촉감을 느껴봐

청각과 촉각의 인지 메커니즘

청각과 촉각은 근본적으로 서로 연결되어 있다. 대부분의 사람들은 이를 알지 못한다. 생각해보자. 지금까지 면봉으로 귀를 닦는 일이 얼마나 즐거운지 느껴본 적이 있는가? 그렇다고? 이 질문은 내용과 크게 상관은 없다. 하지만 원칙을 세우기 위해서다. 사실 뇌는 감각과 청각을 완전히 다른 것으로 인지할 수도 있다. 그러나 뇌가 이들 감각을 인지하는 데 사용하는 메커니즘은 놀랄 만큼 서로 중복된다.

앞에서 우리는 후각과 미각이 중복되는 경우가 많다는 점을 살펴보았다. 이 둘은 당연히 음식을 인식하는 데 비슷한 역할을 하는 경우가 많으며 서로 영향을 미친다(후각이 미각에 거의 압도적으로 영향을 미친다). 그러나 이 두 감각의 관계에는 둘 다 화학적 감각이라는 공통점이 있다. 미각과 후각의 수용체는 과일주스나 곰젤리처럼 특정 화학물질이 있어야 작동한다.

그러나 촉각과 청각은 이와는 정반대다. 이 두 가지 감각의 공통점은 무엇일까? 가장 마지막으로 어떤 소리가 끈적끈적하다고 느낀 적은 언제인가? 아니면 아주 고음을 촉각으로 느껴본 적이 있는가? 한 번도 없을 것이다. 그렇지 않은가? 하지만 실제로는 아니다. 시끄러운 음악을 좋아하는 사람들은 소리를 촉각의 측면에서 즐기는 경우가 많다. 클럽이나 차 안, 콘서트장 등의 사운드시스템을 생각해보자. 베이스 소리를 확대시켜서 떨림을 느끼도록 만든다. 소리가 아주 크고 강력하거나 특정 음이 매우 강하면, 소리는 '물리적인' 존재감을 가지고 있는 것처럼 느껴질 때가 많다.

청각과 촉각은 모두 기계적 감각으로 분류되며, 이는 압력이나 물리적인 힘에 의해 작동된다는 뜻이다. '청각은 소리를 느끼는 것인데, 형체 없는 소리가 어떻게 물리적이라는 거지?' 하고 의문을 가질 수도 있겠다. 그러나 소리는 실제로 고막으로 이동하는 공기의 떨림이며, 이 떨림으로 인해 다시 소리가 진동하게 된다. 이는 다시 달팽이관cochlea으로 전달되었다가 머리로 이동한다. 달팽이관은 길쭉한 관이 나선형으로 말려 있는 형태로, 그 안에는 액체가 가득 차 있다. 소리는 달팽이관을 따라 이동하는데, 달팽이관의 이러한 구조와 음파의 물리적 특성에 비춰볼 때 소리의 진동이 달팽이관을 따라 얼마나 멀리 이동할 수 있느냐는 소리의 주파수■에 달려 있다. 그리고 달팽이관의 내부에는 코르티Corti 기관이 길게 이어져 있다. 코르티 기관은 분리된 독립적인 구조라기보다는 하나의 층에 가까우며, 그 내부는 유모세포로 덮여 있다.

유모세포는 달팽이관의 소리 진동을 감지하고 신호를 보낸다. 그러나 이때 달팽이관의 특정 부분의 유모세포만이 활성화되며, 그 이유는 어느 거리를 이동하는 특정 주파수 때문이다. 다시 말하면 달팽이관에는 사실상의 '주파수 지도'가 있어서 달팽이관의 시작 부분에 있는 영역은 더 높은 주파수(헬륨가스를 마시고 흥분한 사람의 목소리처럼 높은 음의 소음)에 자극을 받고, 달팽이관의 끝 부분은 가장 낮은 주파수(루이 암스트롱이 노래 부를 때의 목소리처럼 매우 낮은 음의 소음)에 의해 활성화된다. 그리고 이 양 끝 사이에 있는 중간 부분은 인간이 들을 수 있는 소리(20~20,000Hz)에 반응한다.

달팽이관은 청신경vestibulocochlear nerve이라 불리는 여덟번째 뇌신경에 의해 발화된다. 전정와우신경은 달팽이관의 유모세포가 보내는 신호를 통해 뇌의 청각피질로 정보를 전달하며, 측두엽 위쪽에 있는 청각피질은 청각 정보를 처리한

■ 음파, 기계 진동, 전기 진동 등이 1초 동안 진동 또는 회전한 횟수. 주파수의 단위는 Hz(헤르츠)를 사용한다.

다. 그리고 이 영역은 신호를 내보낼 때 그 소리의 주파수가 무엇인지 뇌에게 알리며, 그것에 의해 소리를 인식한다. 그러므로 달팽이관의 '지도'는 꽤나 똑똑한 놈이다.

그런데 문제는 정교하고 빈틈없는 감각 메커니즘을 가진 이러한 시스템은 항상 약하다는 점이다. 고막은 3개의 작은 뼈가 특정 구조를 이루고 있는데, 이는 액체, 귀지, 트라우마 등에 의해 쉽게 손상된다. 그리고 노화가 진행될수록 귓속의 조직이 점점 더 뻣뻣해져서 진동을 방해하게 되는데, 진동이 없다는 것은 청각 정보를 인지하지 못한다는 뜻이다. 따라서 나이와 관련한 점차적인 청력의 약화는 생물학만큼이나 물리학과도 관련이 많다고 말해도 무방할 것이다.

청력 역시 이명과 같은 수많은 문제와 오류를 가지고 있으며, 그로 인해 우리는 없는 소리마저 듣는다. 이런 증상을 '귓속 현상endaural phenomena'이라고 한다. 즉, 외부에서 나는 소리가 아닌 청각 시스템의 문제(예를 들어 귀지가 중요한 부분으로 들어가거나 중요한 막이 딱딱하게 경화되는 등)에 의해 발생하는 소리를 뜻한다. 이 경우는 환청과는 다르다. 환청은 정보가 발생하는 곳이 아닌 처리되는 부분에서의 문제로, 뇌의 더 고차원적인 영역에서 일어난 활동의 결과다. 환청은 보통 '목소리를 듣는' 감각이지만(정신증 관한 8장에서 다시 다룰 것이다), 이해할 수 없는 음악을 듣게 되거나musical ear syndrome, 폭발성 머리 증후군처럼 갑자기 쿵하고 아주 큰 소리를 듣는

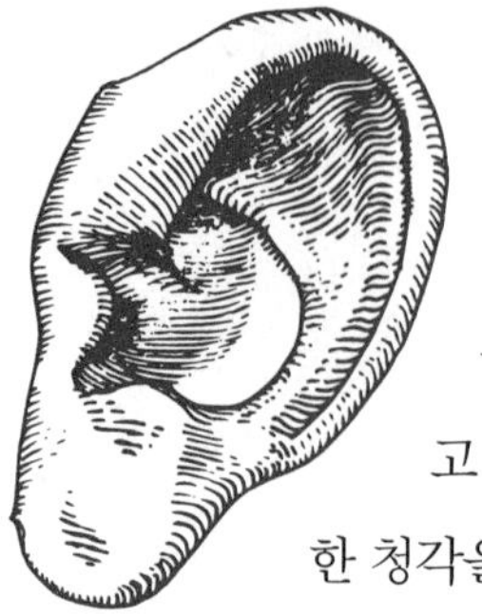

경우도 있다. 이런 경우는 '실제보다 훨씬 더 심각하게 들리는 증상'으로 분류된다.

하지만 이러한 문제들과 무관하게 뇌는 공기의 진동을 청각으로 아주 멋지게 변환하고 있고, 우리는 매일같이 그토록 풍부하고 복잡한 청각을 경험한다.

이처럼 청각은 소리에 의한 진동과 물리적 압력에 반응하는 기계적 감각이다. 반면 촉각은 역시 기계적 감각이긴 하지만, 이와는 또 좀 다르다. 압력이 피부에 가해지면 우리는 이를 느낄 수 있다. 이는 우리 피부 곳곳에 분포되어 있는 기계적 감각 수용기 덕분이다. 이 수용기에서 신호를 보내면(이 자극이 머리로 전달되어 뇌신경으로 처리되지 않는 이상) 자극은 관련 신경을 통해 척수로 전달된다. 그런 다음 뇌로 전달되어 두정엽parietal lobe의 감각피질로 보내지며, 여기서 이 신호가 어디서 왔는지 인식하고 우리가 그에 따라 이를 인지할 수 있도록 한다. 상당히 간단해 보일 수도 있지만, 이는 분명 간단한 일이 아니다.

우선, 촉각이라고 부르는 것은 전반적인 촉각에 작용하는 여러 요소로 이루어져 있다. 물리적 압력뿐만 아니라 진동, 온도, 피부 당김, 심지어 통증까지 이 모든 요소들이 피부, 근육, 장기, 뼈에 각자 자신만의 수용체를 가지고 있다. 이를 통칭하여 감각 시스템이라고 부른다(그러니 감각피질이다). 우리 몸 전체는 이 감각 시스템에 작용하는 신경에 의해 자극을 받는다. 통각이라고도 알려진 통증은 몸 전체에 자신만의 고유 수용체와 신경섬유를 가지고 있다.

통증 수용체를 가지고 있지 않은 유일한 장기는 뇌이며, 그 이유는 뇌는 신호를 받아 처리하는 역할을 하기 때문이다. 이에 대해 어떤 사람들은 뇌도 통증을 느끼지만 혼란스러워 할 뿐이라고 주장할 수도 있다. 마치 가끔 휴대폰으로 자기 자신의 번호에 전화를 걸면서도 누군가 그 전화를 받을 수도 있다고 생각하는 것처럼 말이다.

여기서 흥미로운 점은 촉각은 일정하지 않다는 점이다. 몸의 각 부분은 동일한 접촉에도 서로 다른 반응을 보인다. 앞에서 다룬 운동피질처럼, 감각피질의 구조는 자신이 정보를 받는 영역에 대응하도록 몸의 지도처럼 이루어져 있다. 예를 들어 발에서 보내는 자극을 처리하는 발 영역, 팔에 대한 팔 영역 등이다.

그러나 감각피질은 실제 몸과 동일한 면적을 사용하지는 않는다. 다시 말하면, 감각피질이 받은 감각 정보는 이 감각이 발생한 영역과 크기가 항상 똑같지는 않다는 뜻이다. 감각피질에서 가슴과 등 부분이 차지하는 면적은 작은 편이지만, 손과 입의 면적은 아주 크다. 즉, 몸의 어떤 부분은 다른 부분에 비해 촉각에 훨씬 더 민감하게 반응한다. 예를 들어 발바닥은 크게 민감하

지 않다. 자갈이나 작은 가지를 밟을 때마다 엄청난 고통을 느끼는 것은 실용적이지 못하므로 이는 이치에 맞는 일이다. 그러나 손과 입술이 비대칭적으로 큰 공간을 차지하는 것은 아주 미세한 작업이나 감각에 사용되기 때문이다. 따라서 손과 입은 매우 민감하다. 생식기도 마찬가지지만, 흠…… 더 자세히 파고들지는 않겠다.

촉각을 관찰할 때 과학자들은 끝이 두 갈래로 뾰족하게 튀어나온 도구로 실험대상자를 살짝 찔러본 다음, 이 두 끝의 간격을 점차 좁혀서 찔러보며 어느 정도까지 간격을 줄여도 각각의 압통점으로 따로 인식될 수 있는가를 관찰한다.[6] 손가락 끝은 특히 더 예민하며, 이 덕분에 점자가 발달할 수 있었다. 그러나 여기에도 한계는 있다. 손가락 끝이 작은 알파벳까지 분간할 수 있을 정도로 민감하지는 않기 때문이다. 이 때문에 점자는 볼록 튀어나온 작은 점들을 글자마다 배열을 달리 하는 방식으로 만들어졌다.[7]

또한 청각처럼 촉각 역시 깜빡 속을 수 있다. 촉각으로 무엇을 인지하는 능력은 일정 부분 손가락의 형태를 감지하는 뇌를 통해 이루어진다. 따라서 만약 집게손가락과 가운뎃손가락의 끝부분에 작은 물체(둥근 물체나 막대 등)를 끼운다면, 여러분은 그 두 손가락 사이에 있는 것이 하나의 물체라고 느낄 것이다. 그러나 눈을 감은 채 집게손가락과 가운뎃손가락을 꼬고 그 사이에 아까와 같은 작은 물체를 끼우면, 이때는 그것이 두 개의 물체인 것처럼 느끼게 된다. 그 이유는 촉각을 처리하는 감각피질과 손가락을 움직이는 운동피질 간에 직접적인 커뮤니케이션이 없어 이 부분에 관심을 집중시킬 수가 없으며, 또한 눈을 감고 있어서 뇌의 잘못된 결론을 뒤집을 수 있는 정보가 없기 때문이다. 이것은 촉각에 관한 착각의 대표적인 예로, '아리스토텔레스의 착각Aristoteles' illusion'이라고 한다.

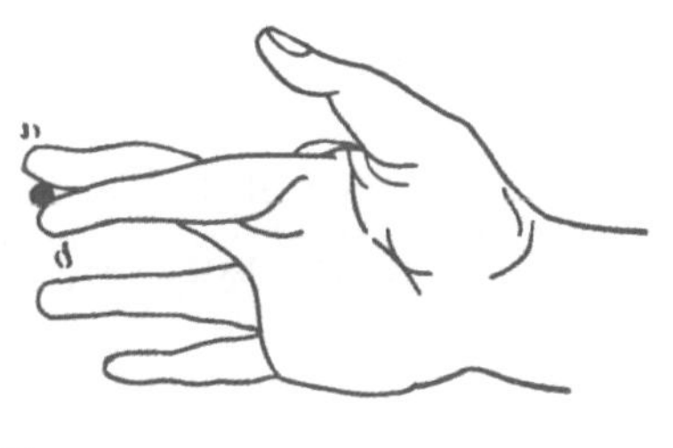

한편 최근 연구에서는 촉각과 청각이 지금까지 생각해왔던 것보다 훨씬 더 본질적인 상관관계를 가지고 있다는 증거가 발견되었다. 헨닝 프렌젤Henning Frenzel과 그의 연구팀이 2012년에 실시한 연구[8]에 따르면, 청각 능력과 관련된 유전자가 촉각의 민감도에도 영향을 미치는 것으로 나타났다고 한다. 즉, 청각이 아주 섬세한 사람들은 촉각에서도 뛰어난 민감성을 보이며, 마찬가지로 청각 능력을 떨어뜨리는 유전자를 가진 사람들은 촉각 역시 나쁠 가능성이 매우 높다는 것이다.

물론 촉각과 청각에 대해서는 더 많은 연구가 필요하다. 하지만 앞의 내용을 통해서 인간의 뇌는 청각과 촉각을 처리하는 데 비슷한 메커니즘을 사용한다는 것을 알 수 있다. 이는 한쪽에 영향을 미치면 다른 쪽에도 영향을 미칠 수 있는 중요한 문제다. 촉각과 청각의 관계, 그리고 앞서 살펴본 미각과 후각의 관계처럼 인간의 뇌는 편리성 그 이상으로 감각을 그룹화하는 경향이 있다.

예수가 부활하셨다... 토스트 조각으로?

세상을 이해하기 위한 눈과 뇌의 협동 전략

토스트, 타코, 피자, 아이스크림, 통조림, 바나나, 프레즐, 감자칩, 나초의 공통점은 무엇일까? 예수에 대한 이미지가 이 모든 것에 나타난다는 것이다(진짜다, 구글에서 찾아보라). 물론 음식뿐만이 아니다. 예수는 바니시를 바른 목제 가구에도 종종 나타난다. 또 항상 예수만 나타나는 것도 아니다. 성모 마리아일 때도 있고, 엘비스 프레슬리일 때도 있다.

세상의 수많은 물체는 밝거나 어두운 색깔과 조각들이 멋대로 패턴을 이루고 있다. 그리고 이 패턴들은 때로는 어떤 형상이나 얼굴 모양처럼 나타나기도 한다. 이때 만약 그 형태가 어떤 유명한 사람의 얼굴처럼 보이는 경우에는 이 이미지는 더 많은 반향을 일으키고 관심을 집중시킨다. 그런데 여기서 이상한 점은(과학적인 관점에서) 이런 이미지가 토스

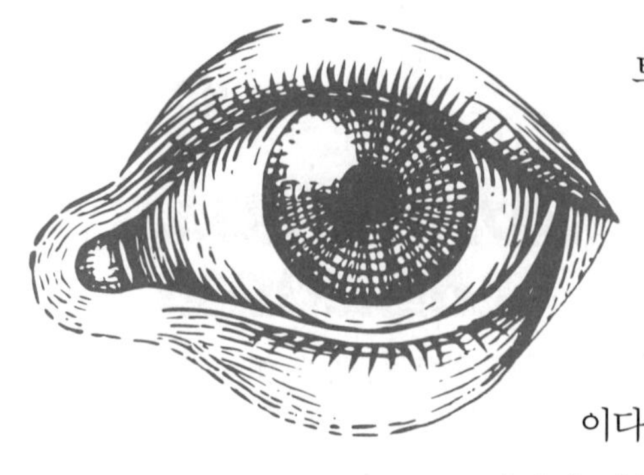

트 조각의 그을린 얼룩에 불과하다는 것을 아는 사람들조차 여전히 얼룩 속에서 예수의 얼굴을 찾아낼 수 있다는 사실이다.

인간의 뇌는 다른 감각보다 시각을 가장 우선시하며, 우리의 시각체계는 눈앞의 대상에서 인상적인 특이점들을 발견하면 이를 더욱 부각시킨다. 사람들은 흔히 우리의 눈은 바깥세상의 모습을 있는 그대로 담아 이 정보를 뇌에 고스란히 전달한다고 생각한다. 마치 인간의 눈을 두 대의 비디오카메라처럼 여기는 것이다. 그러나 이는 실제로 눈이 작동되는 원리와 전혀 다르다.

많은 신경과학자들이 망막은 뇌와 같은 조직에서 발달하며 뇌와 직접 연결되어 있으므로 뇌의 일부라고 주장한다. 눈은 앞에 있는 동공과 수정체를 통해 빛을 흡수하고, 빛은 뒤에 있는 망막으로 전달된다. 망막은 빛을 감지하는 데 특화된 신경인 광수용체photoreceptor가 복잡한 막을 이루고 있으며, 일부 광수용체는 광자(개별적인 빛의 '입자')가 6개 정도만 있어도 활성화된다. 누군가가 은행을 털 생각을 한 것만으로도 은행 보안 시스템이 작동되는 것만큼이나 매우 민감한 것이다. 이처럼 높은 민감성을 가지고 있는 광수용체는 밝고 어두운 명암을 보는 데 주로 사용되며, '간상체rod'라고 부른다. 그리고 저녁과 같이 빛이 적은 환경에서 작동한다. 간상체는 밝은 낮 시간 동안에는 과포화 상태가 되어 쓸모가 없다. 작은 소스 그릇에 물 1리터를 퍼부어봤자 소용없는 것처럼 말이다. 그 외 다른 (낮과 친숙한) 광수용체들도 있다. '추상체cone'라고 하는 광수용체는 특정 파장의 광자를 감지하며, 이 덕분에 우리는 색깔을 인지할 수 있다. 추상체가 활성화되기 위해서는 훨씬 더 많은 빛이 필요하기 때문에, 빛이 적을 때는 색깔을 볼 수 없다.

광수용체는 망막에 고르게 분포되어 있지 않으며, 부분마다 모여 있는 정도가 다르다. 망막의 중앙은 아주 미세한 것들을 인식하는 영역이며, 반대로 망막의 주변부는 대개 흐릿한 윤곽 정도만을 인식한다. 그런데 이처럼 미세한 부분을 인식할 수 있는 곳은 이상하게도 망막에서 딱 한 부분뿐이다. 망막의 정중앙에 있는 이 부분을 가리켜 '황반(중심와)'이라고 한다. 황반은 전체 망막의 1%도 채 되지 않는다. 만약 망막이 와이드스크린 TV라고 한다면, 황반은 그 한가운데에 찍힌 엄지손가락 지문 정도일 것이다. 황반을 제외한 눈의 다른 부분은 흐릿한 윤곽, 희미한 형체 및 색깔만을 제시한다.

선뜻 이해가 안 될 것이다. 분명 사람들은 일부 백내장 환자를 제외하고는 세상을 분명하고 또렷하게 볼 수 있지 않은가? 이것을 설명하기 전에 잠시, 렌즈에 바셀린 연고를 발라 놓은 망원경을 거꾸로 들고 보면 이 세상이 어떻게 보일지 상상해보자. 왜 갑자기 이런 이상한 소리를 하느냐고? 그것이 바로 가장 순수한 의미에서 우리가 '보는' 장면이기 때문이다. 그러나 우리가 이를 의식적으로 인지하기 전에, 뇌는 이러한 이미지를 아주 깨끗하게 정리해주는 대단히 중요한 일을 한다. 그렇다면 뇌는 이런 일을 어떻게 할까?

눈은 쉴 새 없이 움직인다. 이는 황반이 우리가 봐야 하는 여러 물체에 초점을 두고 있기 때문이다. 우리가 무엇을 보고 있든지 간에 황반은 가능한 한 많은 부분을, 가능한 한 빨리 살핀다. 마치 치사량 수준의 카페인을 마시고 축구장의 스포트라이트를 정신없이 작동하는 상황과 비슷하며, 사람은 이를 지켜만 보고 있다. 시각 정보는 이러한 프로세스를 통해 얻어지며, 망막의 다른 영역에서 보내오는 구체적이지는 않지만 사용은 가능한 이미지와 함께 합쳐진다. 그리고 뇌는 이 이미지들을 열심히 다듬어서, 물체가 실제로 어떻게 보이는지에 대한 '학습된 추측'을 한다. 그 결과, 우리가 보는 장면이 만들어진다.

그렇다면 이 프로세스는 어떻게 이루어질까? 뇌는 어떻게 대강의 정보를 가지고 아주 구체적인 인식을 할 수 있는 걸까? 광수용체가 빛 정보를 신경 신호로 바꾸면, 이 신호는 시각신경(각각의 눈에 하나씩 있음)을 따라 뇌로 보내진다. 시각신경은 시각 정보를 뇌의 여러 부분에 전달한다. 우선 시각 정보는 뇌의 오래된 중앙 기차역과 같은 시상으로 전달된 뒤, 거기서부터 광범위하게 멀리 퍼져나간다. 시각 정보 중 일부는 최종적으로 뇌간brainstem(그중에서도 피개pretectum 혹은 상구superior colliculus)으로 보내진다. 피개는 빛의 강도에 따라 동공을 확대하거나 수축시키는 역할을 담당하고, 상구는 '단속성 안구운동saccade'이라 불리는 안구의 빠른 움직임을 통제하는 역할을 한다.

만약 오른쪽에서 왼쪽으로 혹은 그 반대로 시선을 이동할 때 눈이 어떻게 움직이는지 잘 관찰해보면, 눈이 한번에 부드럽게 이동하는 게 아니라 짧은 흔들림이 연속적으로 일어나는 것을 볼 수 있다(눈을 천천히 움직여보면 제대로 볼 수 있다). 이러한 움직임을 단속성 안구운동이라 하며, 이를 통해 뇌는 연속적으로 지나가는 '정지된' 이미지들을 한데 모아 쭉 이어지는 하나의 장면으로 인지하게 된다. 여기서 정지된 이미지들이란 짧은 움직임 사이사이에 망막에 나타나는 모습을 말한다. 그런데 엄밀히 말하면, 이 정지된 이미지들을 우리가 실제로 '보는' 것은 아니다. 이 이미지들은 영사기에 걸린 영화 필름의 프레임처럼 너무 빠르게 지나가기 때문에 사실 인간의 능력으로는 인식할 수 없다(단속성 안구운동은 '엄마가 갑자기 방으로 들어올 때 노트북을 순식간에 닫아버리는 속도'만 큼 인간의 신체적 움직임 중에서 가장 빠른 운동이다).

이와 같은 안구의 짧은 움직임은 한 물체에서 다른 물체로 시선을 돌릴 때 일어난다. 그러나 만약 움직이고 있는 물체를 눈으로 따라간다면, 눈은 왁스칠한 볼링공마냥 부드럽게 움직인다. 이는 진화론적 관점에서 일리가 있다. 여러분이 야생의 자연 속에서 살고 있다고 가정해보자. 움직이는 무언가를 발견하고 뒤쫓는 상황이라면, 보통 그 대상은 먹잇감 아니면 위협적인 존재일 것이다. 그러므로 눈을 떼지 않고 대상을 주시하는 능력은 여러분의 생존에 반드시 필요한 것이다. 하지만 이는 움직이는 대상이 있는 경우에만 가능한 일이다. 일단 그 대상이 시야에서 사라지면, 우리 눈은 다시 원래대로 단속성 안구운동을 하게 된다. 이러한 성질을 '시운동성 반사Optokinetic reflex'라고 부른다. 정리해보자면, 뇌는 눈이 부드럽게 움직이도록 할 수 있다. 하지만 그렇게 하지 않는 경우가 많을 뿐이다.

한편 눈이 움직일 때 우리 주위 세상이 움직이는 것처럼 보이지는 않는데, 그건 왜일까? 그 이유는 망막에 보이는 이미지가 결국 모두 동일하기 때문이다. 다행히도 뇌는 이 문제를 다루는 데 꽤나 능숙한 시스템을 가지고 있다. 눈 근육은 귓속의 평형 및 운동 시스템으로부터 지속적인 정보를 받으며, 그 정보를 통해 눈의 움직임과 주위 환경의 움직임을 구별한다. 다시 말하면 우리는 자신이 움직이고 있을 때에도 특정 물체에 초점을 맞출 수 있다는 뜻이다.

물론 이 시스템도 혼동이 일어날 수 있다. 운동 감지 시스템은 때때로 우리가 움직이지 않을 때에도 신호를 보내어 눈이 움직이도록 만드는데, 이를 '안구진탕nystagmus'이라고 부른다. 의사들은 시각체계를 검사할 때 이러한 눈의 움직임을 살펴본다. 아무 이유 없이 눈이 움직이는 것은 좋지 않기 때문이다. 안구진탕은 우리 눈을 제어하는 시각 시스템에 어떤 문제가 생겼다는 뜻이다. 의사들에게 안구진탕이란 정비공에게 생긴 엔진 잡음 문제와 같은 상황이다. 다른 문제를 의심해봐야 하는 것일 수도 있고 전혀 문제가 없는 일일 수도 있지만, 어쨌건 원래는 발생하지 않아야 하는 일이다.

지금까지의 내용은 눈을 어디에 둘지 뇌가 파악하기까지의 과정을 설명한 것이었다. 시각 정보가 어떻게 처리되는지에 관한 이야기는 아직 시작도 못했다.

시각 정보는 대부분 뇌 뒤쪽에 있는 후두엽occipital lobe의 시각피질로 전달된다. 혹시 머리를 부딪쳤더니 '별이 보이는' 현상을 경험한 적이 있는가? 이에 대한 설명 중 하나는 머리를 부딪치면서 받은 충격으로 뇌가 두개골 안에서 움직이게 된다는 것이다. 마치 작은 약병 속에 갇힌 흉측한 파리처럼 말이다. 이때 뇌의 뒷부분이 두개골에 부딪히면서, 이로 인해 시각을 처리하는 영역이 압력과 충격을 받아 잠깐

동안 뒤죽박죽 흔들린다. 이 과정에서 우리는 갑자기 이상한 색깔과 이미지들을 보게 되는데, 이 현상을 더 잘 표현할 방법이 없어 '별이 보인다'고들 이야기한다.

시각피질은 여러 개의 층으로 나뉘어 있으며, 각 층은 또 다시 더 많은 층으로 나뉜다.

먼저 1차 시각피질은 눈에서 받아들인 정보가 가장 먼저 도착하는 곳으로, 얇게 썰어놓은 빵처럼 '기둥' 형태로 깔끔하게 정렬되어 있다. 이 기둥은 방향에 매우 민감해서 특정 방향의 선에만 반응한다. 이 말은 곧 우리가 '가장자리'를 인식한다는 뜻이며, 이는 아주 중요하다. 가장자리, 즉 경계선을 인식한다는 것은 사물을 그저 형태를 구성하는 균등한 표면으로 보는 것이 아니라, 그들이 개개의 물건임을 인식하고 초점을 둘 수 있다는 것을 나타낸다. 또한 사물의 움직임의 변화에 대해 서로 다른 피질 기둥이 반응하므로 사물의 움직임을 눈으로 좇을 수 있다는 뜻이다. 쉽게 말해 이는 우리가 축구공이 날아올 때 '저 하얀 동그라미가 왜 점점 커질까?' 하고 단순히 생각만 하는 게 아니라, 저것이 축구공이며 내가 있는 곳으로 빠른 속도로 다가온다는 것을 인지하고 이를 피할 수 있다는 것이다. 이러한 방향에 대한 민감성을 발견한 것은 아주 중요한 일이었기 때문에, 1981년 이 사실을 발견한 데이비드 허블David Hubel과 토르스튼 위즐Torsten Wiesel은 노벨상을 수상했다.[9]

2차 시각피질은 색깔을 인식하며 색의 항상성을 다루므로 더욱 뛰어난 역할을 한다. 거리의 빨간색 우체통은 낮과 밤, 즉 주변 밝기에 따라 그 색이 서로 다르게 보인다. 그러나 2차 시각피질은 빛의 양을 고려하여 사물이 '원래' 어떤 색깔이어야 하는지를 판단한다. 대단한 능력이긴 하나, 100% 신뢰할 정도는 못 된다. 만약 어떤 물체의 색에 대해 다른 사람과 논쟁을 해본 적이 있다면(예를 들어 누군가의 자동차가 짙은 파랑색인지 검은색인지에 대하여), 2차 시각피질이 혼란을 느낄 때 어떤 일이 일어나는지 직접 경험했을 것이다.

시각 처리 영역은 뇌에 깊숙이 퍼져 있으며, 1차 시각피질에서 더 멀리 있을수록 처리하는 물체에 대해 더 구체적인 정보를 가진다. 심지어 공간지각 영역을 포함하는 두정엽과 같은 다른 엽lobe으로까지 뻗어 특정 물체 및 얼굴을 인식하는 하위의 측두엽까지 넘어가기도 한다. 이처럼 뇌에는 얼굴을 인식하는 부분이 있어, 우리는 어디서든 얼굴을 보게 된다. 실제로는 얼굴이 아닌 토스트 한 조각일 뿐인데도 말이다.

지금까지의 내용은 시각체계가 가진 놀라운 특징의 일부분에 지나지 않는다. 가장 근본적인 특징은 아마도 우리가 3차원, 다른 말로 하면 '3D'를 볼 수 있다는 사실일 것이다. 사실 우리의 망막 자체는 '평평한' 표면이다. 따라서 3D 이미지는커녕 칠판이 하는 역할 외에는 할 수 없다. 하지만 다행히 뇌는 이를 극복할 수 있는 몇 가지 재주를 가지고 있다.

첫째, 눈이 두 개라는 점을 활용한다. 두 눈의 간격은 얼굴상으로는 가까워 보이지만, 서로 미묘하게 다른 이미지를 뇌로 전달할 만큼 그 간격은 충분하다. 그리고 뇌는 이 두 이미지의 차이를 이용해서 깊이와 거리를 파악하는 것이다. 그런데 여기서 의문이 하나 생긴다. 그렇다면 한쪽 눈을 감거나 가린다고 해서 세상이 갑자기 평평한 2D 화면으로 바뀌지 않는 이유는 뭘까? 이는 뇌가 깊이와 거리를 인식할 때 망막의 이미지도 고려하기 때문이다. 예를 들면 뇌는 물체들의 겹쳐진 상태, 표면의 질감(가까이 있을수록 표면의 미세한 디테일이 잘 보임), 수렴 현상(가까이 있는 물체들은 멀리 있는 물체들에 비해 서로 더 멀리 떨어져 있는 것처럼 보임) 등을 모두 고려하여 깊이와 거리를 파악한다. 그 덕분에 우리는 한쪽 눈을 잃는다 해도 3D 세상 속에서 살아갈 수 있다.

시각체계의 처리 방식은 복잡하고 밀도가 높기 때문에, 이를 깜빡 속일 수 있는 방법도 많다. 토스트 조각의 그을린 얼룩에서 우리가 예수의 얼굴을 발견하는 까닭은 얼굴을 인식하고 처리하는 작업을 하는 측두엽 때문이다. 따라서 무엇이든지 얼굴과 비슷하게 보이기만 하면 얼굴로 인식될 수 있다. 그리고 이때 기억체계가 끼어들어서 본 적이 있는 얼굴인지 아닌지를 말해준다. 흔히 일어나는 또 다른 착시 현상으로는 완전히 똑같은 색깔의 두 사물을 각각 배경색이 다른 환경에 두었을 때 서로 다른 색깔인 것처럼 보이는 경우다. 이는 2차 시각체계가 혼동한 탓으로 생각할 수 있다.

그 외의 착시 현상은 좀 더 미묘하다. '어떻게 보면 서로 마주 보는 두 사람의 얼굴이고, 어떻게 보면 하나의 촛대인 그림'이 가장 전형적이고 대표적인 착시 현상일 것이다. 이 그림은 두 가지 해석이 가능하며, 둘 다 '맞는 말'이다. 하지만 두 해석은 서로 배타적이다. 뇌는 모호함을 잘 다루지 못한다. 따라서 자신이 받는 정보에 대해 한 가지의 가능한 해석을 골라서 명령한다. 물론 답이 두 개 있으므로, 뇌 역시 마음이 바뀔 수 있다.

드디어 시각에 관한 장이 끝났다. 몇 페이지 안에 시각 처리 시스템의 복잡함과 정교함을 모두 전달하기란 사실 불가능하다. 그러나 나는 설명을 시도해볼 가치는 있었다고 생각한다. 시각은 우리 삶의 밑바탕이 되는 매우 복잡한 신경 프로세스이기도 하고, 또 대부분의 사람들은 문제가 생기기 전에는 시각에 대해 생각조차 하지 않기 때문이다. 지금까지 다룬 내용은 시각체계의 극히 일부분이라고 생각하면 된다. 그 이면에는 깊이가 엄청난 내용들이 깔려 있다. 그리고 여러분들이 이러한 깊이를 느낄 수 있는 것은 시각체계가 그만큼 복잡하기 때문에 가능한 것이다.

보는 게 보는 게 아니고, 듣는 게 듣는 게 아니다

인간의 집중력 집중 탐구

우리 감각은 엄청난 정보를 제공하지만, 뇌는 최선을 다해 노력해도 그 모든 정보를 다룰 수 없다. 굳이 꼭 그렇게 할 필요도 없거니와 그중 실제로 도움이 되는 정보는 일부이기 때문이다. 뇌는 자원을 상당히 많이 소모하는 기관이며, 이를테면 페인트 말라가는 모습 따위에 뇌를 사용하는 것은 자원 낭비라는 것을 잘 알고 있다. 따라서 뇌는 주의를 끄는 정보를 골라 선택해야 한다. 뇌는 인지와 의식적인 처리 작업을 무의식적으로 관심이 있는 곳에만 쏟을 수 있다. 바로 '집중력' 말이다. 이 집중력을 어떻게 사용하는지는 우리가 주위 세상에서 무엇을 보는지에 큰 영향을 미친다. 또 좀 더 중요한 경우로서, 우리가 보지 않는 것에도 큰 영향을 미친다.

집중력에 대해 이해하기 위해 생각해야 할 두 가지 중요한 질문이 있다. 하나는 '집중력에 대한 뇌의 역량은 얼마인가?', 즉 '현실적으로 뇌는 과부하되기 전 얼마만큼을 받아들일 수 있는가?'이고, 다른 하나는 '어디에 집중할 것인지를 결정하는 것은 무엇인가?', 즉 '만약 감각 정보가 물밀듯이 뇌로 전달된다면, 이들 정보의 우선순위를 정하는 특정 자극제나 신호가 있는가?'이다.

우선 뇌의 역량부터 살펴보자. 대부분의 사람들은 집중력에 한계가 있다는 걸 깨달았다. 여러분은 아마도 많은 사람들이 모두 동시에 "내 말 좀 들어봐!" 하고 소리치는 상황을 겪어보았을 것이다. 이런 경우, 결국 여러분은 인내심을 잃고 "한 사람씩! 한 사람씩 얘기해!" 하고 소리를 지르게 된다.

1953년 콜린 체리Colin Cherry의 실험[10]처럼 초기 연구에서는 집중력이 놀라운 정도로 제한적이라는 결과가 나왔다. 이 실험에서는 '양분 청취dichotic listening'라는 기법을 사용했는데, 헤드폰을 낀 실험대상자들의 양쪽 귀에 각각 다른 소리(일반적으로 단어를 나열한다)를 들려주는 방법이다. 그리고 한쪽 귀로 들은 단어를 반복해서 말하게 한 다음, 다른 쪽 귀로 들었던 내용(단어)을 기억하고 있는지 물었다. 그러자 대부분의 사람들은 그 목소리가 여자인지 남자인지 정도는 기억했지만, 그것뿐이었다. 이들은 자신이 들었던 소리가 무슨 언어였는지조차 기억하지 못했다. 이처럼 집중력은 제한적이며, 하나의 오디오 소리 이상은 받아들일 수 없다.

앞의 실험 및 다른 유사한 연구를 통해 집중력의 '병목 이론bottleneck model'이 수립되었다. 병목 이론에 의하면 뇌로 전달되는 모든 감각 정보는 집중력이 제공하는 좁은 공간을 따라 걸러진다. 망원경을 생각해보자. 망원경은 풍경이나 하늘의 일부분을 아주 상세하게 보여주지만, 그 이상은 보여주지 못한다.

하지만 그 이후의 실험을 통해 상황은 바뀌었다. 1975년 본 라이트Von Wright와 그의 동료들은 실험대상자들이 특정 단어를 들으면 충격을 받도록 만들었다. 그러고는 양분 청취를 실시했다. 이때 충격을 일으키는 단어는 집중하지 않은 반대쪽 귀로 듣게 했다. 그 결과 사람들은 해당 단어가 들릴 때마다 여전히 뚜렷한 공포 반응을 보였다. 즉, 뇌는 우리가 집중하지 않은 쪽의 소리에도 관심을 기울이고 있다는 뜻이다. 하지만 의식적인 프로세스가 일어날 정도의 관심은 아니었기 때문에 이를 인지하지는 못했다. 라이트의 실험으로 인해 병목 이론은 힘을 잃게 되었으며, 사람들은 관심 밖의 일도 인식하고 처리할 수 있음이 입증되었다.

그런데 이러한 현상은 굳이 실험해보지 않아도 일상생활 속에서 흔히 겪는 일이기도 하다. 여러분도 살면서 많이 경험해보았을 것이다. 결혼식 피로연이나 단체 회식 자리, 혹은 운동경기 행사 등 많은 사람들이 여러 그룹으로 나뉘어 동시에 서로 이야기를 나누는 모임에서 특히 자주 일어나는 일이다. 여러분이 한 테이블에 앉은 사람들과 지난밤 시청한 축구경기 중계에 대한 이야기를 열띠게 하고 있는데, 문득 어느 테이블에선가 여러분의 이름이 언급되는 것이 들린다. 그러고는 "쓰레기 같은 녀석"이라는 소리가 뒤따른다. 이때부터 여러분은 지금 앉은 테이블 사람들과의 대화가 아닌 그들의 대화에 귀를 기울이기 시작한다.

만약 병목 이론이 주장하는 대로 집중력이 제한적이라면, 앞의 사례와 같은 일은 일어나지 않을 것이다. 하지만 집중력은 분명 그렇지 않다. 심리학자들은 이러한 현상을 '칵테일파티 효과cocktail-party effect'라고 불렀다. 이들은 칵테일파티를 즐기는 교양 있는 집단이니까 말이다.

병목 이론의 한계가 드러나면서 이와는 조금 다른 주장을 펴는 '역량 이론capacity model'이 발전했다. 역량 이론에 관해서는 대표적으로는 1973년 대니얼 카네만Daniel Kahneman의 연구[11]를 꼽을 수 있으며, 그 이후로 많은 학자들에 의해 더욱 구체화되었다. 병목 이론은 필요한 곳으로 이리저리 이동하는 스포트라이트처럼 집중력은 하나의 '줄기'라고 주장하는 반면, 역량 이론은 집중력은 한정된 자원과 같아서 자원이 남아 있는 한 여러 줄기(집중할 대상)로 나뉠 수 있다고 주장한다.

이들 두 이론은 모두 멀티태스킹multitasking(한 번에 두 가지 이상의 작업을 동시에 하는 것)이 왜 어려운지를 잘 보여준다.

우선 병목 이론에 따르면, 우리는 한 줄기의 집중력만 가지고 있으므로 여러 일 사이에서 계속 왔다 갔다 할 경우 일의 흐름을 따라가기가 매우 힘들어진다. 반면 역량 이론에 따르면, 우리는 한 번에 두 가지 이상의 일에 집중할 수는 있다. 그러나 이를 위해서는 다수의 일을 효율적으로 처리하기 위한 자원이 있어야만 한다. 자신의 역량을 벗어나게 되면 현재의 일을 따라가지 못한다. 그리고 이때 자원은 상당히 제한적이어서 많은 경우 '한 줄기' 흐름만으로도 빠듯해 보인다.

그렇다면 역량은 왜 이렇게 제한적일까? 한 가지 이유를 들자면, 집중력은 의식적으로 계속 처리하고 있는 정보를 저장할 때 사용하는 작업기억과 아주 긴밀하게 연관되어 있기 때문이다. 집중력은 처리해야 할 정보를 제공한다. 따라서 만약 작업기억이 이미 '포화' 상태라면, 더 많은 정보를 받아들이기 힘들다. 그리고 우리는 작업(단기)기억의 용량이 한정되어 있다는 것을 알고 있다.

일반적인 사람의 경우 이 정도의 집중력만으로도 충분하다. 하지만 이때가 어떤 상황이냐가 중요하다. 여러 연구에서 운전 시 집중력이 어떻게 사용되는지에 대해 관찰했다. 그리고 이때 집중력이 부족하게 되면 심각한 결과를 초래할 수 있다는 사실을 발견했다. 영국의 경우, 운전 중 휴대폰을 사용하는 것은 금지되어 있다. 전화 통화를 해야 할 때는 핸즈프리를 사용하고 양손은 핸들을 잡고 있어야 한다. 하지만 2013년 유타대학에서 핸즈프리가 운전에 미치는 영향에 대해 조사를 해보았더니, 이는 손으로 휴대폰을 직접 사용하는 것만큼 나쁘다는 결과가 나왔다. 핸즈프리 역시 실제 휴대폰을 사용할 때와 비슷한 수준의 집중력을 필요로 하기 때문이다.[12]

핸들을 잡을 때 한 손이 아닌 두 손을 사용하는 것 자체는 장점일지 모른다. 그러나 이 실험에서 반응 속도, 주변 환경에 대한 관찰력, 중요한 신호 인지 등을 측정한 결과, 중요한 사실이 발견되었다. 핸즈프리를 사용하든 하지 않든, 전화 통화를 하게 되면 이 모든 요인들이 걱정스러운 수준으로 약화되었다는 점이다. 그 이유는 핸즈프리와 운전 모두 비슷한 수준의 집중력을 요구하기 때문이다. 물론 핸즈프리를 사용하게 되면 운전 중에 여러분이 도로에서 눈을 떼지 않을지는 모르지만, 눈이 보여주는 상황을 뇌가 무시한다면 아무 소용이 없다.

그런데 더욱 우려스러운 점은, 운전에 악영향을 미치는 것이 휴대폰뿐만이 아니라는 사실이다. 라디오 채널을 돌리거나 차 안의 다른 사람과 대화를 하는 것 역시 같은 영향을 미칠 수 있다. 하지만 오늘날 자동차나 휴대폰의 기술이 점차 향상되면서 운전을 방해할 수 있는 요인은 점점 늘어나고 있다.

여러분은 아마 이런 상황에서 끔찍한 사고 없이 10분 이상을 운전하는 것이 가능한지 궁금해질 것이다. 지금 우리는 역량이 제한되어 있는 '의식적인' 집중력에 대해 이야기하고 있다. 하지만 앞서 2장에서 잠시 언급했듯이, 어떤 일을 많이 반복하게 되면 뇌는 여기에 익숙해져서 절차기억을 발동시킨다. 사람들은 어떤 일에 아주 익숙해지면 '생각 없이도' 그 일을 할 수 있다고 말한다. 이 말은 절차기억을 아주 잘 설명해준다. 초보 운전자에게는 운전이 불안하고 두려운 일이지만, 아주 익숙해지면 무의식 체계가 가동된다. 따라서 다른 곳에 의식적인 관심을 둘 수 있게 된다. 그렇다고 해서 운전을 완전히 아무 생각 없이 할 수는 없다. 매 시간 각각 상황이 바뀌므로 다른 운전자를 살피고 위험이 없는지 의식적으로 인지해야 한다.

신경학적으로 집중력은 여러 영역에서 관여한다. 그중 하나는 전전두엽피질로, 이곳에서 작업기억이 처리되므로 이는 일리가 있다. 이 외에도 집중력에 관여하는 기관으로는 측두엽 깊숙이 자리하며 두정엽까지 뻗어 있는 앞쪽띠이랑anterior cingulate gyrus이 있다. 앞쪽띠이랑은 수많은 감각 정보를 처리하며, 의식과 같은 고차원적인 기능과도 연관되어 있는 크고 복잡한 기관이다.

그러나 집중력을 통제하는 시스템은 상당히 분산되어 있으며, 이는 여러 가지 결과를 낳는다. 1장에서 우리는 뇌에서 더 발달된 의식 영역과 원시적인 '파충류 뇌' 영역은 서로 부딪히는 경우가 많다는 사실을 살펴보았다. 집중력 통제 시스템 역시 마찬가지다. 좀 더 유기적이긴 하지만 의식 및 잠재의식의 처리 과정은 집중력 통제 시스템과 서로 익숙하게 결합되기도 하고, 혹은 충돌을 일으키기도 한다.

예를 들어 집중력을 조절하는 것은 외인성 및 내인성 신호다. 좀 더 단순하게 표현하자면 상향식 및 하향식 통제 시스템을 모두 가지고 있다. 더 쉽게 말하면, 집중력은 뇌의 내부와 외부 모두에서 일어나는 일에 반응한다. 이는 칵테일파티 효과를 보면 알 수 있다. 우리는 특정 소리에 관심을 기울인다. 즉, '선택적 경청'을 한다. 자신의 이름을 부르는 소리를 들으면 바로 관심을 그쪽으로 돌리게 된다. 이름이 들리기 전까지 그쪽의 대화를 전혀 인지하지 못하고 있었더라도, 일단 한 번 인지하고 나면 다른 것은 제쳐두고 그곳에만 관심을 쏟게 된다. 이 경우 외부 소리가 관심을 돌리게 만든 상황으로, 이는 상향식 프로세스(외부→뇌)다. 그리고 의식적으로 더 많이 듣고자 하기 때문에 계속해서 관심이 그곳으로 쏠린다. 이 현상은 의식적 뇌에서 발생하는 내부의 하향식 프로세스(뇌→외부)다.

그런데 여기서 우리가 소리에 대해 어떻게 집중을 하게

되는지는 아직 정확히 밝혀지지 않았다. 우리는 흥미로운 소리를 듣는다고 다 귀를 기울이진 않는다. 이와 관련하여 캘리포니아대학의 에드워드 창Edward Chang과 니마 메스가라니Nima Mesgarani는 뇌의 관련 영역에 전극을 삽입한 3명의 간질 환자의 청각피질을 연구했다(재미 삼아 한 것이 아니라 경련 활동을 기록하고 그 위치를 파악하기 위해서였다).[13] 이들에게 두 가지 이상의 소리를 한꺼번에 들려주고 특정 소리에 집중하게 하자, 집중한 소리에 대해서만 청각피질이 반응했다. 즉, 뇌는 어떻게든 다른 정보는 억압하고, 주의를 기울이는 소리에 모든 관심을 집중하려 한다는 말이다. 이는 누군가 자신의 따분한 취미에 대해 계속 지껄일 때 우리가 하는 것처럼, 뇌가 특정 목소리를 '꺼버릴 수 있다'는 것을 암시한다.

그러나 집중력에 관한 대부분의 연구는 주로 시각체계에 대해 이루어지고 있다. 우리는 관심사인 물건에 대해 물리적으로 눈의 초점을 맞출 수 있으며, 또 실제로도 그렇게 한다. 그리고 뇌는 주로 시각 데이터에 의존한다. 이는 분명 연구해야 할 대상이며, 실제로 연구를 통해 집중력이 어떻게 작용하는지에 관한 많은 정보가 도출되었다.

전두엽의 전두안구영역frontal eye field은 망막으로부터 정보를 받아 이 정보를 근거로 '시야 지도'를 만든다. 그리고 지도는 두정엽을 통해 공간 구조와 정보를 받아 더욱 충실해진다. 만약 시야에 흥미로운 일이 발생하면, 이 시스템은 눈을 바로 그쪽으로 향하게 하여 어떤 일인지 보게 한다. 이때 뇌는 '나는 저걸 보고 싶어'라는 목표를 가지고 있으므로, 이를 명시적인 지향 혹은 목표 지향이라고 한다. 예를 들어 '특별 서비스! 스테이크 무료'라는 광고를 보았다고 하자. 여러분은 즉시 이 문구에 관심을 돌려 어떤 서비스인지 살펴보고는 스테이크를 무료로 얻는 목표를 이루고자 한다. 여기서 의식 상태의 뇌가 관심을 집중시킨다. 따라서 이는 하향식 시스템이다.

그러나 여기에는 '은밀한 방향성'이라 불리는 또 다른 시스템도 함께 작용하고 있다. 이는 상향식 시스템에 더 가깝다. 상향식 시스템은 생물학적으로 중요한 무언가(예를 들어 가까운 곳에서 호랑이가 으르렁거리는 소리, 혹은 내가 밟고 서 있는 나뭇가지가 갈라지는 소리)가 감지되었다는 것을 뜻한다. 그리고 뇌의 의식 영역이 상황을 파악하기도 전에 이미 관심이 자동적으로 그쪽으로 쏠린다. 따라서 상향식 시스템이다. 상향식 시스템도 하향식 시스템과 마찬가지로 소리의 신호뿐만 아니라 동일한 시각 정보를 사용한다. 그러나 이때의 시각 정보는 다른 영역의 신경 프로세스가 지원한다.

현재 발견된 증거 자료를 볼 때 가장 대중적인 지지를 받고 있는 모델은, 잠재적으로 중요한 것이 감지되었을 때 의식적인 집중력 시스템이 현재 무엇을 하고 있든지 그를 중단시킨다는 이론이다. 마치 '아이가 쓰레기통을 비우도록 하기 위해 TV를 꺼버리는 부모'처럼 말이다. 그다음 중간뇌의 상구가 집중력 시스템을 원하는 곳으로 이동시킨다. '부모가 아이를 쓰레기통이 있는 부엌으로 데려가듯이' 말이다. 그 후 시상의 일부인 시상침핵pulvinar nucleus이 집중력 시스템을 재활성화시킨다. '부모가 아이의 손에 쓰레기통을 건네주고는 아이를 문 밖으로 밀어서 쓰레기를 버리도록 하는 것'처럼 말이다.

이 시스템은 의식적이고 목표 지향적인 하향식 시스템보다 우선한다. 생존 본능과 관련되어 있으므로 당연한 일이다. 우리 눈에 비친 낯선 형체는 지금 나를 향해 달려오는 사나운 개일 수도 있고, 아니면 자기 운동화에 대해 계속 떠들어대는 따분한 사무실 동료일 수도 있다.

이러한 구체적인 시각 이미지는 망막의 중간에 위치한 중요 요소인 황반에는 나타나지 않는다. 시각적으로 어떤 것에 관심을 쏟게 되면 보통 눈이 움직이게 되지만, 이 경우에는 그럴 필요가 없다. 여러분은 아마 '주변시야'라는 말을 들어보았을 것이다. 주변시야란 직접적으로 보고 있지 않은 것이 보이는 현상을 말한다. 물론 매우 구체적으로 보이는 것은 아니다. 예를 들어 책상에 앉아 컴퓨터로 일을 하고 있는데, 갑자기 시야의 한 모퉁이에 뜻밖의 움직임이 보인다. 이 움직임은 그 크기나 위치로 보아 커다란 거미인 듯하다. 이때 여러분은 그게 정확히 무엇인지 보고 싶지 않을지도 모른다. 컴퓨터로 계속 타이핑을 하면서도, 여러분은 그 위치에 어떤 움직임이라도 있을까 계속 주의를 기울이면서 그 움직임이 다시 보이기를 기다리게 된다(제발 다시 나타나지 않기를 바라면서 말이다). 여기서 집중의 대상이 눈이 향하는 곳과 반드시 직접적으로 연관된 것은 아니라는 사실을 알 수 있다. 뇌는 시야의 어느 부분에 집중해야 하는지 알 수 있으며, 이 때문에 눈을 움직일 필요는 없다.

이는 마치 상향식 프로세스가 가장 힘이 센 것처럼 들릴지도 모르지만, 그게 전부는 아니다. 중요한 자극이 감지되면 자극 방향성은 집중력 시스템보다 더 우세해지지만, 상황에 따라 무엇이 중요한 자극인지를 결정하는 것은 뇌의 의식 영역일 때가 많다. 예를 들어 하늘에서 큰 폭발음이 들리면 분명 중요한 자극으로 인식될 것이다. 그러나 만약 11월 5일(영국에서 '본파이어 나이트Bonfire Night'라고 불리는 기념일로, 1605년 가톨릭 탄압에 반발한 화약 음모 사건의 실패를 기념하는 공식적인 불꽃놀이 축제가 열리는 날)에 산책을 하고 있는데 하늘에서 폭발음이 들리지 않는다면, 그게 오히려 중대한 일이 된다. 뇌가 불꽃놀이를 예상하고 있기 때문이다.

집중력은 서로 다른 두 가지 형태의 일(시각 테스트와 청각 테스트를 동시에 진행하는 것처럼)로 분산될 수 있다. 하지만 기본적으로 '네/아니오' 정도로 답할 수 있는 테스트가 아니면 사람들은 대체로 고전을 면치 못했다. 물론 일부 사람들은 두 가지 일 중 하나가 자신이 아주 능숙한 것일 경우, 두 가지를 동시에 처리할 수도 있었다. 예를 들어 전문 타이피스트는 타이핑을 하면서도 수학 문제를 풀 수 있다. 혹은 앞의 예시처럼 능숙한 운전자는 운전을 하면서도 구체적인 대화를 나눌 수 있다.

집중력의 힘은 아주 대단하다. 이와 관련하여 잘 알려진 실험으로서 자발적인 참가자들로 진행된 스웨덴 웁살라대학의 연구[14]를 들 수 있다. 화면에 뱀과 거미 이미지를 보여주자 실험참가자들은 300분의 1초도 채 안 되어 손바닥에 땀이 생겼다. 일반적으로 뇌가 시각적 자극제를 처리하여 우리가 의식적으로 인지하기까지는 0.5초가 걸린다. 따라서 이 실험의 참가자들은 뱀과 거미 화면을 실질적으로 '보는 데' 걸리는 시간의 100분의 1도 안 되어 이에 반응한 것이다. 우리는 이미 무의식적인 집중력 체계에 대한 사실을 몇몇 규명해냈다. 무의식적인 집중력 체계는 적절한 신호에 생물학적으로 반응하고, 위험해 보이는 것이라면 무엇이든 반응한다. 그래서 뇌는 다리가 여덟 개 달렸거나, 아예 다리가 전혀 없는 생물처럼 자연적인 위협 대상을 두려워하도록 진화해 왔다. 웁살라대학의 실험은 의식적인 영역이 '어? 뭐지?' 하고 인식하기도 전에 집중력이 무언가를 찾아내어 뇌 영역에 빠르게 전달하고 반응을 유도한다는 사실을 제대로 증명해 준다.

하지만 또한 집중력은 한곳에 너무 주의를 기울인 나머지 다른 아주 중요하고 명백한 것들을 놓치게 만들기도 한다. 이를 잘 보여주는 예가 댄 사이먼Dan Simons과 대니얼 레빈Daniel Levin의 1998년 실험, 일명 '문 연구door study'다.[15] 이들의 실험에서 실험자가 지도를 들고 아무 보행자에게 다가가 길을 물었다. 보행자가 지도를 보며 실험자에게 길을 설명하는 동안, 어떤 사람들이 커다란 문짝을 들고 보행자와 실험자 사이를 지나갔다. 그런데 문짝이 이들 사이를 가로막고 지나가는 아주 짧은 동안에 지도를 든 실험자가 다른 사람으로 교체되었다. 교체된 사람은 마찬가지로 지도만 들고 있을 뿐 원래의 실험자와는 생김새와 목소리가 다른 사람이다. 이때 지도를 보며 길을 설명하던 보행자들의 50%는 자신이 길을 가르쳐주고 있는 상대가 바뀌었다는 사실을 눈치채지 못했다. 바로 몇 초 전에 대화하던 사람이 아닌 다른 사람과 이야기를 하고 있는데도 말이다. 이 실험을 통해 '변화맹시change blindness' 프로세스에 대한 관심이 집중되었다. 변화 맹시란 뇌가 아주 잠깐이라도 방해를 받게 되면, 눈에 보이는 장면에 아주 중요한 변화가 있음에도 이를 알아차리지 못하는 현상이다.

집중력의 한계는 과학적으로나 기술적으로 심각한 문제를 일으키기도 한다. 예를 들어 자동차나 비행기 등의 앞유리에 운행에 필요한 중요 정보를 표시해주는 '전방시현장치

head-up display'는 운전자나 조종사가 계기판을 보기 위해 시선을 아래로 내리지 않아도 되어 아주 효율적인 첨단 시스템이라고 여겨진다. 그러나 집중력에 있어서 이 부분은 꼭 그렇지만은 않다. 전방시현장치에 조금이라도 정보가 많아지면 조종사는 그 장치 정보에 최대치의 관심을 쏟게 된다.[16] 즉, 조종사는 장치 정보가 표시되는 앞유리에서 눈을 떼지 않고 줄곧 정면을 바라볼 수는 있지만, 그렇다고 앞유리 너머까지 보지는 못한다. 이 때문에 다른 비행기 위에 착륙하는 조종사도 있었다(다행히 시뮬레이션상에서의 일이다). 그럼에도 불구하고 NASA는 전방시현장치를 사용할 수 있는 가장 좋은 방법을 찾아내기 위해 오랜 시간 연구를 계속하고 있으며, 이를 위해 수억 달러를 쏟아붓고 있다.

그런데 이는 인간의 집중력 체계의 심각한 한계를 보여주는 몇 가지 예일 뿐이다. 물론 여러분은 다른 주장을 펼지도 모른다. 그렇다면 여러분이 이 문제를 집중적으로 살펴보지 않았기 때문이다. 하지만 다행히도 지금까지 살펴본 내용 덕분에 여러분은 적어도 집중하지 못한 것에 대한 비난을 면할 수 있을 것이다.

6

성격이 이상하다고 욕하지 마세요, 뇌 때문입니다

한없이 복잡하고 혼란스러운 성격이라는 녀석

성격은 모든 사람들이 가지고 있는 것이다(어쩌면 정치계에 입문하는 사람은 없을 수도 있다). 그런데 성격은 대체 무엇일까? 간략하게 말하면 개인의 성향, 신념, 사고방식 및 행동의 종합이다. 성격은 뛰어난 뇌 덕분에 인간만이 가지고 있는 섬세하고 진화된 정신 프로세스의 집합체로서, 분명 '고차원적인' 기능이다. 그러나 놀랍게도 많은 사람들이 성격이 뇌에서 비롯되는 것은 아니라고 생각한다.

역사적으로 사람들은 이원론을 믿었다. 마음과 몸이 별개라고 생각한 것이다. 여러분이 뇌에 관해 어떻게 생각하든, 뇌가 몸의 일부인 건 사실이다. 즉, 신체 장기다. 이원론자들은 인간의 좀 더 무형적이며 철학적인 요소(신념, 태도, 사랑, 증오 같은 것들)는 마음 혹은 정신의 안에, 또는 인간이 가진 무형의 것을 무엇이라고 명명하든지 '그곳'에 있다고 주장했다.

그런데 1848년 9월 13일 중요한 사건이 일어났다. 갑작스러운 폭발사고로 인해 피니어스 게이지Phineas Gage는 1미터가량 되는 쇠막대에 맞아 뇌를 다치게 되었다. 이 쇳덩이가 왼쪽 눈 아래 두개골을 뚫고 들어가 왼쪽 전두엽을 관통해서 두개골 위쪽을 통해 밖으로 빠져나왔다. 그러고도 25미터나 더 날아가 떨어졌다. 이 쇳덩이가 뚫고 들어가는 힘이 너무 커서 인간의 머리는 레이스 커튼 정도의 저항밖에 하지 못했다. 분명 이는 종이에 베인 상처와는 상황이 달랐다.

치명적인 상처를 입었을 것이라고 짐작해도 무방하다. 오늘날에도 '거대한 쇠막대기가 머리를 관통했다'라고 하면 100% 목숨을 잃을 만한 사고라고 생각된다. 그런데 이 사고가 발생한 시기는 1800년대 중반이었다. 그때는 발가락이 어디에 부딪히기만 해도 괴저로 죽는다고 생각하던 시절이었다. 그러나 게이지는 살아남았다. 그러고도 12년을 더 살았다.

이것이 가능했던 이유 중 하나는 이 쇠막대가 아주 매끄럽고 뾰족했기 때문이다. 이런 막대기가 아주 빠른 속도로 관통한 덕분에 상처는 놀랄 만큼 정확하고 '깨끗'했다. 이 사고로 게이지는 좌반구에 있는 전두엽을 거의 모두 잃었다. 하지만 뇌는 그 내부에 중첩된 부분이 아주 많기 때문에, 반대쪽 뇌가 그 공백을 메워줌으로써 정상적으로 작동할 수 있었다. 이 사고로 게이지의 성격이 아주 크게 바뀌었고, 이 때문에 그는 심리학과 신경과학 분야에서 유명해졌다. 원래 온화하고 성실했던 그는 책임감이 없고 입버릇이 나쁜 사람으로 변했으며, 심지어 정신병적인 증상도 보였다. 이 사례를 통해 뇌의 작동이 인간의 성격에 영향을 미친다는 이론이 확고해지면서 이원론은 설 자리를 잃게 되었다.

그러나 게이지의 성격이 어떻게 달라졌는지에 대한 이야기는 매우 다양하다. 죽을 때가 다가오면서 게이지는 역마차 운전수로 계속 일하게 되었다. 이는 책임감과 사회성이 많이 요구되는 직업이다. 따라서 그의 성격이 한때 나쁘게 변했다 해도 다시 좋아졌던 게 분명하다. 하지만 그에 대한 극단적인 주장이 계속 제기되었다. 그 이유는 심리학자들이 게이지의 사례를 뇌의 작동 원리에 관한 자신의 이론을 홍보하기 위한 기회로 이용했기 때문이다(그 당시 심리학자는 자기과시적인 성향의 돈 많은 백인들이 대부분이었다. 하지만 지금은 사실…… 아, 아니다. 없던 이야기로 하자). 그리고 만약 그들의 주장이 일어난 적도 없는 일을, 이 뇌를 다친 보잘것없는 한 철도 노동자에게 돌리는 것이었다면? 그때는 19세기이며, 게이지를 페이스북으로 찾아낼 방법도 없는 시대였다. 게이지의 성격에 대한 극단적인 주장은 대부분 그가 죽은 뒤에 제기된 것이다. 따라서 부인할 수도 없는 노릇이다.

하지만 사람들이 게이지의 실제 성격 변화나 지적 변화에 대해 충분한 열의를 가지고 있었다 해도, 어떻게 그를 관찰할 수 있었을까? IQ 테스트는 이보다 반세기 후의 일이며, 또한 IQ는 사고로 영향을 받았을 가능성이 있는 하나의 특성일 뿐이다. 따라서 게이지의 사건 후 성격에 관한 일관된 두 가지의 사실을 깨닫게 되었다. 성격은 뇌의 부산물이라는 것과 성격을 제대로 객관적으로 측정하는 것은 정말 어려운 일이라는 점이다.

E. 제리 파레스E. Jerry Phares와 윌리엄 채플린William Chaplin은 1997년 저서 《성격에 대한 입문서Introduction to Personality》에서 성격에 대해 "성격이란 한 개인을 다른 사람과 구분 지어주는 특유의 생각, 감정, 행동의 패턴으로 시간이 지나고 여러 상황에서도 계속 유지된다"라고 정의 내렸다. 다행히 이는 대부분의 심리학자들이 받아들

일 만한 내용이다.

우리는 앞으로 몇 가지 재미있는 내용을 살펴볼 것이다. 이는 성격을 측정할 때 사용되는 방법, 사람들을 화나게 하는 것과 사람들이 어떤 일을 왜 하게 되는지, 그리고 좋은 성격과 유머감각을 결정하는 보편적인 요인에 관한 것이다.

뇌가 먼저냐 성격이 먼저냐

성격 유형 분류와 성격 테스트

내 동생 케이티는 내가 세 살 때 태어났다. 그 당시 나의 작고 연약한 뇌는 비교적 신선했다. 동생과 나는 같은 부모님 밑에서 함께 자랐다. 당시 우리가 살던 곳은 웨일스의 작은 외딴 계곡 마을이었다. 전반적으로 동생과 나는 아주 비슷한 환경에서 성장했으며, 아주 비슷한 DNA를 가지고 있었다.

따라서 여러분은 내 동생과 나의 성격도 아주 비슷할 거라고 짐작할 것이다. 그러나 실제는 정반대다. 내 동생은 부드럽게 표현하자면 과도하게 활동적인 악몽 같은 존재였다. 반면 나는 너무 차분해서 내가 깨어 있는지 확인하려면 찔러봐야 할 정도였다. 지금은 둘 다 성인이 되었지만, 우리는 여전히 너무 다르다. 나는 신경과학자가 되었고, 내 동생은 컵케이크를 만들고 있다. 내가 잘난 척하는 것처럼 들릴지도 모르지만, 그건 아니다. 아무나 붙잡고 둘 중에 뭐가 더 좋은지 물어보면 알 것이다. 뇌의 과학적 기능에 대해 토론하고 싶은지 아님 컵케이크에 대해 얘기하고 싶은지 말이다. 그럼 누가 더 인기가 많을지 알게 될 것이다.

나의 개인적인 이야기를 꺼낸 이유는 두 사람이 출신, 환경, 유전적 요인이 아주 비슷한 경우라도 완전히 상반된 성격을 가질 수 있다는 것을 보여주기 위해서다. 그렇다면 일반적인 사람들 가운데서 서로 전혀 모르는 두 사람의 성격을 추정하여 측정할 수 있는 확률은 얼마나 될까?

손금을 예로 들어보자. 손금은 기본적으로 손가락 끝에 있는 피부의 도드라진 패턴이다. 그뿐이다. 이렇게 단순한데도 세상 모든 사람들은 그 누구와도 같지 않은, 각자 자신만의 독특한 손금을 가지고 있다. 이처럼 신체의 아주 작은 부위의 표면 무늬조차 전 세계 사람의 수만큼 다양한데, 그렇다면 인간의 뇌 속에 존재하는 수없이 많고 미묘한 연결고리와 복잡한 특성이 낳은 결과물은 얼마나 더 다양하겠는가? 심지어 인간은 전 지구상에서 가장 복잡한 생물이다. 따라서 객관식 문답 테스트처럼 간단한 방법으로 사람의 성격을 단정하려는 시도는 그 자체만으로도 아주 무의미한 일이다. 플라스틱 포크로 초대형 조각상을 만드는 일처럼 말이다.

하지만 현대 이론에 따르면, 성격은 예측 가능하고 인식할 수 있는 구성 요소를 갖고 있다고 한다. 이를 '특성'이라고 부르며, 분석을 통해 파악할 수 있다는 것이다. 수십억 개의 손금도 단 세 가지 패턴(고리, 소용돌이, 아치 모양)으로 귀결되며, 매우 다양한 DNA도 단 네 개의 뉴클레오티드(G, A, T, C)의 배열로 이루어져 있듯이, 많은 과학자들은 성격 역시 모든 사람이 공통적으로 가지고 있는 특정한 특성의 조합이나 표현으로 생각할 수 있다고 주장한다.

그렇다면 이러한 특성은 무엇일까? 이 특성들은 어떻게 결합하여 성격을 형성하게 될까? 논쟁의 여지가 있긴 하지만, 현재 가장 우세한 접근법은 '5대 성격 특성 요소'Big 5' personality traits'라고 하는 것이다. 이는 빨강, 파랑, 노랑을 어떻게 섞느냐에 따라 여러 가지 색을 만들 수 있듯이, 성격도 다섯 개의 특성 요소가 저마다의 비율에 따라 결합하여 이루어진다는 생각이다. 또한 이 특성 요소들은 다양한 상황에서도 일관성 있게 나타나기 때문에, 따라서 개인의 태도나 행동은 예측 가능하다는 것이다. 이 5대 성격 특성 요소는 개방성, 성실성, 외향성, 친화성, 신경성이다. 하나씩 살펴보자.

개방성이란 새로운 경험에 얼마나 개방적인가를 나타낸다. 만약 상한 돼지고기로 만든 조각 전시회에 초대를 받았다면, 개방성의 양극단에 있는 사람들은 아마도 "좋아, 당연히 가야지! 한 번도 상한 고기로 만든 예술작품을 본 적이 없으니, 이번 전시회는 대단할 거야!"라고 하거나, 혹은 "음, 조각 전시회 같은 데에는 가본 적이 없는데. 그러니 나에겐 재미없을 거야"라고 할 것이다.

성실성이란 계획성, 준비성, 자제력의 정도를 의미한다. 아주 성실한 사람은 상한 돼지고기 전시회에 초대를 받으면, 먼저 가장 좋은 버스 노선을 알아보고 차가 막힐 때 택할 수 있는 차선책까지 찾아본 후 파상풍 주사까지 맞고 난 다음 가겠다는 이야기를 할 것이다. 반대로 성실하지 않은 타입은 직장에서 조퇴 허락도 받지 않은 채 그냥 10분 뒤에 보자고 한다. 그러고는 직감에 의존하여 전시회 장소를 찾아간다.

외향성이란 열정적으로 타인을 찾고 상호작용하는 정도를 말한다. 외향적인 사람은 사교적이고 매력적이며 타인의 관심을 끌려고 하는 반면, 내성적인 사람은 조용하고 개인적이며 혼자 있는 것을 더 좋아한다. 이들이 만약 같은 전시회에 초대를 받았다면, 매우 외향적인 사람은 자신이 급하게 만든 조각품까지 자랑할 요량으로 들고 간다. 그러고는 인스타그램에 올릴 사진을 찍기 위해 다른 조각품들 옆에 서서 포즈를 취한다. 하지만 아주 내성적인 사람은 초대를 받을 만큼 긴 대화를 나누지도 않을 것이다.

친화성은 행동과 생각에 있어서 사회와 조화를 이루기 위해 어느 정도의 노력을 하느냐의 여부다. 매우 친화적인 사람은 상한 돼지고기 전시회에 당연히 간다고 이야기할 것이다. 초대한 사람이 자신이 가는 것을 싫어하지 않는 한 말이다(이들은 피해를 주는 것을 싫어한다). 친화성이 많이 부족한 사람은 애초에 초대를 받을 가능성이 없다.

신경성이 높은 사람은 전시회에 초대를 받으면 초대를 거절한 뒤, 상세히 그 이유를 설명한다. 우디 앨런Woody Allen을 생각해보라.

이 다섯 가지 특성이 5대 성격 특성 요소다. 그리고 이 특성들이 상당히 일관적이라는 증거 자료는 많다. 친화성에서 높은 점수를 받은 사람은 아주 다양한 상황에서도 같은 성향을 보인다. 그리고 특정 성격 요소는 뇌의 어떤 활동 및 영역과 관련이 있다는 연구 자료도 있다. 한스 아이젱크Hans J. Eysenck는 성격 연구 분야에서 가장 잘 알려진 학자 중 한 명으로, 내성적인 사람은 외향적인 사람에 비해 피질 각성cortical arousal(피질에서의 자극 및 활동) 정도가 더 높다고 한다.[1] 이를 해석하자면 내성적인 사람은 자극이 크게 필요하지 않은 반면, 반대로 외향적인 사람은 더 자주 흥분하고 싶어 하며 이러한 성향을 중심으로 성격이 발달한다는 것이다.

야스유키 타키Yasuyuki Taki의 연구를 비롯한 최근 여러 스캐닝 연구[2]에 따르면, 신경성이 높은 사람은 배내측 전전두엽피질과 후방해마를 포함한 왼쪽중앙측두엽이 평균보다 작으며, 중간대상이랑cingulate gyrus은 크다고 한다. 이 영역들은 의사결정, 학습, 기억에 관여한다. 따라서 신경성이 높은 사람은 편집증적 추측을 통제하거나 억누르지 못하며, 이러한 추측이 믿을 만하지 않다는 사실도 알지 못한다. 외향적인 사람은 안와전두피질의 활동이 더 활발한데, 이 영역은 의사결정과 관련이 있다. 그러므로 외향적인 사람들은 의사결정과 관련된 이 영역들의 활동 증가로 더 활발해지고 결정을 자주 내리며, 그 결과 더욱 외향적으로 행동하게 되는 것이 아닐까?

또한 성격을 결정하는 데 유전적인 요소도 영향을 미친다는 증거가 있다. 1996년 장, 리브슬리, 베르논Jang, Livesley and Vernon은 300쌍의 쌍둥이(일란성 및 이란성)를 대상으로 실험을 실시했다. 그 결과 5대 성격 요소의 유전성은 40~60%에 이르는 것으로 나타났다.[3]

앞의 내용들을 종합해보면 성격을 이루는 데에는 몇 가지 요소(구체적으로 다섯 가지)가 있으며 이를 증명할 증거는 많다는 얘기가 된다. 그리고 이 요소들은 뇌의 특정 영역 및 유전자와도 관련이 있는 것으로 보인다. 그렇다면 여기서 문제는 무엇일까?

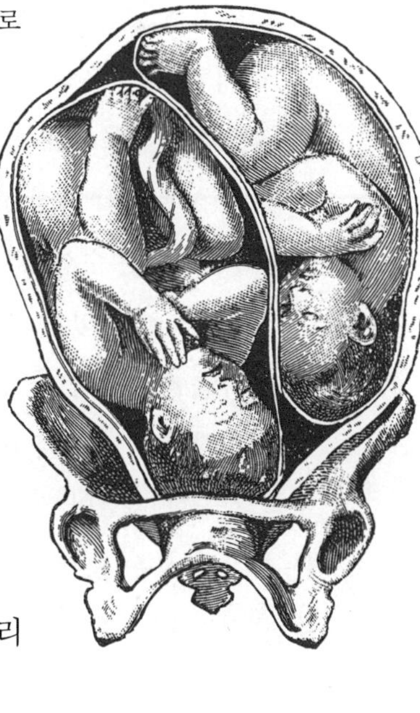

우선 많은 사람들이 5대 특성 요소로는 성격의 복잡한 특성을 명확히 설명하지 못한다고 주장한다. 이 요소들은 전반적으로 우리

가 흔히 떠올리는 다양한 성격적 특성들을 골고루 아우르고 있는 것처럼 보이지만, 이것만으로는 도저히 설명하기 어려운 특성들도 분명 존재한다. 예를 들면 유머감각은 5대 특성의 어디에 위치한다고 봐야 하는가? 종교적 혹은 미신을 믿는 성향은? 아니면 화를 잘 내는 성격은? 비판론자들은 5대 특성 요소는 주로 '겉으로 보이는' 성격만을 나타낸다고 이야기한다. 그러나 성격적 특성 중에는 겉으로 드러나지 않는 요소들(유머, 믿음, 편견 등)이 상당히 많으며, 이러한 내적인 성격 특성이 반드시 행동으로 나타나는 것은 아니라고 말한다.

우리는 성격 유형이 뇌의 구조에도 반영되어 있다는 증거를 살펴보았다. 즉, 성격은 생물학적 근거가 있다는 말이다. 하지만 뇌는 유연하고 경험에 따라 변한다. 따라서 우리가 관찰하는 뇌의 구조는 성격의 결과이지 원인이 아니다.

또한 5대 성격 특성 요소 이론이 발생하게 된 방식도 문제다. 이 이론은 수십 년의 성격 연구 자료에 대한 요인분석(4장에서 논의한 바 있다) 결과에 바탕을 두고 있다. 많은 사람들이 다양한 분석을 한 결과 이 다섯 가지 요인이 반복적으로 발견되었다. 그러나 이는 무슨 뜻일까? 요인분석은 단지 분석 가능한 자료만 검토한다. 여기서 요인분석을 활용한다는 것은 빗물을 모으기 위해서 마을 곳곳에 큰 양동이를 놔두는 것과 비슷하다. 만약 한 곳의 양동이가 다른 양동이보다 항상 먼저 찬다면, 여러분은 이 장소가 다른 곳보다 더 많은 비가 내린다고 말할 것이다. 이러한 사실을 알아내는 것은 좋은 일이지만, 그렇다고 왜 비가 더 내리는지, 비는 어떻게 형성되는지, 혹은 그 왜 다른 중요한 요인들까지는 알 수 없다. 즉 유용한 정보임에는 틀림없지만 문제를 이해하는 출발점에 불과하지, 결론은 아니라는 것이다.

여기서 5대 성격 특성 요소 이론을 집중적으로 다룬 것은 가장 일반적으로 알려진 이론이기 때문이지, 다른 이론이 없기 때문은 아니다. 일례로 1950년대 프리드만과 로젠한Friedman and Rosenhan은 A유형, B유형 성격을 주장했다.[4] A유형은 경쟁심이 강하고 성취욕이 높으며 인내심이 적고 공격적인 반면, B유형은 그 반대의 성격을 가지고 있다. 이 두 가지 유형은 직장과도 관련이 있으며, A유형의 경우 성격 특성상 경영자나 고위직이 많다. 하지만 연구 결과 A유형의 사람들은 심장병이나 기타 심혈관질환을 앓을 가능성이 두 배나 더 높았다. 즉, 특정 성격 유형을 가지게 되면 말 그대로 이로 인해 죽을 수도 있다는 의미이며, 결코 좋은 일이 아니다. 하지만 그 이후 여러 연구를 통해 심부전증에 걸릴 확률은 흡연, 잘못된 식습관, 8분마다 직장 부하에게 소리를 지르는 등의 다른 요인 때문이라는 결과가 나왔다. 그리고 A유형, B유형에 관한 성격 이론은 너무 일반화된 것으로 드러났다. 좀 더 섬세한 접근법이 필요했으며, 성격 특성에 대해 좀 더 구체적인 관심이 요구되었다.

좀 더 회의론적인 시각을 가진 사람들은 성격 특성 이론과 같은 접근 방식은 너무 제한적이어서 성격을 제대로 대변하지 못한다고 주장한다. 모든 상황에서 똑같은 방식으로 행동하는 사람은 아무도 없다. 외부 환경이 중요하다는 말이다. 외향적인 사람은 사교적이고 쉽게 흥분하지만, 장례식이나 중요한 비즈니스 미팅에서까지(이들에게 고질적인 문제가 있지 않는 한) 외향적으로 행동하지는 않을 것이다. 이러한 주장을 '상황주의 이론'이라고 한다.

이처럼 과학적으로 논쟁이 많긴 하지만 성격 유형 테스트는 흔하게 사용된다. 인터넷에서도 쉽게 접할 수 있다(보통 이러한 테스트들은 허접하게 만든 웹사이트에서 6초마다 한 번씩 열리는 온라인 카지노 광고 창과 함께 무료로 제공된다). 이곳에서는 간단한 퀴즈를 풀고 나면 여러분이 어떤 성격의 소유자라는 결과를 알려준다. 꽤나 재미있다. 우리는 스스로 특정 유형의 성격을 가지고 있다고 짐작하고 있는데, 테스트 결과가 자신의 생각과 유사하게 나오면 우리의 판단이 역시 옳았다는 것이 입증되는 셈이기 때문이다.

그렇다고 완전히 쓸모없는 건 아니다. 성격 테스트를 가장 걱정스러운 방법으로, 그러나 가장 많이 사용하는 곳이 회사다. 여러분은 아마 MBTI(마이어스 브릭스 성격 유형 검사Myers-Briggs Type Inventory)를 알고 있을 것이다. MBTI는 세계에서 가장 대중적으로 사용되는 성격 측정 검사로서, 수백만 달러가 이 검사에 사용된다. 그런데 문제는 과학계에서는 이 테스트를 지지하지도, 인정하지도 않는다는 점이다. MBTI는 철저하고 적절한 테스트처럼 보이긴 한다. 하지만 사실 이 실험은 열의에 찬 아마추어들이 한 가지 자료를 가지고 수십 년 전에 조사된 증명되지 않은 추정치를 통해서 만든 것일 뿐이다.[5] 그런데도 직원들을 가장 효율적으로 관리하고자 했던 회사들이 이 기법을 사용했고, 그 결과 세계적으로 널리 알려지게 되었다. 지금은 MBTI를 맹신하는 사람들이 수십만 명에 달한다. 하지만 점성술을 믿는 사람도 그만큼은 된다.

MBTI가 이처럼 대중적인 이유 중 하나는 비교적 단순하고 이해하기 쉬우며, 직원들을 여러 분류로 나누어서 이들의 행동을 예측하고 그에 맞춰 관리할 수 있기 때문이다. 만약 여러분이 내향적인 사람을 고용한다면 어떻게 하겠는가? 그 직원에게는 혼자서 일할 수 있는 업무를 주고 가급적 방해하지 않도록 할 것이다. 반대로 외향적인 직원이라면 홍보나 고객관리 업무에 배정할 것이다. 그리고 이 직원들은 이런 업무를 좋아할 것이다.

최소한 이론적으로는 그렇다. 하지만 실제 상황에서 이런 일은 가능하지 않다. 인간은 전혀 단순하지 않기 때문이다. 많은 회사들이 MBTI를 인사 정책의 핵심 요소로 활용한다. 그런데 이 시스템은 구직자들이 100% 솔직하고 또 그만큼 멍청해야 효과가 있다. 만약 여러분이 어떤 직장에 취업을 하려는데, 이 테스트에서 "다른 사람들과 함께 일하는 것을 좋아합니까?"라고 묻는다면 뭐라고 대답하겠는가? 곧이곧대로 "아니오. 게으른 사람들이나 남이 차려놓은 밥상에 숟가락만 올리려는 사람들과 함께 일하느니 혼자 일하는 것이 속편합니다"라고 대답하겠는가? 대부분의 사람들은 이런 시험에서 가장 안전한 대답을 택할 만큼의 지성은 있다. 따라서 이런 테스트 결과는 무용지물이다.

MBTI는 잘 알지도 못하면서 과장광고에 현혹된 비과학적인 사람들에 의해 반박할 수 없는 절대적 기준처럼 사용된다. MBTI가 정확성을 가지려면 테스트를 끝낸 모든 사람들이 테스트 결과에 맞춰 적극적으로 행동해야만 한다. 하지만 그런 일은 없다. 그리고 직원들이 이해하기 쉬운 몇몇 타입에 속하므로 관리자가 관리하기 용이하다는 점은 실제로 직원들이 그런 유형이라는 의미는 아니다.

즉, 성격 테스트는 우리 성격이 그 테스트 결과에 배치되지 않을 때에만 쓸모가 있다.

분노는 어떻게 브루스 배너를 헐크로 만들까?

성난 뇌 속에서 벌어지는 일

브루스 배너Bruce Banner가 한 유명한 말이 있다. "나를 화나게 하지 마라. 내가 화가 나면 당신은 나를 좋아하지 않을 것이다." 브루스 배너는 화가 나면 인크레더블 헐크로 변신한다. 인크레더블 헐크는 세계적인 만화 캐릭터로 수백만 명의 팬을 거느리고 있다. 따라서 그의 말은 사실이 아닌 게 분명하다.

화난 사람을 좋아할 사람이 있을까? 물론 어떤 사람들은 불의를 보고 '정당한 화'를 표출하며, 이에 수긍하는 사람들은 그들을 지지할 것이다. 하지만 일반적으로 화는 부정적인 것으로 생각된다. 화가 비이성적인 행동이나 폭력을 낳기 때문이다. 만약 화가 이처럼 해로운 것이라면, 왜 인간의 뇌는 자신과는 관련이 없어 보이는 일에도 화를 표출하지 못해 안달일까?

화는 정확히 무엇일까? 화는 정서적 그리고 생리적 흥분 상태로서, 보통 어떤 경계선이 침해당했을 때 발생한다. 만약 길에서 다른 사람과 부딪혔다면? 여러분의 신체적 경계선이 침해당했다. 만약 누가 돈을 빌려가서 갚지 않는다면? 여러분의 재정적 혹은 자금 경계선이 침해당했다. 그리고 누가 매우 모욕적인 말을 했다면? 여러분의 도덕적 경계선이 침해당한 것이다. 누가 그랬든 고의로 경계선을 침해했다면, 이는 도발이다. 그 결과 흥분 상태가 더욱 고조되며, 화가 더 많이 난다. 이는 다른 사람의 음료수를 엎지르는 것과 이를 얼굴에 퍼붓는 것과의 차이다. 후자의 경우, 경계선이 침해당한 것뿐만 아니라 누군가 고의로 자신의 이익을 위해 여러분에게 피해를 주면서까지 저지른 일이다. 뇌는 인터넷이 생기기 훨씬 전부터 이러한 악의적 행동에 대응해왔다.

진화론적 심리학자들이 제기한 화의 재조정 이론[6]에 따르면 화는 이러한 상황에 대처하기 위해 발달된 자기방어기제의 일종이라고 한다. 화는 여러분이 손해를 보게 되는 상황에 대해 잠재의식적으로 빠르게 대응해서 균형을 잃지 않고 자기보호를 할 수 있도록 한다. 인간의 조상인 영장류를 생각해보자. 이들은 새로 발달된 피질을 통해 돌도끼를 아주 공들여 만들었다. 이런 최신식 '도구'를 만들려면 시간과 노력이 필요하다. 하지만 이 도구는 쓸모가 많다. 그래서 만들기만 하면 누군가 와서 가져가 버린다. 만약 한 영장류가 조용히 앉아 이 상황을 지켜보면서 소유와 도덕성에 대해 생각한다면, 그는 좀 더 똑똑한 놈일지도 모른다. 그러나 길길이 날뛰며 도둑놈의 턱을 주먹으로 내려치는 놈은 자신의 도구를 지킬 수 있고 다시는 침입을 당하지 않을 것이다. 따라서 이들의 지위는 높아지고 짝짓기 가능성도 커진다.

화의 재조정 이론은 어쨌든 이런 내용이다. 진화론적 심리학자들은 이처럼 지나친 단순화의 소질이 뛰어난 것 같다. 그 자체만으로 사람들을 화나게 할 만큼 말이다.

엄밀한 신경학적인 측면에서 보면, 화는 위협에 대한 반응이며, 이러한 위협 감지 시스템은 화와 크게 관련되어 있다. 편도체, 해마 및 중뇌수도 주변 회백질Periaqueductal grey matter 등 감각 정보를 본질적으로 처리하는 중뇌의 모든 영역이 위협 감지 시스템을 구성하며, 분노를 일으키는 데 관여한다. 그러나 앞에서 살펴보았듯이 인간의 뇌는 현재 세상을 탐험하기 위해 이런 원시적인 위협 감지 시스템을 항상 사용한다. 그리고 동료들에게 비웃음을 당하면, 이는 호의적이지 않은 인상을 주므로 위협으로 간주된다. 비웃음은 신체적인 해를 가하진 않지만 평판이나 사회적 지위와 관련된 것이다. 따라서 비웃음을 당한 사람은 결국 화가 나게 된다.

찰스 카버Charles Carver와 에디 하먼존스Eddie Harmon-Jones의 연구를 비롯한 뇌 스캐닝 연구에 따르면, 화가 난 사람들은 감정 통제, 목표 지향적 행동과 관련이 있는 안와전두피질의 활동이 증가하는 것으로 나타났다.[7] 이는 기본적으로 뇌가 어떤 일이 발생하기를 원할 때, 종종 감정을 통해서 이를 일으킬 수 있는 행동을 유도하거나 끌어낸다는 뜻이다. 화의 경우에도 마찬가지다. 어떤 일이 발생했을 때 뇌가 이것이 부정적인 일이라고 판단하게 되면, 뇌는 이에 대응하기 위해 화라는 감정을 만들어낸다. 이것은 뇌에게 만족스러운 방식이며, 즉 결국 뇌로서는 원하는 일(만족스러운 방식)이 발생한 것이다.

여기서 더 흥미로운 사실이 있다. 일반적으로 화는 파괴적이고 비이성적이며 부정적이고 해로운 것으로 여겨진다. 그러나 사실 화는 때때로 유용하며, 실제로 도움이 되기도 한다. 우리가 불안이나 위협을 맞닥뜨리게 되면 스트레스가 발생한다. 스트레스를 받으면 뇌에서는 스트레스 호르몬인 코르티솔을 분비시키게 되는데, 이에 따라 여러 생리적 문제가 일어날 수 있다. 독일 오스나브뤽대학의 미구엘 카젠Miguel Kazen과 그의 동료들의 연구[8]를 비롯한 여러 연구에 따르면, 화가 코르티솔의 분비를 낮춰주며, 스트레스로 인한 잠재적 피해를 줄여준다고 한다.

이에 대한 한 가지 근거를 들자면 여러 연구■에서 화가 뇌

■ 여담이지만, 화에 관한 연구들을 보면 "실험참가자들에게 화의 정도를 높일 만한 자극을 제시했다"고 이야기한다. 그러나 이는 곧 자발적으로 실험에 참여한 사람들에게 모욕을 주는 방법을 썼다는 뜻이다. 따라서 실험자들이 왜 연구 내용을 아주 공개적으로 밝히지

의 좌반구의 전대상피질anterior cingulate cortex과 전두엽의 활동을 증가시켰다는 점이다. 이 영역들은 동기부여와 반응을 만들어내는 데 관여한다. 이들은 뇌의 양쪽 반구 모두에 있으나, 각각 서로 다른 역할을 한다. 우반구의 경우에는 불쾌한 일에 대해 부정적이고 회피하려거나 물러서려는 반응을 일으키는 반면, 좌반구에서는 긍정적이고 활동적이며 다가가려는 반응을 일으킨다.

간단히 말하면, 앞의 동기를 일으키는 시스템에 위협이나 문제가 발생했을 때, 오른쪽 뇌는 '아니, 뒤로 물러서봐. 이건 위험한 거야. 상황을 더 악화시키지 말라고!'라고 하며 여러분이 움찔 놀라거나 숨도록 만든다. 반대로 왼쪽 뇌는 '아니, 나에게 이런 문제 따윈 없어. 해결해야 해.'라며 소매를 걷어붙이고 본격적으로 해결하기 위해 나선다. 비유적으로 여러분의 양쪽 어깨 위에 있는 악마와 천사는 사실 머릿속에 있는 것이다.

자신감 있고 외향적인 사람들은 왼쪽 뇌가 더 우세할 것이고, 신경이 과민하며 내향적인 사람들은 반대로 오른쪽 뇌가 더 우세할 가능성이 높다. 그러나 오른쪽 뇌가 가진 영향

는 않는지 그 이유를 알 수 있다. 심리학 실험의 참가자들은 자발적으로 참여하는 사람들이 대부분이다. 하지만 만약 이들이 과학자들이 여러 색깔의 상징물을 통해서 자신의 엄마가 얼마나 뚱뚱한지를 보여주는 동안, 자신은 실험실 스캐너에 꽁꽁 묶여 있어야 한다는 사실을 안다면 결코 참여하고 싶진 않을 것이다.

력으로는 눈앞에 닥친 위협을 감당할 수 없다. 그래서 위협 요인은 계속 남아 불안감과 스트레스를 가중시킨다. 여러 연구 자료에 의하면 화는 좌반구 시스템의 활동을 증가시켜서,[9] 다이빙 보드 위에서 망설이고 있는 사람을 밀어버리는 것과 같은 행동을 취하도록 만든다고 한다. 이와 동시에 코르티솔 수치를 낮춰서 사람을 '꼼짝 못하게' 만드는 불안감을 줄여준다. 그리고 스트레스를 일으키는 문제가 해결되면 코르티솔 수치는 더 낮아진다.■ 화는 또한 사람들을 좀 더 긍정적으로 만든다는 연구 결과도 있다. 따라서 화는 사람들이 잠재적 결과로 인해 생길 수 있는 최악의 상황을 두려워하기보다 어떤 문제든 해결할 수 있으며(그게 올바른 방법이 아니라 할지라도), 어떤 위협이든 최소화할 수 있다고 생각하게 만든다.

또한 여러 연구 결과, 협상 시에 화를 드러내는 것은 효과가 있다고 한다. 설사 양측 모두 화를 낸다고 해도 말이다. 그 이유는 화를 낸다는 것은 원하는 것을 성취하고자 하는 욕구가 크고, 결과에 대해 더 긍정적이며, 자신이 한 말에 대

■ 동일한 연구에서 화는 복잡한 인지 작용을 방해한다는 사실이 증명되었다. 다시 말해 화가 '논리적인 생각'을 못하게 한다는 말이다. 즉, 화는 항상 유용한 것은 아니지만 결국 행동을 일으키는 건 마찬가지다. 눈앞에 위협이 닥치면 우리는 차분하게 평가한 다음, 전반적으로 이 문제는 너무 리스크가 커서 해결하기 힘들겠다는 결론을 내릴 수도 있다. 하지만 화는 이런 이성적인 사고를 방해하고, 섬세한 분석 능력을 뒤엎어버린다. 그 결과, 우리는 문제를 회피하는 대신 정면 대응에 나선다.

해 솔직하다는 것을 암시하기 때문이다.[10]

지금까지의 내용을 모두 종합해보면 화는 참아야 하는 것이 아니며, 스트레스를 줄이고 일을 제대로 처리하기 위해서 오히려 표출해야 한다는 말이 된다.

하지만 지금까지 그랬듯이 화는 그렇게 단순하지 않다. 화는 결국 뇌에서 나온다. 그리고 우리는 화를 억제할 수 있는 여러 방법을 만들었다. '10까지 세기', '화내기 전에 숨을 깊게 들이마시기'와 같은 전형적인 방법들은 화에 대한 반응이 즉각적이고 강하다는 점에서 일리가 있다.

화가 났을 때 매우 활발해지는 안와전두피질은 감정 및 행동을 통제한다. 좀 더 구체적으로 말하자면 안와전두피질은 감정이 행동에 미치는 영향을 조절하여, 더 강렬하고 원시적인 충동을 줄이거나 차단시킨다. 감정이 격해져서 우리가 위험한 행동을 할 가능성이 높아지면 안와전두피질이 임시방편으로 개입한다는 뜻이다. 마치 욕조 수도꼭지에서 물이 새어나와 넘쳐흐르면, 욕조에 있는 비상 배수구로 물이 빠지는 것처럼 말이다. 즉 안와전두피질은 근본적인 문제를 해결하지는 않지만 상황이 더 악화되지 않도록 막아준다.

화가 날 때 즉각적으로 느끼는 본능적 감정은 화가 난 정도와 항상 일치하지는 않는다. 어떤 경우에는 몇 시간이나 며칠 동안, 혹은 몇 주 내내 속이 부글부글 끓기도 한다. 이때 초기에 작동되는 위협 감지 시스템으로서 화를 일으키는

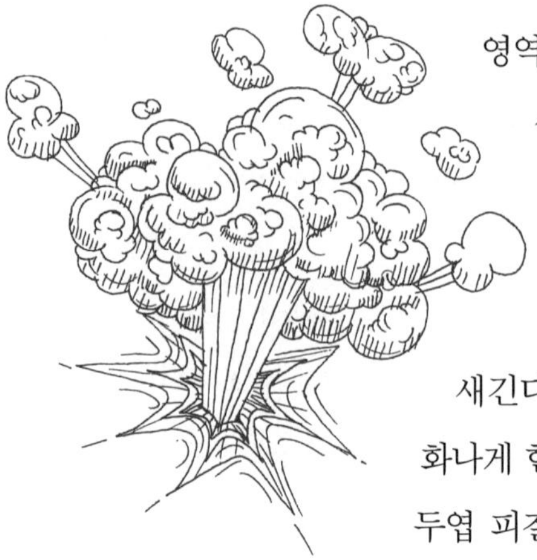

영역은 해마와 편도체다. 이들은 알다시피 생생하고 감정적인 기억을 형성한다. 따라서 화가 나게 만든 사건은 기억 속에 남게 되며 우리는 그 일에 대해 곱씹어 '되새긴다'. 실험에서 참가자들이 자신을 화나게 한 일에 대해 되새길 때, 내측 전전두엽 피질의 활동이 증가하는 것을 볼 수 있었다. 이 영역은 의사결정 및 계획, 그 외의 복잡한 정신적 활동을 담당한다.

그 결과 화가 지속되거나 심지어 화가 더 나기도 한다. 특히 문제가 대수롭지 않아서 대응을 하지 않는 경우에 더욱 그렇다. 문제가 악화되면 화는 뇌에게 이를 해결하라고 할 것이다. 그런데 그 대상이 거스름돈을 내뱉지 않은 자판기라면 어떻게 해야 할까? 혹은 고속도로에서 갑자기 끼어든 사람이라면? 또는 오늘 밤 10시까지 남아 일하라고 말한 상사라면? 이 모든 일들은 우리를 화나게 하지만, 공공기물을 파손하거나 차 사고를 내거나 해고를 당하지 않는 한 해결할 방법이 없다. 그리고 이 모든 일이 같은 날 동시에 발생할 수도 있다. 그렇게 되면 뇌 앞에는 곱씹어야 할 일들이 여러 개 있으며, 해결 방법은 없다. 이때 뇌의 행동반응체계의 왼쪽에서는 뭔가 행동을 하라고 종용한다. 하지만 대체 무엇을 할 수 있을까?

그때 갑자기 웨이터가 여러분이 주문한 카페라테가 아닌 아메리카노를 들고 온다. 이제 여러분은 한계에 도달했다. 결국 불쌍한 점원은 화를 발생시킨 두 가지 사건 모두에 대한 분노의 연설을 듣게 된다. 이는 '배출' 현상이다. 뇌 속에는 모든 화가 점점 쌓여갔지만, 배출구가 없었다. 하지만 이제 드디어 배출이 가능한 대상을 만났다. 여러분은 처음 만난 그 배출 대상에게 화를 전가한다(전치 방어기제). 단지 감정적인 압력을 방출하기 위해서다. 그러나 아무 의도 없이 이 분노의 문을 연 사람에게는 유쾌한 일이 못 된다.

때로는 화는 났지만 이를 드러내지 않고 싶을 때도 있다. 이런 경우, 우리는 재주 많은 뇌 덕분에 폭력을 쓰지 않고서도 상대방을 공격할 수 있다. 즉, '수동적으로 공격'할 수 있다는 말이다. 상대방이 반대하지 않을 행동을 함으로써 그 사람의 삶을 처참하게 만드는 방법이다(수동공격성 방어기제). 예를 들어 상대방에게 말을 걸지 않거나, 평소엔 다정한 사람이 무미건조한 말투로 말하거나, 특정 사람만 빼고 서로 아는 모든 친구들을 초대하는 것 등이 여기에 속한다. 이런 방법들은 아주 적대적이지는 않다. 하지만 상대방을 반신반의하게 만든다. 상대방은 화가 나거나 불편한 감정을 느끼지만, 당신이 화가 났는지 확신하진 못한다. 그리고 인간의 뇌는 이러한 모호함이나 불확실성을 좋아하지 않는다. 따라서 상대방은 고통을 느끼게 된다. 상대방은 폭력 없이, 혹은 사회적 규범의 위반이 일어나지 않은 상태에서 벌을 받는다.

수동공격은 효과가 있다. 왜냐하면 인간은 상대방이 화가 났을 때 쉽게 알아차리기 때문이다. 일반적으로 뇌는 보디랭귀지, 표정, 목소리 톤, 녹슨 칼을 들고 소리 지르며 쫓아가는 것 등 모든 암시적인 신호를 감지하고, 상대방이 화가 났음을 추측한다. 뇌의 이런 능력은 사람들이 보통 남들이 화나는 걸 원치 않는다는 점에서 유용하다. 화가 난 사람은 나에게 위협적인 요인이 될 수도 있고, 혹은 나에게 해를 끼치거나 나를 화나게 할 수도 있기 때문이다. 그러나 이와 동시에 상대방이 어떤 문제로 인해 아주 괴로워했다는 사실도 알 수 있다.

여기서 기억해야 할 또 한 가지 중요한 사실은 화를 느끼는 것과 화에 대해 대응하는 것은 별개라는 점이다. 논쟁의 여지는 있지만, 화라는 감정은 모든 사람에게 동일하게 일어난다. 그러나 화에 대해 대응하는 방식은 사람마다 매우 다르며 이는 성격의 또 다른 지표이다. 누가 당신을 위협했을 때 감정적으로 대응하는 것은 화이다. 그런데 여러분이 만약 화를 일으킨 사람에게 피해를 주는 방식으로 대응한다면, 이는 공격이다. 간단히 정리해보면, 타인에게 해를 가하고 싶다는 생각은 공격의 인지적 요소다. 만약 이웃이 여러분의 차에 페인트로 욕설을 쓰고 있는 걸 봤다면, 화가 날 것이다.

이때 '반드시 저놈에게 복수하겠다'는 생각이 들고 복수를 하기 위해 창에 벽돌을 던진다면, 그건 공격이다.■

그렇다면 우리는 우리 자신이 화가 나든 아니든 내버려 두어야 할까? 여기서 나는 여러분이 동료 때문에 화가 날 때마다 붙잡고 싸우거나 사무실 파쇄기 쪽으로 그를 밀어버리라는 얘기를 하는 게 아니다. 다만 화가 항상 나쁜 것만은 아님을 알려주는 것이다. 하지만 절제가 중요하다. 화가 난 사람들은 점잖게 요구하는 사람들에 비해 자신의 욕구를 더 빨리 해결한다. 이 때문에 사람들은 화를 내면 자신들에게 득이 된다고 생각하게 되고, 따라서 더 자주 화를 낸다. 결국 뇌는 화와 보상을 연결시켜 화를 더욱 부추기게 되며, 여러분은 아주 사소한 문제에도 화를 내며 자기 뜻대로 하려고 하게 된다. 결국 그 유명한 셰프 같은 놈이 되는 것이다. 화가 유익한 것이 될지 나쁜 것이 될지는 자신에게 달린 문제다.

■ 공격은 화를 느끼지 않고도 일어날 수 있다. 럭비나 축구처럼 몸을 부딪치는 스포츠는 공격은 필요하지만 화는 필요하지 않다. 이때는 단지 상대 팀을 이기겠다는 욕망이 공격을 부추긴다.

시키지도 않은 일을 하는 사람들, 그들은 왜…?

모두가 원하는 그것, 동기부여

"여행이 더 힘들수록, 도착하기는 더 쉽다."

"노력은 당신이라는 집의 기초공사다."

요즘 커피숍이나 회사 식당을 들어갈 때마다 이런 식의 고무적인 포스터를 볼 수 있다. 앞에서 화에 관해 얘기하면서 감정이 뇌의 특정 영역을 통해 어떻게 위협에 대응하도록 만드는가에 대해 다루었다. 이제 여기서는 좀 더 장기적인 동기부여, 즉 무엇에 반응하는 것이 아닌 '이끌어내는' 것에 대해 살펴보도록 하자.

동기부여는 무엇일까? 우리는 동기부여가 안 될 때의 경우를 잘 알고 있다. 미루는 사람들 때문에 업무가 제대로 안 된 경우가 많기 때문이다. 미룬다는 것은 잘못된 것에 대한 동기부여다(나는 이 책을 끝마치려면 와이파이를 끊어버려야 한다는 사실을 알아야 한다). 넓은 의미에서 보면, 동기부여란 프로젝트, 목표 혹은 성과에 대해 계속 관심을 가지고 노력하기 위해 필요한 '에너지'라고 할 수 있다. 동기부여에 대한 초기 이론은 지그문트 프로이트Sigmund Freud에 의해 성립되었다. 프로이트의 '쾌락 원칙'으로도 불리는 쾌락주의적 원칙은 살아 있는 것은 쾌락을 주는 것만을 찾고 추구하며, 고통과 불편을 주는 것은 피하려고 한다고 주장한다.[11] 이는 부인할 수 없는 사실이며, 여러 동물학습 연구에서도 잘 나타난다. 쥐를 상자에 넣고 버튼을 주자, 쥐는 궁금함을 참지 못하고 버튼을 눌렀다. 쥐가 버튼을 눌렀을 때 맛있는 음식을 주었더니, 버튼을 더 자주 눌렀다. 버튼을 누르면 맛있는 보상이 따른다고 생각했기 때문이다. 쥐에게 버튼을 누르도록 강한 동기를 부여한 것이라고 말할 수 있다.

이 방법은 아주 신빙성이 높으며, '조작적 조건화operant conditioning'라고 알려져 있다. 조작적 조건화란 보상이 그와 관련된 특정 행동을 더 많이 하거나 덜하게 만든다는 의미다. 인간도 마찬가지다. 만약 방청소를 한 아이에게 새 장난감을 사준다면 이 아이는 방청소를 더 자주 할 것이다. 이는 어른에게도 적용된다. 단지 보상의 종류만 바꾸면 된다. 방청소라는 유쾌하지 않은 일을 긍정적인 결과와 연관시킴으로써 방청소를 하게 만드는 동기가 생긴 것이다.

앞의 사례들은 프로이트의 쾌락주의적 원칙과 모두 일치

한다. 하지만 인간이라는 종과 그들의 까다로운 뇌가 언제 그렇게 단순했던가? 단순히 쾌락을 찾거나 불쾌함을 피하려는 경우 외에도 동기부여를 하게 되는 사례는 일상에서 쉽게 찾을 수 있다. 사람들은 직접적이거나 뚜렷한 신체적 쾌락이 없더라도 계속 무언가를 한다. 예를 들어 헬스장을 생각해 보자. 강도 높은 신체 활동을 하게 되면 희열이나 행복을 느낀다.■

하지만 매번 이런 감정을 느끼는 것은 아니며, 희열을 느낄 수준까지 가려면 엄청난 노력이 필요하다. 즉, 운동을 한다고 해서 신체적 즐거움이 명백하게 따르는 것은 아니다(내가 이런 말을 하는 배경은 나에게 헬스장은 시원하게 재채기를 하는 것만큼의 만족감을 주지 못하기 때문이다). 하지만 사람들은 계속 운동을 한다. 동기가 무엇이건 간에 즉각적인 신체적 쾌락 이상의 무엇이 있기 때문일 것이다.

다른 예도 있다. 정기적으로 기부를 하는 사람들은 일생에서 결코 마주치지 않을 낯선 사람을 위해 자신의 돈을 포

■ 왜 격렬한 운동을 하면 희열감을 느끼는지에 대한 이유는 분명하지 않다. 어떤 사람들은 근육의 산소를 모두 사용함으로써, 무기호흡(산소가 없는 상황에서 이루어지는 세포 활동으로, 경련이나 결림과 같은 통증을 일으킨다)이 발생하며, 뇌가 이에 대응하여 통증을 없애고 행복감을 자극하는 엔도르핀을 분비시키기 때문이라고 주장한다. 또 다른 사람들은 몸의 온도가 올라가는 것과 연관이 있거나, 계속 리듬감 있는 활동을 함으로써 뇌가 추구하는 행복감을 발생시킨다고 말한다. 대표적인 예로 마라톤 선수들이 이런 희열감을 느낀다고 말하는 경우가 많다.

기한다. 그리고 어떤 사람들은 정말 싫은 상사에게도 계속 알랑거린다. 혹여나 승진이 될까 하는 막연한 기대감 때문이다. 재밌지도 않은 책을 참고 읽는 경우도 있다. 무언가 배우고 싶은 욕구 때문이다. 이 모든 사례들은 즉각적인 쾌락을 가져다주지 않는다. 어쩔 땐 불쾌한 경험까지 동반한다. 프로이트에 따르면 사람들이 피하려고 하는 일들이다. 하지만 실제로 우리는 그런 일들을 피하기만 하지는 않는다.

이는 프로이트의 이론이 지나치게 단순하다는 것을 보여준다. 따라서 좀 더 복잡한 접근 방식이 필요하다. 여기서 '즉각적인 쾌락'을 '욕구'로 바꾸면 된다. 1943년 에이브러햄 매슬로Abraham Maslow가 이런 '욕구 단계' 이론을 정립했다. 매슬로에 따르면 모든 인간에게는 제 기능을 하기 위해 필요한 것이 있으며, 이를 얻기 위해 자극을 받는다고 한다.[12]

매슬로의 욕구 단계는 보통 피라미드 단계로 표현된다. 가장 낮은 단계에는 음식, 물, 공기 및 종족 번식 본능과 같은 생리적 욕구가 있다. 그 윗 단계는 보금자리, 자신의 안전, 경제적 안전 및 신체적인 해를 입지 않도록 보호하는 등의 안전의 욕구다. 그다음은 '소속' 욕구다. 인간은 사회적 동물이어서 타인으로부터 인정이나 지원, 애정(혹은 적어도 상호 교류)을 받고자 한다. 교도소의 독방감금이 심각한 형벌로 간주되는 것에는 그럴 만한 이유가 있다.

그다음 단계는 '존경' 욕구다. 이는 남들에게 인정받거나 남들이 자신을 좋아하는 것뿐만 아니라, 남들로부터 그리고 자기 자신으로부터 존중을 받고자 하는 욕구다. 사람들은 저마다 자신이 중요하게 여기는 신념을 가지고 있다. 그리고 이에 대해 남들 역시 존중하기를 바란다. 따라서 이런 결과를 일으키는 행동이나 행위는 동기부여의 원인이 된다. 마지막 단계는 '자아실현'으로, 자신의 잠재력을 실현시키고 싶은 욕구(그러므로 동기부여)를 뜻한다. 여러분은 혹시 자신이 세계에서 최고의 화가가 될 수 있다고 생각하는가? 그렇다면 세계 최고의 화가가 되고자 하는 동기를 가질 것이다. 물론 예술은 주관적이므로 어쩌면 여러분은 이미 최고의 화가일지도 모른다. 그렇다면 실로 대단하다.

사람에게는 첫 단계의 모든 욕구를 충족시키기 위한 동기부여가 일어나며, 그다음 두 번째, 그다음 세 번째 그리고 마지막 욕구에 대해 동기부여가 생겨 모든 욕망과 욕구를 충족시키고자 하고 그 결과 가능한 한 최고의 사람이 된다는 것이 매슬로의 이론이다. 멋진 생각이다. 하지만 뇌는 그렇게 깔끔하고 체계적이지 않다. 많은 사람들은 매슬로의 욕구 단계처럼 행동하지 않는다. 어떤 사람들은 자신의 남은 돈을 다 털어서 불쌍한 사람을 돕기도 하고, 혹은 위험한 상황에 처한 동물을 돕기 위해(말벌을 제외하고) 자신을 위험한 상황으로 내몰기도 한다. 동물은 사람들의 영웅적인 행동을 존경하지도 보상해주지도 못하는데도 말이다(특히 말벌을 구해준다면, 이놈들은 오히려 사람을 쏘고 사악하게 웃기나 할 것이다).

섹스도 마찬가지다. 섹스는 아주 강력한 동기부여 요인이다. 이는 아무 예나 들어봐도 알 수 있다. 매슬로는 섹스는 원초적이고 강력한 생리적 욕구로서 가장 아래의 욕구 단계에 속한다고 주장했다. 하지만 사람은 섹스를 전혀 하지 않고서도 살 수 있다. 섹스를 하지 않는 것에 대해 억울해할지는 모르지만, 분명 가능한 일이다. 사람들은 왜 섹스를 원할까? 쾌락과 번식, 혹은 다른 사람과 가깝거나 아주 친밀해지고자 하는 욕구 때문일까? 어쩌면 사람들이 섹스 능력을 하나의 성취나 존경의 대상으로 보기 때문일지도 모른다. 즉, 섹스는 가장 첫 단계보다 더 높은 곳에 있다.

최근 뇌의 작용에 대해 연구를 한 결과, 동기부여를 이해할 수 있는 또 다른 접근 방식이 제기되었다. 많은 과학자들은 내적 동기와 외적 동기를 구분한다. 우리는 외적 요인과 내적 요인 중 무엇에 의해 자극을 받을까? 외적 동기는 타인으로부터 나온다. 여러분은 돈을 받고 다른 사람의 이사를 도울 수 있다. 이는 외적 동기다. 여러분은 이 일을 좋아하지 않으며, 따분하고 힘들다고 생각한다. 하지만 금전적 보상이 있기 때문에 하는 것이다. 때로는 그 이유가 좀 더 불분명할 수도 있다. 예를 들어, 갑자기 노란색 카우보이 모자를 쓰는 '패션'이 모든 사람들에게 유행한다고 하자. 여러분도 트렌디한 사람이 되고 싶어서, 같은 모자를 사서 쓰고 다녔다. 여러분은 노란색의 카우보이 모자를 전혀 좋아하지 않으며, 멍청해 보인다고 생각할지도 모른다. 하지만 다른 사람들의 생각은 다르다. 그래서 여러분도 모자를 원하게 된 것이다. 이것이 바로 외적 동기다.

내적 동기는 스스로 내리는 결정이나 욕구로 인해 어떤 일을 하도록 자극을 받는 경우다. 경험이나 배운 것에 따라, 우리는 아픈 사람을 돕는 일은 숭고하고 보람된 일이라고 생각한다. 따라서 의학을 배우고 의사가 되고 싶다는 생각을 하게 된다. 이는 내적 동기다. 하지만 의대를 선택한 이유가 돈을 많이 벌기 때문이라면, 이는 외적 동기에 가깝다.

내적 및 외적 동기는 미묘한 균형 관계를 이루고 있다. 이 둘은 서로 함께 존재할 뿐만 아니라, 각자 그 속에서 균형을 이루고 있다. 1988년 데시와 라이언Deci and Ryan은 자기결정이론을 내놓았다. 자기결정이론은 외부적 영향이 없는 경우, 즉 100% 내적인 상황에서 무엇이 사람들에게 동기부여를 하는가에 관한 내용이다.[13] 이 이론에서는 사람들은 자율성(일의 종류와 해결 방법을 스스로 선택하려는 욕구), 유능성(일을 효율적으로 해결하려는 욕구), 관계성(타인과 원만한 관계를 맺으려는 욕구)에 의해 자극을 받는다고 주장한다. 이 요인들을 모두 살펴보면 얼간이 같은 상사로 인해 왜 화가 나는지 알 수 있다. 상사들은 내 위에 앉아 가장 단순한 일조차 어떻게 처리해야 하는지 지시하므로 내가 가진 권한을 모두 빼앗고 나의 능력을 폄하한다. 게다가 이런 사람들은 대부분 반사회적인 성향을 가지고 있으므로 관계를 맺을 만한 대상이 못 된다(여러분이 이런 상사 밑에서 괴롭힘을 당하고 있는 경우라면 말이다).

1973년 레퍼, 그린 및 니스벳은 과잉정당화 효과를 언급했다.[14] 이 실험에서는 여러 그룹의 아이들에게 여러 색의 미술 도구를 주고 가지고 놀도록 했다. 그리고 그중 일부 아이들에게는 이 미술도구를 사용하면 상을 준다고 하고, 나머지 아이들은 상 없이 그냥 갖고 놀게 했다. 그리고 일주일이 지나자 오히려 보상을 받지 '않은' 아이들이 미술도구를 다시 가지고 노는 데 더욱 열의를 보였다. 스스로 독창적인 미술 활동이 재밌고 만족스럽다고 느낀 아이들이 타인으로부터 보상을 받은 아이들에 비해 더 많은 자극을 받은 것이다.

이는 우리 스스로의 행동에 대해 긍정적인 결과를 부여하는 것이 다른 사람으로부터 긍정적인 보상을 받는 것보다 더 영향력이 크다는 것을 보여준다. 다른 사람에게 의존한다면 다음번에는 보상이 없다고 할 수도 있지 않은가? 그렇다면 동기는 줄어들 것이다.

여기서 누군가에게 어떤 일에 대한 보상을 주면 그 일에 대한 동기부여는 실제로 줄어들며, 반대로 통제권이나 권한을 더 갖게 하면 동기부여는 더 강해진다는 결론을 얻을 수 있다. 그리고 회사들은 이러한 생각을(매우 적극적으로) 수용했다. 왜냐하면 직원들에게 더 많은 자율성과 책임감을 주는

것이 일에 대한 대가로 월급을 주는 것보다 더 효율적이라는 생각에 과학적인 신빙성을 더해 주기 때문이다. 그리고 일부 학자들도 이런 생각은 사실이라고 주장한다. 하지만 실제로 이를 반박하는 연구 자료는 많다. 만약 일에 대한 대가로 월급을 주는 게 직원의 동기를 약화시킨다면, 수백만 달러를 받는 최고 경영자들은 아무 일도 안 해야 한다. 하지만 이런 일은 없다. 설사 수십억 부자가 어떤 일에 대한 동기부여를 받지 못한다 해도 이들은 대신 일을 처리해줄 변호사를 고용하면 된다.

동기부여에는 자기중심적인 뇌가 작용하는 것일 수도 있다. 일례로, 에드워드 토리 히긴스Edward Tory Higgins는 1987년 자기불일치 이론을 제시했다.[15] 자기불일치 이론에 따르면 뇌에게는 여러 개의 '자기'가 있는데, 그중 하나인 '이상적' 자기는 자신의 목표, 성향, 우선사항 등에 의해 자신이 바라는 모습을 뜻한다. 당신이 영국의 한 도시 출신의 다부진 체격을 가진 컴퓨터 프로그래머라고 생각해보자. 하지만 여러분이 바라는 이상적 모습은 카리브 해에 살고 있는 구릿빛 피부의 배구선수다. 이것이 여러분의 궁극적인 목표이며 원하는 모습이다.

그다음으로는 '의무적' 자기다. 이상적인 모습을 이루기 위해 반드시 되어야 한다고 생각하는 모습이다. '의무적' 자기는 기름기가 많은 음식을 피하고 돈을 낭비하지 않으며 배구를 배우고 바베이도스Barbados의 부동산 가격을 주시한다. 앞의 두 가지 자기 모두 동기를 부여한다. 이상적 자기는 긍정적인 자극을 준다. 즉 우리가 이상에 더 가까워지기 위해 필요한 일들을 하도록 만든다. '의무적' 자기는 좀 더 부정적이며 회피적인 자극이다. 의무적 자기는 이상적 모습과 더 멀어지게 만드는 일을 하지 못하도록 한다. 예를 들어, 저녁에 피자를 먹고 싶다면 어떻게 될까? '기름기가 많은 음식을 피하는' 사람이라면 피자를 먹지 말아야 한다. 그래서 다시 샐러드를 찾게 된다.

성격도 역시 동기부여에 영향을 미친다. 동기부여에 있어서 개인의 통제 위치는 중요할 수 있다. 통제 위치란 자신이 어떤 상황을 통제하고 있다고 느끼는 정도를 일컫는다. 온 세상이 자신을 중심으로 돌고 있다고 느끼는 자기중심적인 통제위치도 있다. 이는 굳이 그렇지 않을 이유가 없다고 생각하기 때문이다. 또는 아주 수동적이어서 자신은 항상 상황의 희생양이라고 느끼는 사람도 있다. 여기에는 문화적 요인도 작용할 것이다. 서구 자본주의 사회에서 자란 사람들은 자신이 원하는 것은 무엇이든 가질 수 있다고 들으며 자랐다. 따라서 자신의 삶을 좀 더 통제하고 있다고 느낄 것이다. 반면 전체주의적 정권에서 자란 사람들은 이런 통제감을 느끼지 못할 것이다.

상황의 수동적인 희생양이라고 느끼는 것은 좋지 않다. 즉 뇌는 학습된 무기력감에 빠질 수 있다. 이 경우 사람들은 자신이 상황을 바꿀 수 없다고 생각하며, 따라서 상황을 바꾸기 위한 시도조차 할 생각을 못한다. 그 결과 이들은 어떤 시도도 하지 않으며, 수동성으로 인해 상황은 더 악화된다. 긍정적인 사고와 동기부여도 더 약해지며, 이러한 악순환이 반복된다. 이들은 결국 무능력해지고 회의론에 젖어 동기부여라고는 전혀 안 되는 사람으로 전락한다. 힘든 이별을 해본 사람은 아마 이런 경험을 해보았을 것이다.

동기부여가 정확히 뇌의 어디에서 이루어지지는 불분명하다. 중뇌의 보상회로는 우리를 고무시키는 일에 관여하는 정서적 요인이므로, 편도체와 더불어 동기부여에 관여할 것이다. 또한 동기부여는 보통 보상에 대한 계획이나 기대에 근거하므로, 전두엽 및 그 외 중심 영역과도 관련이 있다. 어떤 사람들은 동기부여가 두 개의 독립된 시스템을 가진다고 주장한다. 하나는 인생의 목표와 욕망을 심어주는 발달된 인지적 시스템이며, 다른 하나는 '무서운 거야. 도망가!' 또는 '저것 봐, 케이크야! 먹자!'와 같은 기본적인 반응과 관련된 시스템이라고 한다.

그러나 뇌는 이 외에도 동기부여를 일으키는 별난 특성을 가지고 있다. 1920년대 러시아 심리학자 블루마 자이가

르닉Bluma Zeigarnik은 식당 웨이터들이 자신이 현재 받고 있는 주문만 기억한다는 사실을 알게 되었다.[16] 주문이 완전히 끝나면, 관련된 기억은 모두 잃는다는 것이다. 이후 이 현상에 대한 연구가 다시 실험실에서 이루어졌다. 이 실험에서는 실험대상자들에게 간단한 문제를 풀도록 했다. 그리고 이들이 문제를 끝내기 전에 일부 사람들은 방해를 받게 했다. 그 결과를 분석해보니, 중간에 방해를 받은 사람들이 문제를 훨씬 더 잘 기억하고 있었다. 그리고 이들은 시험이 끝나고 나서도 아무 보상이 없는데도 시험을 끝까지 마치려고 했다.

이 실험을 통해 자이가르닉 효과가 탄생했다. 자이가르닉 효과는 뇌는 불완전한 상황을 좋아하지 않는다는 이론이다. 여기서 우리는 왜 TV 쇼에서 손에 땀을 쥐게 하는 상황이 자주 나오는지 알 수 있다. 줄거리가 다 끝나지 않으면 사람들은 끝까지 채널을 고정한다. 그리고 불확실성을 끝내 해소하고야 만다.

종합해보면 동기부여를 하는 두 번째로 가장 좋은 방법은 상황을 불완전하게 만든 다음, 이를 해결할 수 있는 방법을 제한하는 것인 듯하다. 물론 이보다 더 효율적인 방법이 있지만, 그 내용에 관해선 다음 책에서 설명하도록 하겠다.

이거 설마...
재밌으라고 한 소리야?

너무나도 이상하고 예측 불가능한 유머의 작동 원리

"유머의 내용에 대해 설명하는 것은 개구리를 해부하는 것과 같다. 해부를 통해 개구리에 대해 더 많이 이해할 수는 있지만, 그 과정에서 개구리는 죽는다."

– E. L. 화이트E. L. White

안타깝게도 과학은 대체로 어떤 것에 대해 철저히 분석하고 설명하는 일이다. 과학과 유머가 서로 배타적인 것으로 생각되는 이유도 여기에 있을 것이다. 그럼에도 과학자들은 유머에서 뇌가 하는 역할에 대해 연구하려고 많이 노력했다. IQ 테스트, 단어 암기 테스트, 식욕 돋는 세심한 음식 준비 등 수많은 심리학 실험이 이 책에서 언급되었다. 이들 실험과 심리학에서 사용되는 그 밖 수많은 실험들의 한 가지 공통점은 모두 특정 형태의 상황 설정, 즉 기술적 용어로 '변인'을 이용한다는 점이다.

심리학 실험은 두 형태의 변인을 이용한다. 독립변인과 종속변인이다. 독립변인은 실험자가 통제하는 요인이다(지적 능력을 측정하는 IQ 테스트, 기억력 분석을 위한 단어 목록 나열 등은 모두 실험자가 구상하고 제공한 것이다). 종속변인은 실험대상자가 어떻게 반응하는지에 따라 실험자가 측정한다(IQ 테스트의 점수, 기억한 내용의 개수, 뇌 스캐닝 모니터에서 반짝이는 점의 개수 등).

독립변인은 원하는 반응을 이끌어내는 믿을 수 있는 것이어야 한다. 예를 들어 실험대상자가 테스트를 끝마치는 것처럼 말이다. 그런데 여기서 문제가 발생한다. 뇌에서 유머가 어떤 작용을 하는지 제대로 연구하려면, 실험대상자가 유머를 경험해야 한다. 따라서 이상적으로 '모든 사람이 재미있어 한다고 보장'할 수 있는 요소가 있어야 한다. 그런데 과학자가 이런 유머를 만들어낼 수 있다면, 그 사람은 과학자로 오래 일하지 못할 것이다. 이 능력을 탐내는 방송국이 많아서 돈을 엄청 벌 테니 말이다. 전문 개그맨들도 이 경지에 이르고자 수년을 연구한다. 하지만 '모든 사람'이 좋아하는 개그맨은 한 명도 없었다.

그런데 이런 연구가 더 힘든 이유는 코미디나 유머의 중요한 요소로 서프라이즈가 필요하기 때문이다. 사람들은 마음에 드는 농담을 처음 들었을 때에만 웃는다. 같은 농담이 두 번, 세 번, 네 번 반복되면 처음만큼 웃지 않는다. 이미 알고 있는 내용이기 때문이다. 따라서 같은 실험을 반복하려면■ 사람들을 웃게 만들 수 있는 100% 믿을 만한 또 다른 방법을 고안해내야 한다.

실험 환경도 생각해볼 필요가 있다. 실험실은 리스크를 최소화하고 실험에 방해되는 요인을 없애고자 대부분 무균의 잘 통제된 환경으로 이루어져 있다. 이는 과학적 측면에서는 올바른 일이다. 하지만 결코 유쾌하게 웃을 수 있는 환경은 아니다. 만약 여러분이 뇌 스캐닝 실험을 한다면, 상황은 더 심각해진다. 일례로 MRI 검사를 하려면, 냉랭한 기운이 감도는 좁은 관 속에 갇힌 채로 온 사방에서 아주 이상한 소리를 내는 커다란 자석덩이에 둘러싸여 있어야 한다. 결코 농담 따먹기나 하면서 웃을 수 있는 최적의 환경은 아니다.

하지만 이런 어려움에도 여전히 많은 과학자들은 유머의 작용에 대한 연구를 멈추지 않았다. 물론 여러 가지 이상한 전략을 사용하긴 했지만 말이다. 그중 샘 슈스터Sam Shuster

■ 같은 실험을 반복하는 것이 쓸데없거나 태만한 것처럼 보일지도 모른다. 하지만 과학에서 반복은 매우 중요하다. 실험을 반복했는데 같은 결과가 나오면, 이는 실험 결과가 운에 의해서 혹은 설정한 상황 덕분에 나온 것이 아닌, 제대로 믿을 만한 결과임을 확신시켜주기 때문이다. 하지만 뇌가 예측 불가능하고 신뢰하기 힘들다는 점을 생각해보면, 실험을 반복할 수 없다는 점은 심리학에서 특히 큰 문제가 된다. 이 때문에 아예 시도 자체를 단념하기도 한다. 뇌의 또 다른 나쁜 특징이다.

교수는 유머의 작용과 유머가 여러 집단 간에 어떻게 다르게 작용하는지에 대해 연구했다.[17] 그는 연구를 위해 뉴캐슬의 사람이 많은 복잡한 곳에서 바퀴가 하나뿐인 자전거를 타고 사람들의 반응을 기록했다. 이처럼 '외바퀴 자전거'는 독창적인 실험 방법이긴 했지만, 모든 사람들이 웃기다고 여기는 실험 방법 중에서 10위 안에 들 가능성은 낮다.

워싱턴 주립대의 낸시 벨Nancy Bell 교수[18] 역시 마찬가지다. 그녀는 허접한 농담에 대해 사람들이 어떻게 반응하는지 알아내기 위해, 일상적인 대화 중간 중간에 고의적으로 허술하게 만든 농담을 끼워 넣었다. 그때 사용한 농담은 이런 것이다. "큰 굴뚝이 작은 굴뚝에게 뭐라고 했게? 아무 말도 안 했지. 굴뚝은 말을 못 하잖아."

이런 농담에 대해 불편한 기색을 보이는 사람부터 노골적으로 반발하는 사람까지 반응은 다양했다. 그러나 전체적으로 보면, 아무도 이 농담을 좋아하지 않았다.

이런 실험은 농담을 하는 사람에 대한 반응이나 행동을 통해 농담을 간접적으로 측정한다. 우리는 왜 어떤 것을 웃기다고 느낄까? 뇌에 어떤 일이 일어나기에 우리는 자신도 모르게 웃게 될까? 과학자들부터 철학자들까지 많은 이들이 이에 대해 고민을 했다. 니체는 웃음이란 인간이 느끼는 존재론적 외로움과 죽음에 대한 반응이라고 했다. 그의 업적을 보면 니체는 웃음과 가까운 사람은 아니었던 것 같지만 말이다. 프로이트는 웃음이란 '정신적 에너지', 또는 긴장감이 발생하면서 생기는 것이라고 주장했다. 그리고 프로이트의 접근 방식은 유머의 '완화 이론'을 탄생시켰다.[19] 이 이론의 근본적인 내용은 다음과 같다. 뇌는 (우리 자신이나 타인에 대한) 위험 및 리스크를 감지하며, 이 문제가 아무 탈 없이 해결되면 그때 억눌린 긴장감을 해소하고 긍정적인 결과를 더 강조하기 위해 웃게 된다는 것이다. 여기서 '위험'이란 물리적인 것일 수도 있고, 논리가 꼬여 있는 유머나 사회적 제재로 인해 억압된 반응 혹은 욕구처럼 설명할 수 없거나 예측할 수 없는 것일 수도 있다(모욕적인 농담이나 금지된 농담이 강력한 웃음을 자아내는 이유도 아마 이 때문일 것이다). 완화 이론은 익살극에서 특히 잘 드러난다. 바나나 껍질을 밟고 넘어져서 멍해진 모습은 웃음을 자아낸다. 하지만 바나나 껍질을 밟고 머리가 깨져 죽는 장면은 전혀 웃기지 않다. 이때 위험은 '진짜'이기 때문이다.

1920년대 D. 헤이워스D. Hayworth의 이론은 완화 이론에 기반하여 정립되었다.[20] 헤이워스는 실제 웃음의 물리적 프로세스는 위험이 지나갔으며 이제 모두 괜찮다는 사실을 인간들이 서로 알리기 위한 방편으로써 발전해온 것이라고 주장한다. 그런데 이 이론에서 일부 사람들이 주장한 '인간은 위험에 직면하면 웃는다'는 어떻게 해석해야 하는지 알 수가 없다.

플라톤과 같은 고대 철학자들은 웃음을 우월성의 표현으로 간주했다. 누가 넘어지거나 멍청한 말을 하거나 창피한 행동을 했을 때, 이는 우리와 비교해 그 사람의 상대적 지위가 낮아지는 일이므로 즐거워진다. 우리가 웃는 이유는 이러한 우월성을 즐기기 때문이며, 다른 사람의 실패를 강조하기 위해서다. 이는 분명 '샤덴프로이데Schadenfreude(남의 불행에 대해 느끼는 쾌감)'를 잘 설명해준다. 하지만 여러분이 유명한 개그맨이어서 수백 명의 관중들 앞에서 바보 같은 행동을 하며 그들을 웃기고 있을 경우, 이를 보는 모든 관중들이 똑같이 '저 사람 진짜 멍청하네. 내가 저놈보다는 낫잖아'라고 생각할 리는 없다. 따라서 이 이론 역시 완벽한 해답이 될 수 없다.

유머에 관한 대부분의 이론들은 유머는 모순과 예상이 빗나간 경우에 일어난다고 주장한다. 뇌는 우리 주위의 내외부에서, 그리고 머릿속에서 어떤 일이 일어나는지 계속 주시하고 있다. 그리고 이를 더 빨리 처리하기 위해 '개요 정리'와 같은 수없이 많은 시스템을 이용한다. 개요 정리란 뇌가 정보를 생각하고 정리하는 특정한 방식이다. 특정한 개요 정리는 특정한 상황(레스토랑, 해변, 면접, 특정 부류의 사람과 대화할 때 등)에 적용된다. 따라서 우리는 이런 상황이 어떤 방향으로 전개되며, 어떤 몇몇 제한된 범위 내에서 일어날 것이라 예상한다. 그리고 구체적인 기억이나 경험들이 이 일은 우리가 인지할 수 있는 상황이나 환경 속에서 어떤 식으로 발생하도록 '되어 있다'고 암시해준다.

따라서 유머는 이러한 예상이 빗나갔을 때 발생한다는 게 이들의 주장이다. 말로 하는 농담의 경우에는, 논리를 꼬아서 어떤 일이 우리가 일반적으로 알고 있는 상식과는 다르게 벌어지는 상황을 만든다. 예를 들어 병원에 가서 자신이 마치 커튼이 된 것 같다고 얘기하는 사람은 없다. 유머는 이처럼 논리적으로나 상황이 모순되어 있을 때, 불확실성을 야기함으로써 발생한다. 뇌는 불확실성을 잘 다루지 못한다. 특히 그 문제가 뇌가 세상에 대한 관점을 수립하고 예측하는 데 사용하는 시스템에 잠재적인 문제가 있다는 의미일 때는 더욱 그렇다(뇌는 어떤 일이 어떤 특정 방향으로 발생할 것이라 예상한다. 그러나 실제 상황이 예상과 다르면 이는 뇌의 중요한 예측 및 분석 기능에 근본적인 문제가 생겼음을 암시하는 것이다). 그리고 이때 특정 '유머적 표현' 등으로 인해 모순이 해소된다. 모순된 상황이 해소되면 뇌는 긍정적인 감정을 느끼게 되고, 우리는 상황이 해결되었음을 인정한다는 표시로 웃음을 사용한다.

여기서 우리는 또한 농담에서 서프라이즈가 왜 중요하며 농담은 왜 반복하면 재미가 없는지도 이해할 수 있다. 반복이 되면 웃음을 자아내는 모순들이 더 이상 낯선 게 아니다.

따라서 모순의 효과가 무뎌지는 것이다. 뇌는 모순된 상황을 기억하고 있으며, 이것이 해를 끼치지 않는다는 사실을 알고 있으므로 더 이상 영향을 받지 않는다.

유머를 처리하는 데에는 많은 영역이 관여한다. 그중 하나인 중변연계 보상회로mesolimbic reward pathway는 웃음이라는 보상을 제공한다. 그리고 예상대로 어떤 일이 일어나야 하는지, 이에 대한 감정적 반응은 어땠는지에 대한 기억을 가지고 있어야 예상을 뒤엎을 수 있으므로 해마와 편도체도 필요하다. 또한 유머는 상당 부분 예상과 논리가 빗나감으로써 발생하며 여기에는 좀 더 고차원적인 중심기능이 필요하므로 전두엽의 여러 영역 역시 참여한다. 그리고 언어 처리를 담당하는 두정엽도 빠지지 않는다. 코미디는 말장난이나 말 혹은 말을 전달하는 태도에 대한 사회적 규범을 깨는 경우가 많기 때문이다.

유머와 코미디에서 두정엽의 언어처리는 많은 사람들이 예상하는 것보다 더 중요하다. 전달 태도, 목소리 톤, 강조, 타이밍과 같은 모든 요소들이 농담을 만들어낸다. 특히 흥미로운 점은 수화로 대화하는 청각 장애인들의 웃는 습관이다. 일반적으로 말로 하는 대화에서는 누군가 농담이나 재미있는 얘기를 하면(그리고 이 농담이 재밌으면) 사람들은 문장이 끝날 때, 기본적으로 문장과 문장 사이에 웃는다. 웃음소리 때문에 농담소리가 묻힐 수 있기 때문이다. 웃음과 농담 모두 소리로 이루어져 있으므로 웃는 타이밍은 중요하다. 하지만 수화를 사용하는 사람들의 경우는 다르다. 이들은 농담이나 이야기 중간에 아무 때나 수화로 웃을 수 있고, 또 그렇다고 해서 상대방의 말에 영향을 주지는 않는다. 그런데 실제로는 그렇지 않다고 한다. 여러 연구에 따르면 상대방이 수화로 농담을 하는 동안, 청각장애인들도 일반 사람들처럼 말과 말 사이에 웃는다고 한다. 웃음소리가 방해가 되지 않는데도 말이다.[21] 즉, 뇌에서 일어나는 언어와 말의 처리는 우리가 언제 웃어야 할지에도 분명 영향을 미친다. 따라서 웃음은 우리가 생각하는 것만큼 즉흥적인 현상은 아니다.

지금까지 우리가 알고 있는 바에 의하면, 뇌에 '웃음 센터' 같은 건 없다. 즉 유머 감각은 성장 환경, 개인적 취향, 많은 경험의 결과로 만들어진 수많은 연결고리와 프로세스로부터 나오는 것으로 보인다. 이는 또한 왜 모든 사람이 각자 자신만의 독특한 유머감각을 가지고 있는지 설명해준다.

이처럼 코미디나 유머에 대한 개인의 취향은 분명 다르다. 하지만 유머가 타인의 존재나 반응에 의해 크게 영향을 받는다는 점은 증명할 수 있다. 즉 웃음이 강력한 사회적 기능을 갖고 있다는 사실은 부인할 수 없다. 인간은 유머만큼 갑작스럽고 강렬한 감정을 많이 경험한다. 하지만 이 감정들이 모두 시끄럽고 (종종 아무것도 할 수 없을 정도로) 무절제한 떨림(즉, 웃음)을 유발하지는 않는다. 인간이 자신이 원하든 원하지 않든 웃을 수 있다는 것은 자신의 기쁜 감정을 세상에 알리는 것이 유익할 때가 있다는 뜻이다.

매릴랜드대학의 로버트 프로빈Robert Provine의 연구를 포함한 여러 연구 결과, 사람은 혼자 있을 때보다 어떤 그룹의 일원일 때 웃을 확률이 30배나 더 높다고 한다.[22] 사람들은 친구들이 농담을 하지 않아도, 친구와 함께 있을 때 좀 더 자주, 그리고 더 자유롭게 웃는다. 그리고 이때는 생각이나 함께 공유하고 있는 추억, 혹은 서로 알고 있는 사람에 대한 아주 일반적인 이야기 등 무엇이라도 웃음의 대상이 된다. 그리고 사람들은 특히 어떤 그룹의 일원으로 있을 때 더 쉽게 웃는다. 이는 스탠드업 코미디가 일대일 공연이 아닌 이유이기도 하다. 사회관계적 측면에서 유머의 또 다른 흥미로운 특징은 인간의 뇌는 진짜 웃음과 가짜 웃음을 구별하는 데 매우 뛰어나다는 사실이다. 소피 스콧의 연구에서는 웃음소리가 아주 비슷한 경우라도, 사람들은 진짜로 웃는 사람과 웃는 척하는 사람을 아주 정확히 구별해낸다는 사실이 드러났다.[23] 여러분들도 엉성한 시트콤에서 흘러나오는 가짜 웃음소리 때문에 짜증난 적이 있지 않은가? 사람들은 웃음소리에 아주 민감하게 반응하며, 의도적으로 꾸며낸 웃음에 대해서는 한결같이 거부감을 느낀다.

만약 여러분을 웃게 만들려고 시도했다가 실패했다면, 이는 처참한 실패다. 누군가 농담을 하면서 여러분을 웃게 만들 거라고 분명히 밝힌다고 하자. 이들은 자신이 여러분들의 유머에 대해 잘 알고 있으므로, 여러분을 웃게 만들 수 있다고 생각한다. 즉 자신이 여러분을 통제할 수 있으며 스스로를 더 뛰어나다고 생각한다. 만약 이들이 사람들 앞에서 이런 시도를 한다면, 자신의 우월성을 정말 강조하는 것이다. 그렇다면 그 노력은 효과가 있어야 한다.

하지만 결국 웃기지 못했다고 치자. 그렇다면 이들의 농담은 대실패다. 이는 배신, 즉 여러 측면(대체로 잠재의식 측면)에서의 공격이다. 이때 사람들이 종종 화를 내는 반응을 보이는 것은 당연한 일이다(이에 대한 구체적 사례를 알고 싶다면, 열정적인 개그맨 중 아무나 붙잡고 물어봐도 알 수 있을 것이다). 하지만 이를 제대로 이해하기 위해서는 다른 사람과의 관계가 뇌의 작용에 얼마나 영향을 미치는지 이해해야 하고, 그 영향을 설명하려면 온전히 한 장을 따로 할애해야 한다.

그래야만 제대로 파악할 수 있다. 남자의 크기를 알려면 실제로 만져봐야 알 수 있는 것처럼 말이다.

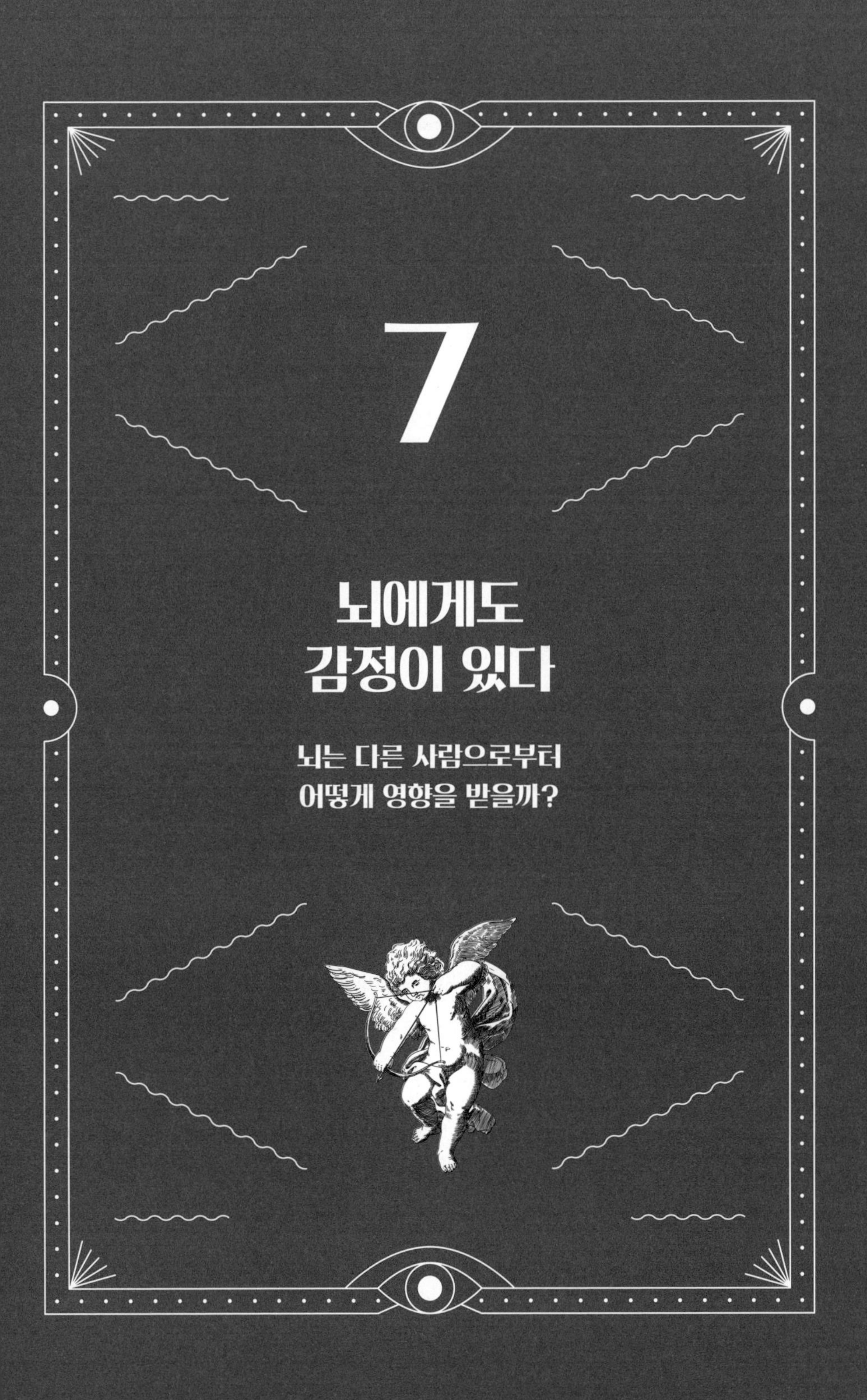

7

뇌에게도 감정이 있다

뇌는 다른 사람으로부터
어떻게 영향을 받을까?

많은 사람들이 남들이 자신을 어떻게 생각하든 개의치 않는다고 말한다. 이들은 이런 주장을 꽤 자주, 그것도 큰 목소리로 말하며 듣고 있는 사람에게 분명하게 인식시키기 위해 갖가지 노력을 다한다. 그 모습을 보면 다른 사람의 생각을 개의치 않는다는 주장은 분명 근거가 없다. 행여나 남들이, 특히 이들이 신경 쓰지 않는다고 말하는 상대방이 이 사실을 모른다면 모를까. 이처럼 '사회적 규범'을 피하려는 사람들은 결국 다른 그룹에 속하게 된다. 20세기 중반의 모드족mods이나 스킨헤드족skinheads 그리고 오늘날의 고스족goths이나 이모족emos에 이르기까지 일반적 규범을 거부하는 사람들이 가장 먼저 하는 일은 그 규범을 대신할 또 다른 그룹을 찾는 일이다. 심지어 폭주족이나 마피아들도 비슷한 옷을 입는다. 이들은 법을 존중하지 않지만, 자신의 주위 동료들로부터 존중받기를 원한다.

철면피 같은 범죄자나 범법자들조차 새로운 그룹을 형성하려는 충동을 이기지 못하는 걸 보면, 이러한 성향이 우리 뇌에 깊이 뿌리박혀 있는 게 분명하다. 죄수를 오랫동안 독방에 감금시키는 것은 정신적 고문의 한 형태로 간주되며,[1] 이는 인간의 상호 접촉이 욕망을 넘어선 필요조건임을 나타낸다. 이상하게 보일지 모르지만 사실 인간의 뇌는 대부분 다른 사람과의 관계를 위해 움직이며, 또 그 관계에 의해 형성된다. 그리고 그 결과 우리는 놀랄 만큼 타인에게 의존하게 된다.

사람에게 영향을 미치는 것이 무엇인가에 대한 대표적인 논쟁으로, '본성인가 양육인가? 유전인가 환경인가?'에 대한 논란이 있다. 사실은 둘 다 모두 복합적으로 작용한 결과다. 유전은 우리의 모습에 큰 영향을 미친다. 그러나 우리가 성장하면서 겪는 모든 일들 역시 마찬가지로 영향을 미친다. 그리고 뇌가 형성 중일 때에는, 다른 사람이 정보나 경험의 주요 요인까지는 아니더라도 최소한 하나의 요인으로 작용한다. 남들이 어떤 얘기를 하고 어떻게 행동하며 무엇을 하고 무슨 생각이나 제안을 하고 무엇을 만들어내고 믿는지 등 이 모든 것들은 아직 형성 중인 뇌에 직접적인 영향을 미친다. 뿐만 아니라, 우리 자아(자존감, 자아, 동기부여, 포부 등)의 상당 부분은 남들이 나를 어떻게 생각하며 나에 대해 어떤 행동을 하는지에 의해 만들어진다.

타인이 뇌 발달에 영향을 미친다는 점과 그들 역시 결국 자신의 뇌로 인해 통제당한다는 사실을 생각해보면, 결론은 딱 한 가지다. '인간의 뇌는 스스로 자신의 발달을 이끌고 있다!' 종말론적인 공상 과학 영화에서는 대부분 컴퓨터가 인간의 뇌를 조종한다. 하지만 그 역할을 뇌가 직접 한다면, 그다지 상황은 끔찍하지 않다. 앞에서 여러 차례 보았듯, 인간의 뇌는 엉성하기 때문이다. 따라서 인간도 마찬가지다. 그러므로 우리 뇌의 상당 부분은 타인과의 관계에 집중한다.

이제 이러한 구조가 얼마나 이상한 결과를 낳는지 여러 가지 예를 살펴보도록 하자.

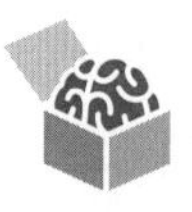

얼굴아 제발 빨개지지 말아줘, 너무 부끄럽단 말야

신체의 미세 조정자, 감정

사람들은 여러분이 우울한 표정을 짓는 것을 좋아하지 않는다. 부부싸움을 했거나 개똥을 밟은 것처럼 그럴 만한 이유가 있다 해도 말이다. 하지만 이유가 무엇이든, 모르는 사람이 와서 좀 웃어보라고 말하면 기분은 더욱 나빠진다.

얼굴 표정은 그 사람이 어떤 생각을 하고 어떤 기분인지를 다른 사람에게 알려준다. 이는 독심술이다. 그런데 얼굴을 통한 독심술이다. 표정은 실제로 커뮤니케이션의 유용한 형태이다. 뇌에는 타인과의 커뮤니케이션을 담당하는 프로세스가 놀라우리만큼 많으므로, 결코 놀라운 사실은 아니다.

여러분은 '커뮤니케이션의 90%는 말이 아닌 다른 수단으로 이루어진다'는 얘기를 들어본 적이 있을 것이다. 여기서 '90%'는 주장하는 사람마다 크게 달라진다. 하지만 사실 그 정도가 달라지는 것은 사람들은 다양한 상황에서 다른 방식으로 커뮤니케이션을 하기 때문이다. 예를 들어 복잡한 나이트클럽에서 대화를 나누는 사람은 잠자는 호랑이 우리 안에 갇혀 있는 사람과는 다른 방식으로 커뮤니케이션을 할 것이다. 여기서 중요한 점은 사람 간의 커뮤니케이션은 대부분 말이 아닌 다른 수단으로 이루어진다는 사실이다.

뇌에는 언어 처리 및 말과 관련된 영역이 여러 개 있다. 따라서 말로 이루어지는 커뮤니케이션의 중요성은(아이러니하게도) 두말할 필요가 없다. 그러나 과거 수년 동안에는 이 일에 관여하는 영역은 단 두 가지만 있다고 생각했다. 하나는 브로카 영역Broca's area으로 이를 발견한 피에르 폴 브로카Pierre Paul Broca의 이름을 따서 만들어졌으며, 전두엽의 뒤쪽에 있다. 브로카 영역은 말을 형성하는 데 중요한 역할을 한다고 알려졌다. 즉, 말할 내용을 생각하고 관련된 어휘를 정확한 순서로 연결하는 것이 브로카 영역이 하는 일이라는 것이다.

또 다른 하나는 베르니케 영역Wernicke's area으로 카를 베르니케Carl Wernicke가 발견했으며, 측두엽에 위치하고 있다. 베르니케 영역은 언어 이해와 관련이 있다고 생각되었다. 우리가 단어나 단어의 의미, 여러 가지의 해석을 이해할 때, 바로 베르니케 영역이 작용한다는 것이다. 뇌의 관점에서 보면 이 두 가지 구조는 아주 단순한 것이며, 실제 언어 시스템은 훨씬 더 복잡하다. 하지만 지난 수십 년 동안 브로카와 베르니케 영역이 말을 처리한다고 생각했다.

왜 이런 잘못된 인식이 있었는지 이해하기 위해서는, 이 두 영역이 19세기의 실험에서 발견되었다는 사실을 생각해 보아야 한다. 그 당시 이들 영역에 손상을 입은 환자들을 대상으로 실험이 진행되었다. 스캐너나 컴퓨터와 같은 현대 기술이 없는 상태에서, 열의에 찬 신경과학자들은 관련된 손상을 입은 불쌍한 환자를 연구하는 것 외엔 방법이 없었다. 이는 가장 효과적인 방법은 아니었지만, 적어도 당시 신경과학자들은 사람들에게 도리어 이런 부상을 입히는 일을 하지는 않았다(적어도 우리가 아는 한은 말이다).

당시 브로카와 베르니케 영역을 발견할 수 있었던 이유는, 이들이 손상되면 말이나 이해 능력이 현저하게 떨어지는 실어증이 나타났기 때문이다. 브로카 영역의 실어증은 '표현 실어증'이라고도 부르며, 말을 '표현하지' 못하는 상태를 의미한다. 입이나 혀에는 아무런 이상이 없고, 말을 이해할 수는 있지만 스스로 유동적이고 조리 있는 표현을 하지 못한다. 이들은 몇몇 관련 단어를 내뱉기는 하지만, 길고 복잡한 문장을 사용하진 못한다.

흥미롭게도 브로카 영역의 실어증은 말을 하거나 '글을 쓸 때' 두드러진다. 이는 중요한 사실이다. 말은 귀로 듣고 입으로 전달한다. 글을 쓰는 것은 눈으로 보며, 손과 손가락을 이용한다. 그런데 이 두 가지 기능 모두 똑같이 문제가 있다면 이들 간의 공통 요소가 손상되었다는 뜻이다. 그리고 여기서 공통 요소는 언어 처리밖에 없다. 이는 뇌가 별개로 조절하는 기능이다.

베르니케 영역의 실어증은 완전히 반대다. 베르니케 영역이 손상된 환자들은 언어를 이해하지 못한다. 이들은 톤이나 억양, 타이밍 등을 분명히 이해하지만, 단어의 의미는 이해하지 못한다. 이 환자들은 대부분 유사한 방식으로 응답했는데, 길고 복잡한 소리가 나서 결국 이해하기 힘든 문장이었다. "나는 가게에 가서 빵을 좀 샀어"라고 하지 않고 "나는 오늘 바다 가지러 가성 했어"처럼 말하는 것이다. 실제 단어와 만들어낸 단어가 한데 섞여서 이해할 수 없는 의미를 만든다. 뇌의 언어를 인지하는 기능이 손상되었기 때문이며, 따라서 언어를 표현해내지도 못한다.

베르니케 실어증은 글을 쓸 때 종종 나타나며, 환자들은 자신의 말이 보통 어떤 문제가 있는지 인식하지 못한다. 이들은 자신이 정상적으로 말을 한다고 생각하며, 따라서 상대방이 자신의 말을 이해하지 못할 때 심각한 좌절감을 느낀다.

이 두 가지 실어증을 통해 언어 및 말에 대한 브로카와 베르니케 영역의 중요성에 관한 이론이 수립되었다. 하지만 뇌 스캐닝 기술이 등장하면서 상황이 바뀌었다. 브로카 영역이 전두엽 영역으로 구문법이나 다른 중요한 구조를 처리하는 중요한 역할을 한다는 사실에는 변함이 없었다. 그리고 이는 맞는 말이다. 실시간으로 복잡한 정보를 다루는 것은 전두엽 활동을 의미하기 때문이다. 하지만 베르니케 영역의 경우, 말을 처리하는 데 있어서 측두엽 주변의 매우 광범위한 부분이 관여한다는 연구 자료가 나오면서 그 역할이 축소되었다.[2]

위측두이랑superior temporal gyrus, 아래전두이랑inferior frontal gyrus, 중간측두이랑middle temporal gyrus, 그리고 조가비핵putamen과 같은 뇌의 '더 깊은' 영역들이 말을 처리하고, 구문법, 단어의 의미, 기억에서 관련된 용어 등을 다루는 데 크게 관여한다. 이들 영역 중 상당수는 소리를 처리하는 청각피질과 가까이 있으므로, 이는 (이번 경우에는) 일리가 있다. 물론 베르니케와 브로카 영역은 처음 얘기한 것만큼 언어에 중요하지는 않더라도 여전히 관련은 있다. 이 두 영역이 손상을 입으면 언어를 처리하는 영역 간의 많은 연결고리가 손상되며, 그 결과 실어증이 발생한다. 하지만 언어처리영역이 매우 광범위하게 퍼져 있다는 것은 언어는 주위 환경으로부터 습득하는 기능이 아닌 뇌의 근본적인 기능임을 보여준다.

일부에서는 언어란 신경학적인 관점에서 더욱 중요하다고 주장한다. 언어상대성 이론the theory of linguistic relativity에 따르면 사람이 말하는 언어는 그 사람의 인지적 프로세스와 세상을 인지하는 능력의 근간이라고 한다.[3] 예를 들어 만약 모국어가 '신뢰할 만한'에 해당하는 단어를 가지고 있지 않다면, 이들은 '신뢰성'을 이해하지도 또 표현하지도 못할 것이다. 따라서 이들은 부동산 중개인이나 해야 한다.

물론 이는 아주 극단적인 경우이며, 중요한 개념이 빠진 언어를 사용하는 문화권을 찾아야 하므로 연구조차 쉽지가 않다(색깔에 대한 표현이 제한적이어서 눈에 익은 색깔을 '인식할 수' 없다고 주장하는 고립된 문화권에 대한 많은 연구가 진행된 적은 있다. 하지만 이들 연구는 논란의 여지가 많다).[4] 지금도 언어상대성에 대한 이론은 많지만, 가장 대표적인 것으로는 사피어 워프 가설Sapir-Whorf hypothesis이 있다.■

어떤 사람들은 한 발 더 나아가 "자신이 사용하는 언어를 바꾸면 사고방식까지도 바뀐다"고 주장한다. 가장 대표적인 예로 신경언어 프로그래밍인 NLPneuro-linguistic programming를 들 수 있다. NLP는 정신치료요법, 개인 발달, 그 외 행태론적 접근법이 뒤섞여 있으며, 언어, 행동, 신경학적 프로세스는 서로 모두 뒤얽혀 있다는 점을 기본 전제로 한다. 이에 따르

■ '사피어 워프 가설'은 언어학자들에게는 골칫거리다. 왜냐하면 그 이름이 잘못된 인상을 줄 수 있기 때문이다. 이 가설을 제안한 것으로 추정되는 에드워드 사피어Edward Sapir와 벤자민 리 워프Benjamin Lee Whorf는 사실 함께 어떤 글을 쓰지도 않았으며, 가설을 세운 적도 없다. 사피어 워프 가설은 이 명칭을 붙이기 전까지는 존재하지도 않았으며, 따라서 스스로 자신의 좋은 예가 되어준 셈이다. 언어는 결코 만만하지 않다.

면 컴퓨터 프로그램에 코드를 바꿔서 오류를 삭제하는 것처럼, 어떤 개인이 사용하는 언어와 언어적 경험을 바꾸면 이들의 생각과 행동도 (희망컨대 좋은 방향으로) 바뀔 수 있다고 한다.

NLP는 대중적인 인기를 누리고 있으며 매력적인 방법이지만, 실제로 효과가 있는지에 대한 증거는 거의 없다. 따라서 유사 과학이나 대체 의학의 영역에 좀 더 가까워 보인다. 이 책에서는 현대 세상에 뇌를 거스르는 것들이 많은데도 그와 무관하게 뇌가 독자적으로 움직이고 있음을 보여주는 많은 사례를 찾을 수 있다. 따라서 무엇을 갖다 대건, 뇌가 이에 완전히 들어맞지는 않을 것이다.

하지만 NLP는 커뮤니케이션에서 말이 아닌 다른 요소가 매우 중요하다는 사실을 자주 강조하며, 이는 사실이다. 그리고 비언어적 요소는 여러 다양한 방식으로 나타난다.

1985년 자신의 유명한 저서 《아내를 모자로 착각한 남자The Man Who Mistook His Wife for a Hat》에서 올리버 색스Oliver Sacks는 말을 이해하지 못하는 실어증 환자들에 대해 묘사했다. 실어증 환자들은 대통령의 연설을 보고 재미있다고 생각했지만, 이는 연설의 의도와는 전혀 다른 반응이었다. 이런 반응이 나타난 이유는 실어증 환자들은 단어를 이해하지 못해 비언어적 신호와 몸짓을 인식하는 능력이 발달하기 때문이다. 일반적인 사람들은 대부분 실제 단어에 치우쳐 못 보고 지나치게 되는 요인들이다. 당시 실어증 환자들에게는 대통령의 얼굴의 떨림과, 보디랭귀지, 말의 리듬, 섬세한 몸짓 등이 대통령이 지금 솔직하지 못하다는 의미를 나타냈다. 이러한 신호는 실어증 환자에게 부정직함을 나타내는 뚜렷한 적신호다. 세상에서 가장 큰 힘을 가진 사람에게서 이런 적신호가 나타나고 있으니, 이는 웃거나 울어야 할 일인 것이다.

이러한 정보가 비언어적으로 표현된다는 사실은 놀라운 일은 아니다. 앞에서 얘기했듯이, 인간의 표정은 훌륭한 커뮤니케이션 도구다. 즉 얼굴 표정은 중요하다. 누가 화가 났는지, 행복한지, 두려워하는지 등에 대해 쉽게 알 수 있게 해준다. 얼굴에 감정을 보여주는 표정이 드러나기 때문이다. 그리고 표정은 상호 간의 커뮤니케이션에도 큰 영향을 미친다. 어떤 사람이 행복한 표정을 짓거나, 화를 내거나, 아님 혐오스러운 표정을 지으며 "넌 그렇게 해선 안 되는 거였어"라고 말한다면, 이 문장의 의미는 각각 아주 다르게 해석될 것이다.

얼굴 표정은 상당히 보편성을 가진다. 여러 문화권의 사람들에게 특정 얼굴 표정의 사진을 보여주는 실험이 여러 차례 진행되었다. 실험참가자 중에는 매우 멀리 떨어져 있으며 서구 문명사회와 거의 접촉이 없는 문화권의 사람들도 있었다. 이들의 문화적 배경은 다양했지만, 대체로 모든 사람들이 자신의 문화적 정체성과는 상관없이 얼굴 표정을 알아차렸다. 즉 얼굴 표정은 학습된 것이 아니라 본능적인 것으로, 인간의 뇌 속에 깊이 박혀 있는 것으로 보인다. 만약 어떤 놀랄 만한 일이 발생한다면, 아마존 정글 아주 깊숙한 곳에서 자란 사람들도 뉴욕에서 평생 산 사람과 같은 표정을 지을 것이다.

우리 뇌는 표정을 인식하고 읽는 데 있어서 매우 뛰어난 능력을 가지고 있다. 앞의 5장에서 시각피질에는 표정을 처리하는 세부 요인들이 있으며, 그로 인해 우리는 도처에서 표정을 보게 된다는 내용에 대해 살펴보았다. 이런 능력에 있어서 뇌는 매우 효율적이기 때문에, 최소한의 정보만으로도 표정을 유추할 수 있다. 따라서 행복 :-), 슬픔 :-(, 화 〉:-(, 놀람 :-0과 같은 많은 이모티콘들이 일반적으로 널리 사용될 수 있는 것이다. 이 이모티콘은 단순한 선과 점에 불과하다. 위로 똑바로 서 있지도 않다. 그럼에도 우리는 특정 표정을 읽을 수 있다.

얼굴 표정은 커뮤니케이션의 제한적인 형태로 보이기는 하지만, 아주 유용한 수단이다. 만약 여러분 주위 모든 사람들이 두려운 표정을 하고 있다면, 여러분의 뇌는 즉시 근처에 모든 사람이 위협으로 느끼는 무언가가 있다고 생각하고 스스로 투쟁-도피 대응 방식을 준비할 것이다. 만약 이런 상황에서 뇌가 아닌 타인의 말에 의존해야 한다면, "당신을 놀라게 하고 싶진 않지만, 지금 펄쩍펄쩍 뛰는 하이에나가 떼지어 우리 쪽으로 달려오는 것 같아요"라는 말이 채 끝나기도 전에 아마 이미 하이에나가 눈앞에 있을 것이다. 표정은 사회적 관계에도 도움을 준다. 만약 우리가 어떤 일을 하고 있는데 모든 사람들이 행복한 표정을 짓고 있다면, 우리는 남들의 인정을 받기 위해 하던 일을 계속해야 한다는 것을 알게 된다. 만약 우리를 본 사람들이 모두 충격을 받거나, 화가 나거나, 혐오감을 느끼는 표정을 짓거나 혹은 이 세 가지 표정을 모두 짓는다면 우리는 지금 하는 일을 당장 멈춰야 한다. 즉, 사람들의 반응은 자신의 행동을 조절하는 데 도움이 된다.

여러 연구에 따르면 우리가 표정을 읽을 때, 편도체가 매우 활발히 움직인다고 한다.[5] 다시 말해 우리 자신의 감정을 처리하는 편도체는 타인의 감정을 인식하는 데도 필요하다는 것이다. 그 외 대뇌변연계 깊은 곳에 자리하며 특정 감정을 처리하는 영역들(예를 들어, 혐오감을 담당하는 조가비핵처럼) 역시 타인의 감정 인식에 관여한다.

감정과 표정 간의 관계는 매우 높지만, 이를 극복할 수 없는 것은 아니다. 어떤 사람들은 자신의 표정을 조절해서 감정 상태와는 다른 표정을 짓기도 한다. 대표적인 예가 '포커

페이스'이다. 포커를 전문적으로 치는 사람들은 이기기 위해 자신이 가진 카드에 대한 감정을 드러내지 않고 무표정한 얼굴(혹은 거짓 표정)을 유지한다. 하지만 52장의 카드에서 나올 수 있는 가능성은 제한적이므로, 포커 플레이어는 모든 상황에 대해, 설사 무적의 스트레이트 플러시(연속적으로 숫자가 이어지는 5장의 카드)라 해도 표정을 숨길 준비를 한다. 앞으로 일어날 상황에 대해 알고 있으면, 표정을 좀 더 의식적으로 조절하여 우위를 유지할 수 있다. 하지만 만약 게임 도중 운석이 충돌해서 지붕을 뚫고 테이블 위로 떨어졌다고 하자. 이때 포커 플레이어들 중 과연 놀란 표정을 짓지 않을 사람이 있을지는 의문이다.

그런데 이는 뇌의 진화된 영역과 원시적인 영역 간의 또 다른 대립이 있음을 나타낸다. 표정은 스스로 자발적으로(대뇌의 운동신경에 의해) 만들기도 하고, 비자발적으로(대뇌변연계의 깊은 영역에 의해) 일어날 수도 있다. 자발적인 표정은 우리가 선택하는 것으로, 일례로 누가 따분한 휴가 사진을 보여줄 때 재미있는 듯한 표정을 짓는 경우를 들 수 있다. 비자발적인 표정은 실제 감정에 의해 생기는 표정이다. 인간의 발달된 신피질은 거짓 정보(거짓말)를 전달할 수 있지만, 오래된 대뇌변연계는 언제나 정직하다. 사회규범상 항상 솔직한 의견만 표현할 수는 없으므로, 이 둘은 종종 부딪히게 된다. 예를 들어 타인의 머리스타일이 혐오감을 준다 해도, 그대로 표현하는 것은 올바르지 않은 것처럼 말이다.

그런데 안타깝게도 뇌는 표정을 읽는 데 아주 민감해서, 누군가 속으로 솔직함과 매너(이를 꽉 깨물고 웃는 것처럼) 사이에서 갈등하고 있다는 것을 우리는 알아차릴 수 있다. 하지만 다행히 사회 관습상 누군가 이런 내적 갈등을 겪는다 해도 이를 콕 집어 말하는 것은 무례한 일이다. 그러므로 아슬아슬하게 균형이 유지된다.

뇌는 '좋아요'를 좋아해

당근과 채찍에 너무 쉽게 휘둘리는 뇌

나는 자동차 쇼핑을 싫어한다. 넓은 홀에서 느릿느릿 걸어가며 수없이 많은 세부사항을 확인하고, 많은 자동차를 구경하다 보면, 모든 관심을 잃고 우리 집 정원에 말을 탈 만한 공간이 있는지 생각한다. 그리곤 마치 차에 대해 잘 아는 양, 타이어를 발로 차본다. 왜? 신발 끝으로 경화된 고무를 분석하기라도 하는 걸까?

이때 나에게 최악의 요인은 자동차 세일즈맨이다. 나는 그냥 그들과의 관계가 어렵다. 아주 남자답게 구는 사람(나는 아직 여자 세일즈맨을 본 적이 없다), 과하게 친한 척하는 행동, "매니저에게 물어 볼게요" 식의 전략, 내가 거기 있는 것만으로도 자신들은 손해를 본다는 식의 뉘앙스다. 이런 모든 전략들이 나를 혼란스럽고 불안하게 만들며, 내겐 이 시간이 고통스럽다.

그래서 나는 자동차 구경을 갈 때마다 아버지를 대동한다. 아버지는 이런 일을 꽤나 즐기는 분이다. 내가 차를 사는 걸 처음 도와주셨을 때, 나는 꽤 협상이 잘될 거라 생각했다. 하지만 아버지의 전략은 거의 욕설로 이루어졌고, 세일즈맨이 가격을 깎아준다고 할 때까지 이들을 도둑놈이라 불렀다. 노골적이긴 하지만 분명 효과는 있었다.

그런데 전 세계 자동차 세일즈맨들이 이처럼 잘 정립된, 그리고 쉽게 알아차릴 수 있는 전략을 동일하게 사용하고 있다는 것은 이 방법이 실제로 효과가 있다는 뜻이다. 이해하기 쉽지 않은 부분이다. 모든 고객들은 저마다 다른 성격, 취향, 관심을 가지고 있다. 따라서 단순하고 친숙한 접근 방식으로 고객들이 힘들게 번 돈을 내밀게 한다는 생각은 터무니없는 것이어야 한다. 하지만 일부 특정 행동들은 고객들의 순응, 즉 고객들이 동의하며 '세일즈맨의 요구에 굴복'하도록 만들 수 있다.

우리는 사회의 판단에 대한 두려움이 불안감을 야기한다는 사실을 살펴보았다. 즉, 자극을 받으면 분노 시스템이 작동하며, 타인의 인정을 추구하는 것은 강력한 동기가 된다. 실제로 많은 감정은 다른 사람과의 관계가 있을 때에만 나타난다고 말할 수 있다. 움직이지 않는 사물에 대해 화를 낼 수는 있지만, 부끄러움이나 자부심과 같은 감정은 타인의 판단이 개입될 때에만 발생한다. 사랑은 두 사람 간에 존재하는 감정이다('자기애'는 이와는 완전히 다른 이야기다). 따라서 이러한 뇌의 성향을 이용해서 다른 사람이 자신이 원하는 대로 행동하도록 만들 수 있다는 말은 과장이 아니다. 다른 사람을 설득해서 돈을 쓰도록 만들어야만 먹고사는 사람들은 고객의 순응을 이끌어 내기 위해 이와 비슷한 방법을 쓴다. 그리고 다시 말하지만, 이는 뇌가 움직이는 방법과 크게 관련이 있다.

물론 그렇다고 해서 여러분이 타인을 완전히 통제할 수 있는 기술이 있다는 뜻은 아니다. 픽업 아티스트들이 여러분을 어떻게 현혹시키건, 사람은 매우 복잡한 존재이기 때문이다. 하지만 어쨌든 다른 사람이 나의 요구를 수용하게 만들 수 있는 과학적으로 인정된 방법이 있는 건 사실이다.

그중 하나는 '문간에 발 들여놓기FITD, foot-in-the-door'(이하 FITD) 기법이다. 친구가 와서 버스비가 없다고 돈을 빌려달라고 한다고 치자. 여러분은 그렇게 하기로 했다. 그러고는 친구가 샌드위치랑 음료수를 좀 사 먹어야겠다며 돈을 좀 더 달라고 한다. 여러분은 이를 또 승낙한다. 친구는 다시 술 몇 잔 하러 펍에 가는 게 어떠냐고 묻는다. 여러분이 돈을 빌려주겠다고 승낙하는 한, 친구는 가진 돈이 한 푼도 없는 사람인 셈이다. 알겠는가? 여러분은 '뭐 몇 잔인데 어때'라고 생각할지 모른다. 그런데 거기에 몇 잔이 또 추가되고, 친구는 급기야 버스를 놓쳤으니 택시비까지 빌려달라고 한다. 여러분은 한숨을 쉬면서도 이제껏 모든 부탁을 받아줬으니, 또 알겠다고 한다.

만약 이 친구가 "나 저녁이랑 술 좀 사줘. 그리고 집에 편하게 가게 택시비도 내줘"라고 했다면 여러분은 거절했을 것이다. 이런 부탁은 말도 안 되기 때문이다. 그런데 이는 앞의 경우에서 바로 여러분이 한 행동이다. '문간에 발 들여놓기'란 작은 부탁을 받아주게 되면 더 큰 부탁도 수용하게 된다는 뜻이다. 즉, 부탁하는 사람은 자신의 '발을 문간에 들여놓은 것'이다.

다행히 FITD 기법에 한계는 있다. FITD는 첫 부탁과 두 번째 부탁 간에 시간 차가 있어야 가능하다. 만약 누가 여러분에게 5파운드를 빌려주겠다고 했는데, 같은 사람에게 10초 뒤 바로 또 50파운드를 빌려달라고 할 수는 없는 노릇이다. 여러 연구에서 FITD는 첫 부탁을 한 뒤 며칠 혹은 몇 주가 지나야 효과가 있음이 밝혀졌다. 하지만 이 시간 동안 첫 부탁과 두 번째 부탁 간의 연결고리가 사라진다.

FITD는 또한 부탁이 '친사회적', 즉 도움을 주거나 좋은 일을 한다는 인식을 주어야 좀 더 효력이 있다. 누군가에게 음식을 사주는 것도 도움을 주는 일이며, 집에 갈 수 있도록 돈을 빌려주는 것도 도움이 되는 일이다. 따라서 이러한 요청은 받아들여질 확률이 높다. 하지만 남이 헤어진 연인의 차에 음란한 내용의 낙서를 하는 동안 망을 봐주는 일은 좋은 일이 아니다. 그리고 전 애인의 집 창문에 벽돌을 던져야 한다며 차로 데려다 달라는 요청도 거절당할 것이다. 깊이 들여다보면, 사람들의 본심은 꽤나 착하다.

FITD 기법은 일관성도 있어야 한다. 예를 들어, 돈을 빌렸다면 그 다음에도 좀 더 많은 돈을 빌리는 식이다. 집에 데려다 달라는 부탁을 들어줬다고 해서, 그 다음 집에서 키우는 비단뱀을 한 달간 봐달라는 부탁을 들어주지는 않는다. 이 두 부탁은 서로 어떤 관련이 있을까? 대부분의 경우 사람들은 "차로 태워 달라"는 부탁과 "우리 집에서 뱀을 키워 달라"는 부탁을 같은 것으로 받아들이지 않는다.

이처럼 한계가 있긴 하지만, FITD는 효과가 뛰어난 방법이다. N. 궤겐N. Gueguen의 2002년 연구에 따르면 FITD는 온라인상에서도 작용한다고 한다.[6] 이메일상에 파일을 열어보라는 요청을 수용한 학생들은 좀 더 귀찮은 온라인 조사에도 참여할 확률이 더 높았다. 사람을 설득하는 일에는 목소리 톤, 그 현장에 있는 것, 보디랭귀지, 아이 콘택트 등이 작용한다. 하지만 이 연구를 통해 이러한 요소가 필요하지 않다는 사실이 밝혀졌다. 즉, 걱정스럽지만 뇌는 다른 사람의 요청을 받아들이려는 성향이 있는 것으로 보인다.

이 외에 거절당한 부탁을 이용하는 방법도 있다. 누군가 여러분에게 자신이 이사를 하는데 짐을 여러분의 집에 모두 보관해달라고 부탁한다고 상상해보자. 이는 불편한 일이므로, 여러분은 거절한다. 그러자 이 사람은 그 대신 주말에 짐을 다른 곳으로 옮길 수 있게 차를 빌려달라고 한다. 이는 훨씬 더 쉬운 부탁이므로, 당신은 이를 받아들인다. 사실 주말에 차를 빌려주는 것도 불편한 일이다. 단지 처음 부탁보다는 덜 불편할 뿐이다. 이제 남에게 차를 빌려줘 봤으니, 당신은 아마 다음번에는 절대 이런 부탁을 들어주지 않을 것이다.

이러한 방법을 '문간에 머리 들여놓기DITF, door-in-the-face'(이하 DITF) 기법이라 부른다. 이 방법은 좀 과격하게 보일지 모르지만, 요청을 하는 사람의 얼굴을 향해 '문을 발로 차'는 사람이 이용당하는 사람이다. 사람의 얼굴에 대고 문을 발로 차면 (비유적으로나 실제로나) 기분이 나빠진다. 따라서 부탁을 하는 사람에게 뭔가 '보상을 해주고' 싶은 마음이 생기고, 작은 부탁은 들어주게 되는 것이다.

DITF 요청은 FITD보다 부탁 간의 간격이 훨씬 가까울 수 있다. 처음 부탁을 거절했으므로, 실제로 어떤 일도 해주지 않은 셈이다. 그리고 DITF의 효과가 더 크다는 연구결과도 있다. 2011년 챈Chan과 그녀의 동료들이 실시했던 실험으로서, 이 실험에서는 학생들이 수학문제를 풀도록 만들기 위해 FITD와 DITF 두 방법을 이용했다.[7] 그 결과 FITD는 성공률이 60%인 반면, DITF는 90%에 가까웠다! 이 연구결과에 따르면 학생에게 무엇을 하도록 만들 때에는, DITF, 즉 '문간에 머리 들여놓기' 방법이 효과적이라고 한다. 이는 분명 일반 사람들에게 말할 때와는 다른 방식이다.

금융 거래에서도 DITF가 자주 사용된다는 사실에서도 그 효과와 신뢰성이 잘 드러난다. 과학자들은 심지어 DITF의 효과에 대해 직접 연구를 한 적도 있다. 엡스터와 노이마이어의 2008년 연구[8]에서는 산 속의 어느 집에서 지나가는 행인들에게 치즈를 팔기 위해 DITF기법을 이용했으며, 그 결과는 아주 성공적이었다(주의할 것은 대부분의 실험이 산 속에서 시행된 것은 아니라는 것이다).

그리고 낮은 공 기법도 있다. 이는 초기 요청을 수락한 사람에게서 결과가 도출된다는 점에서 FITD와 비슷하지만, 전개 방식은 다르다.

낮은 공은 어떤 부탁을 일단 받아들이자(돈을 내거나 어떤 일을 할 특정 시간을 낸다거나 문서의 단어 개수 세기 등), 부탁하는 사람이 처음 부탁의 범위를 갑자기 확대시킨 경우이다. 이때 사람들은 좌절감이나 화를 느끼지만, 놀랍게도 대부분의 사람들이 더 큰 부탁도 받아들였다. 엄밀히 따져보면, 이들에게는 부탁을 거절할 만한 이유가 많다. 개인의 이득을 위해 처음 서로 합의한 내용을 깬 건 부탁을 하는 사람이기 때문이다. 하지만 사람들은 갑자기 커진 요구도 그대로 수용하는 태도를 보였다. 물론, 너무 지나친 경우는 예외다. 중고 DVD 플레이어를 70파운드에 판다고 했다가, 갑자기 평생 모은 돈에 해당하는 액수를 내놓으라고 하거나 첫째 아이를 달라고 한다면, 여러분은 이를 받아들이지 않을 것이다.

낮은 공은 심지어 사람들이 공짜로 일하게 만들 수도 있다! 산타클라라대학의 버거와 코르넬리우스Burger and Cornelius의 2003년 연구에서는 사람들에게 조사에 참여하면 무료로 커피잔을 준다고 했다.[9] 그러고는 이내 이들에게 컵이 다 떨어졌다고 말했다. 하지만 약속했던 보상이 없었는데도 대부분의 사람들이 조사에 응했다. 1978년에 실시한 시알디니와 그 동료들의 연구 역시 유사한 결과를 보여준다. 이 연구에 따르면, 대학생들 중 아침 9시 실험에 참여하겠다고 한 학생들은 처음부터 7시에 오기로 한 경우에 비해 7시 실험에 참여할 확률이 훨씬 더 높았다.[10] 즉, 요청을 수용하는 데 있어 보상이나 비용이 전부가 아닌 것이다. 이처럼 낮은 공에 관한 많은 연구를 통해 처음에 부탁을 적극적으로 흔쾌히 받아들였다면, 부탁 내용에 변화가 생긴다 해도 이를 계속 수용하는 데 있어 중요하게 작용한다는 사실이 밝혀졌다.

위와 같은 기법들은 다른 사람이 나의 요청을 수용하도록 만드는 방법 중 좀 더 친숙한 사례들이다(또 다른 예로 반심리학도 있지만, 이에 대해 직접 찾아보겠다며 고통을 자초하지는 말길 바란다). 이는 진화론적으로 일리가 있을까? 진화론적인 관점에서 보면, '적자가 생존'하게 되어 있다. 하지만 남들에게 쉽게 이용당하는 성향이 어떻게 유익한 장점이 된다는 걸까? 이 부분에 관해서는 뒤에서 좀 더 자세히 살펴보겠지만, 여기서 설명한 모든 기법을 뇌의 특정 성향으로 설명할 수 있다.■

앞의 기법들은 상당수 우리 자신의 이미지와 관련이 있다. 4장에서는 뇌가 (전두엽을 통해) 자기 분석 및 자아 인식을 한다는 사실을 알게 되었다. 따라서 우리가 이러한 자아에 관한 정보를 이용하며, 자신의 단점을 '조율'해나간다는 사실은 그렇게 터무니없는 말이 아니다. 여러분은 사람들이 '혀를 깨문다'는 얘기를 들어보았을 것이다. 사람들은 왜 그런 행동을 할까? 다른 사람의 아기가 사실 못생겼는데도, 그 말을 하지 않고 대신 '오, 너무 귀엽군요'라고 말한다. 이런 행동은 타인이 자신을 좋게 생각하게 만든다. 사실은 아니라도 말이다. 이처럼 사회적 행동을 통해 남들이 자신에 대

■ 많은 이론과 가설에서 이러한 사회적 성향을 일으키는 뇌의 프로세스와 영역은 어떤 것인지에 대해 얘기한다. 하지만 이들이 어떤 영역인지 지금도 정확히 꼬집어 말할 수는 없다. 자기공명영상법(MRI)처럼 좀 더 깊이 뇌 스캐닝을 하기 위해서는 실험참가자들을 실험실의 큰 장치 안에 꼼짝없이 묶어놔야 한다. 이런 상황에서 참가자들이 현실성 있는 사회적 교류를 제대로 경험할 리 만무하다. 만약 여러분이 MRI 기계에 갇혀 있는데, 누군가 여러분의 주변을 돌면서 부탁을 한다고 생각해보자. 여러분의 뇌는 실제 상황보다 더 혼란스럽기만 할 것이다.

해 가지는 인상을 관리하려는 성향을 '인상관리'라고 부른다. 우리는 신경학적으로 타인이 자신에 대해 어떻게 생각하는지를 염두에 두고 있으며, 남들이 자신을 좋아하게 만들기 위해 많은 노력을 한다.

셰필드대학의 톰 패로우와 그의 동료들이 실시한 2014년 연구에 따르면 인상관리를 할 때 중뇌, 소뇌와 더불어 내측 전전두엽피질과 좌측 복외측 전전두엽피질이 활성화된다고 한다.[11] 하지만 이 영역들은 실험대상자가 남들에게 자신을 '나쁘게' 보이도록 할 때, 그리고 사람들이 자신을 싫어하게 만드는 행동을 할 때에만 눈에 띄게 활성화되었다. 반대로 남들에게 '좋게' 보이려는 행동을 할 때에는, 보통의 일반적인 뇌 활동과 뚜렷한 차이가 없었다.

게다가 실험참가자들은 자신에 대한 나쁜 인상보다 좋은 인상을 주기 위해 행동할 때의 뇌 작용이 훨씬 빨랐다. 이 두 가지 점을 고려하여, 톰 패로우와 그의 동료들은 우리가 타인에게 좋은 인상을 주려는 것은 '뇌가 늘 하는 일!'이라는 결론을 내렸다. 하지만 이를 뇌 스캐닝을 통해 찾아내는 것은 빽빽한 숲속에서 특정 나무 한 그루를 찾는 것이나 다름없다. 구별해낼 만큼 특별히 두드러지는 특징이 없기 때문이다. 이 실험의 참가자는 겨우 20명이었으므로, 이에 관여하는 특정 프로세스를 찾아내는 것은 가능할 수도 있다. 그러나 어쨌든 좋게 보이려는 사람과 나쁘게 보이는 사람 간에 이러한 차이가 있다는 사실 자체는 놀라운 일이다.

그런데 대체 이게 다른 사람의 마음을 움직이는 것과 무슨 상관이란 말인가? 뇌는 남들이 자신을 좋아하게 만들기 위해 작동한다. 결국 다른 사람이 부탁에 응하도록 만드는 앞의 모든 기법들은, 논쟁의 여지가 있긴 하지만 타인에게 긍정적으로 보이고 싶은 욕구를 이용한다. 이것은 우리 몸에 배어 있는 욕구이므로 이용가능하다.

만약 여러분이 어떤 부탁에 응했다면, 이와 비슷한 또 다른 부탁을 거절하는 경우 상대는 실망할 것이고 부탁을 거절한 사람에 대한 이미지가 손상된다. 이런 이유 때문에, 문간에 발을 들여놓는 전략이 먹히는 것이다. 만약 누군가 해오는 엄청난 부탁을 거절했다면, 아마 여러분은 상대가 이제 여러분을 좋아하지 않을 것이라고 추측할 것이다. 따라서 이에 대한 '위안'의 대상으로 작은 요청은 허락하게 된다. 즉, 문간에 머리를 들여놓는 전략이 효과를 발휘하게 된다. 예를 들어 만약 어떤 일을 하거나 돈을 내주기로 했는데, 그 액수가 갑자기 더 불어났다. 여기서 발을 빼면 상대방에게 실망감을 안겨줄 것이며, 여러분의 이미지가 나빠진다. 따라서 낮은 공 효과가 작용한다. 이 모든 현상은 타인이 우리에 대해 좋은 이미지를 갖길 원하기 때문이며, 이러한 욕구는 우리가 더 나은 판단력이나 논리를 가지고 있다 해도 그를 초월해버린다.

실제 원리는 훨씬 더 복잡하다. 우리가 자신에 대해 갖고 있는 이미지는 일관성을 요구한다. 그래서 뇌가 한번 결정을 내리면, 이를 바꾸기는 매우 어렵다. 연세가 많은 친척 어른에게 외국인이라고 모두 더러운 도둑놈은 아니라고 설명해본 적이 있다면, 사람의 생각을 바꾸는 것이 얼마나 어려운지 이해할 것이다. 앞에서 우리는 생각하는 것과 행동하는 것이 서로 상반되면, 불협화음이 생긴다는 사실을 살펴보았다. 생각과 행동이 일치하지 않음으로 인해 생기는 괴로운 상황이다. 그리고 이런 경우, 뇌는 생각을 바꿔서 행동에 일치시키며 다시 조화를 이룬다.

만약 친구가 돈을 빌리고 싶어 하는데, 여러분은 빌려주기 싫다고 하자. 그런데 여러분은 친구에게 그보다 약간 적은 액수를 빌려주게 된다. 이 부탁을 받아줄 수 없다고 생각했지만 왜 돈을 빌려주었을까? 우리는 일관성을 원하며, 남들이 자신에 대해 좋게 생각하길 바란다. 따라서 뇌는 우리가 더 많은 돈을 주고 싶어 한다고 결정하며, 이때 FITD가 작용한다. 여기서 낮은 공 기법에서 애초에 부탁을 적극적으로 수용하는 것이 왜 중요한지도 이해할 수 있다. 일단 결정을 내리면, 뇌는 일관성을 위해 그 결정을 고수한다. 처음 그 결정을 내리게 된 이유가 더 이상 없는 경우에도 그렇다. 즉, 여러분이 뜻을 내비친 한 사람들은 계속 여러분에게 기대한다.

상호주의도 있다. 이는 (우리가 아는 한) 인간에게만 나타나는 독특한 현상으로, 사람들은 자신에게 친절한 사람에게 자신의 이익을 추구하는 이상으로 친절해진다는 내용이다.[12] 예를 들어 여러분이 누군가의 부탁을 거절하자 상대방이 다시 좀 더 작은 부탁을 한다고 하자. 이때 여러분은 상대방이 당신을 배려한다고 생각하고, 이들에게 과도하게 친절해진다. DITF는 이러한 성향을 이용한 것으로 알려져 있다. 상대방이 '이전보다 좀 더 작은 요구'를 하면, 뇌가 이를 호의로 해석하기 때문이다. 뇌는 멍청하기 때문이다.

이뿐만 아니라, 사회적 우월함과 통제력도 작용한다. 적어도 서구 문화권의 일부 (혹은 대부분) 사람들은 자신이 우월하거나 통제력을 가진 것처럼 보이고 싶어 한다. 뇌가 이런 상황을 더 안전하고 보람 있다고 판단하기 때문이다. 그리고 이러한 성향은 이상한 방향으로 나타나는 경우가 많다. 만약 여러분에게 누가 부탁을 하면, 부탁하는 사람은 여러분에게 굽실거리게 되며, 여러분은 그들을 도움으로써 우월한(그리고 상대방이 좋아할 만한) 지위를 유지한다. 여기서 FITD가 딱 들어맞는다.

만약 상대의 부탁을 거절한다면, 그는 자신의 우월성을 드러내는 것이다. 이때 상대가 대신 작은 부탁을 한다면, 그것은 상대가 순종적인 입장을 받아들였다는 뜻이다. 따라서 이때 작은 부탁을 들어주면, 여러분이 여전히 우위에 있으며 상대가 좋아하는 대상이라는 뜻이 된다. 좋은 감정이 이중으로 작용하는 것이다. 즉 DITF가 발생한다. 그리고 여러분이 어떤 일을 수락했는데, 상대가 부탁의 범위를 바꿔버렸다고 하자. 이때 여러분이 발을 뺀다면, 상대가 여러분을 통제하고 있다는 뜻이 된다. 뭐 될 대로 되라지. 여러분은 결국 처음 결정처럼 부탁을 받아들이게 된다. 여러분은 친절하니까. 나 참! 어쨌거나 이것이 낮은 공 기법이다.

간단히 정리하자면, 우리 뇌는 남들이 우리를 좋아하길 바라며, 남들보다 우월하고 또 일관적이기를 원한다. 이런 성향 탓에, 뇌는 돈을 노리거나 홍정에 대한 기본적인 개념밖에 없는 부도덕한 사람들에게 우리를 이용당하기 쉽게 만든다. 이처럼 멍청한 일을 해내기 위해 우리는 몸속에 엄청나게 복잡한 기관을 모시고 있다.

그것은 뇌에게도 첫사랑이었다

뇌 속에 아로새겨진 사랑의 기쁨과 이별의 슬픔

여러분은 혹시 배 속 태아처럼 소파에 며칠이고 웅크리고 있었던 적이 있는가? 커튼을 친 채 전화는 받지도 않고 아무렇게나 콧물이며 눈물을 닦아내면서, 왜 세상은 나에게 이토록 모질기만 한가 생각하면서 말이다. 이별은 우리의 온 마음을 빼앗고 힘들게 한다. 현대 인간이 경험하는 가장 불쾌한 일 중 하나다. 이별은 가슴 찢어지는 시뿐만 아니라 위대한 예술과 음악도 탄생시킨다. 따지고 보면 여러분에게 육체적으로는 아무 일도 없었다. 다치지도 않았다. 악성 바이러스에 감염된 것도 아니다. 단지 그동안 깊은 관계를 맺었던 사람을 더 이상 보지 못하게 된 것이다. 단지 그것뿐이다. 그런데 왜 우리는 몇 주 몇 달 동안, 어쩌면 남은 인생 내내 가슴 아파하게 되는 것일까?

그 이유는 아마도 남들이 우리 뇌의 (그리고 결국 우리의) 안녕에 영향을 미치기 때문일 것이고, 이는 특히 연인 관계에서 더 크게 작용하기 때문일 것이다.

인간의 문화는 대부분 장기적인 관계를 지향하거나, 아니면 장기적인 관계를 인식하는 데 초점을 두는 것으로 보인다. 다른 영장류의 경우 일부일처제는 사회적 규범이 아니다.[13] 인간은 다른 일반적인 유인원에 비해 수명이 훨씬 길기 때문에 남은 여생 동안 더 많은 짝을 만날 수 있다는 점을 생각해보면, 쉽게 이해가 가지 않는다. 만약 '적자생존' 때문에 남들보다 유전자를 더 많이 퍼뜨려야 하는 거라면, 최대한 더 많은 짝을 만나서 후세를 남기는 게 맞다. 죽을 때까지 한 사람 하고만 살아서 될 일이 아니다. 그러나 그렇지 않다. 인간은 일부일처제를 지향한다.

왜 인간이 일부일처제 식의 관계를 맺게 되는지에 대한 이론은 수없이 많다. 일부에서는 일부일처제는 아이를 돌보는 부모가 한 사람이 아닌 두 사람이므로, 후손이 살아날 확률이 더 높기 때문이라고 주장한다.[14] 또 어떤 사람들은 종교나 계급 시스템과 같은 문화적인 영향 때문이라고 말한다. 즉 재산과 권력을 자신의 가족 내에서만 유지하고 싶어 하기 때문이라는 것이다. 만약 가족 내력에 대한 추적이 불가능하다면, 자신의 장점이 가족으로부터 물려받은 것인지 아닌지 확신할 수 없다.[15] 새로 제기된 재밌는 이론을 보면 할머니가 손자에게 중요한 영향을 미치기 때문에 장기적 관계를 선호하게 되었다고 한다(손자에 대한 사랑이 아무리 맹목적이라 해도, 자기 자식의 전 배우자가 낳은 낯선 손자를 돌보는 일은 쉽지 않을 것이다).[16]

본래 이유가 무엇이건 간에, 인간은 일부일처제 식의 관계를 추구하며, 이를 형성한다. 그리고 이러한 성향은 우리가 누군가를 좋아할 때 나타나는 뇌의 수많은 이상한 행동에 반영된다.

매력은 여러 요소가 관여한다. 2차 성징은 여러 종에서 나타나며, 이는 성적인 성숙기에 일어나는 특징이다. 2차 성징은 인상적인 발달 과정이며, 얼마나 건강하고 튼튼한지 보여준다. 하지만 그 이상은 아무 역할도 하지 못한다. 인간 역시 다르지 않다. 성인이 되면 육체적으로 매력을 발산할 수 있는 여러 특징을 가지게 된다. 남성의 중후한 목소리, 넓은 골격, 얼굴의 수염과 여성의 봉긋한 가슴과 두드러진 몸의 곡선 등이다. 하지만 이 중 그 어느 것도 '필수적인' 것은 없다. 아주 오래전에 우리 조상 중 누군가가 자신의 짝이 이런 모습이어야 한다고 생각했고, 거기서부터 진화가 일어났다. 하지만 결국 우리는 여기서 '닭이 먼저냐, 달걀이 먼저냐'의 물음에 빠질 수밖에 없다. 인간의 뇌는 본능적으로 어떤 특징들을 매력적이라고 느낀다. 왜냐하면 '그렇게 진화해왔기 때문이다.' 그렇다면 무엇이 더 먼저일까? 앞의 매력 요인들이 먼저 생겼을까? 아니면 원시적인 뇌가 이들을 매력적으로 인식한 것이 먼저일까? 대답하기 어렵다.

알다시피 모든 사람은 자신만의 취향과 성향을 가지고 있다. 하지만 여기에도 일반적인 패턴이 있다. 인간이 매력적이라고 느끼는 것 중의 일부는 앞에서 언급한 신체적 특징처럼 예측할 수 있는 것들이다. 그러나 어떤 사람들은 재치나 성격과 함께 내적인 능력을 가장 섹시하다고 느끼기도 한다. 이처럼 매력이 다양한 것은 문화적 차이 때문이다. 즉 무엇이 매력적으로 느껴지는가는 언론에 의해서나, 혹은 무엇을 '다르다'고 인식하는가에 따라 큰 영향을 받는다. 서구 문화에서는 인위적으로 살을 태우는 것이 인기가 많지만, 많은 아시아 국가에서는 미백이 큰 시장을 이루고 있다. 그리고 단순히 특이한 경우도 있다. 뇌의 자아 편향적인 성향을 상기시키듯, 사람들은 자신과 비슷한 사람에게 끌린다는 연구처럼 말이다.[17]

하지만 섹스에 대한 욕망(주로 성욕이라고 불리는)과 유대감에 대한 욕망은 구분해야만 한다. 유대감에 대한 욕망은 전자보다 좀 더 로맨틱하며 우리는 이를 사랑, 연애와 연관시킨다. 반면 전자의 욕망을 실현할 때에 사람들은 순수하게 육체적인 관계만을 즐길 수 있고, 그때는 외모에 대한 매력을 제외하고는 전혀 '애정'을 갖고 있지 않을 수도 있다. 그리고 이런 일은 꽤나 빈번히 발생하지만, 성적인 관계가 꼭 필요한 것도 아니다. 섹스는 우리 성인의 생각과 행동 그 밑에 깔려 있는 만큼, 뇌의 어떤 영역이 작용한다고 콕 집어내기도 힘들다. 하지만 사실 여기서 말하려는 주제는 성욕이 아니다. 그보다는 한 사람에 대한, 로맨틱한 의미에서의 '사랑'에 좀 더 초점을 두려고 한다.

뇌가 두 욕망을 서로 다르게 처리하고 있음을 보여주는 증거자료는 많다. 바르텔스와 제키의 연구를 보면, 사랑에 빠졌다고 얘기하는 사람들에게 이들이 사랑하는 상대방의 사진을 보여줬을 때, 내측 섬, 전대상피질, 미상핵 및 조가비핵과 같은 영역으로 이루어진 네트워크의 활동이 증가했다(하지만 성욕이나 플라토닉 관계에서는 이런 활동이 나타나지 않았다). 하지만 후측대상이랑과 편도체에서의 활동은 '줄어들었다.' 후측대상이랑은 고통이라는 감정을 인지하는 것과 관련 있으므로, 사랑하는 사람이 생기면 이 영역이 약해지는 것은 당연한 일이다. 편도체는 사람의 감정 중 공포와 분노와 같은 부정적인 감정을 처리한다. 따라서 이때 편도체가 활동적이지 않은 것도 이해가 된다. 열렬한 애정 관계에 빠진 사람들은 일상적으로 일어나는 문제에 대해 좀 더 느긋하고 영향을 덜 받는 것처럼 보이기 때문이다. 그로 인해 사랑에 빠진 사람들은 때로 모르는 사람에게 '의기양양한' 인상을 주기도 한다. 그리고 사랑에 빠지면 논리와 이성적인 의사결정을 다루는 전전두엽피질의 활동도 저하된다.

이뿐만 아니라 특정 화학요소와 전달물질 역시 애정 관계에 관여한다.■ 사랑에 빠지면 보상회로의 도파민 활동이 증가하는 것으로 보인다.[18] 즉, 사랑하는 사람이 생길 때 느끼는 즐거움은 거의 마약과 같은 효과를 낸다는 의미다(8장을 보면 자세히 나와 있다). 그리고 옥시토신은 '사랑의 호르몬' 혹은 이와 비슷하게 불린다. 이는 옥시토신의 복잡한 특성을 지나치게 단순화시킨 표현이긴 하다. 하지만 실제로 사랑에 빠진 사람들은 옥시토신 분비가 증가하는 것으로 보이며, 옥시토신은 인간의 신뢰 및 관계와 같은 감정과 관련이 있다.[19]

이는 우리가 사랑에 빠졌을 때 우리 뇌 속에서 일어나는 생물학적 현상일 뿐이다. 그 외에도 사랑에 빠지면 자아감이나 성취감이 상승하는 등 많은 일이 일어난다. 다른 사람이 나를 아주 소중히 여기고 항상 나와 함께 있고 싶어 할 때 느끼는 엄청난 만족감과 성취감도 있다. 대부분의 문화권에

■ 애정과 관계된 화학물질 중 하나는 페로몬pheromone이다. 페로몬은 땀으로 배출되는 것으로, 다른 개체가 이를 감지하며 이들의 행동이 바뀐다. 이는 특히 페로몬을 내뿜은 대상에 대한 자극이나 애정이 증가하는 형태로 나타난다. 인간의 페로몬은 자주 언급은 되지만, 아직 인간이 매력이나 자극에 영향을 주는 특정 페로몬을 가지고 있다는 결정적 증거는 없다.[20]

서 사랑에 빠지는 것을 보편적인 목표나 성취로 여기므로(자신이 싱글이라는 것에 만족하는 사람들도 이런 얘기를 할 때는 이를 꽉 깨물기도 한다), 커플이 된다는 것은 사회적 지위가 격상된다는 의미이기도 하다.

위에서 살펴본 것과 같이 누군가에게 헌신하게 됨으로써 우리 몸엔 깊고 강렬한 현상들이 발생한다. 그리고 뇌가 유연하다는 것은 결국 뇌가 연인을, 또 연인이 생기면서 나타나는 강렬한 현상들을 기대하는 데 익숙해진다는 의미이기도 하다. 그리고 자신의 장기 계획, 목표, 포부, 예상, 계획에 대한 윤곽, 세상에 대한 보편적인 사고방식에 연인을 점점 더 크게 관여시킨다. 즉 연인은 모든 면에서 우리 인생의 큰 부분을 차지하게 된다.

그런데 그 관계가 끝이 났다. 아마 상대방은 그렇게 믿음이 굳건하지 않았을지도 모른다. 혹은, 서로에게 적합한 상대는 아니었을 수도 있다. 어쩌면 한쪽의 행동 때문에 상대와 멀어진 것일 수도 있다(연구에 따르면 관계에 대해 더 노심초사하는 사람일수록 관계에서 발생하는 충돌을 과장하고 확대해석하여 이별까지 이르게 하는 경향이 있다고 한다).[21] 관계를 유지하기 위해 뇌가 투자해온 모든 것, 겪었던 모든 변화, 또 연인관계에 부여했던 모든 가치, 관계를 위해 세운 모든 장기 계획, 점점 당연히 기대하는 모든 익숙한 일상 등에 대해 생각해보자. 이 모든 것들이 한순간에 사라진다면, 뇌는 심각하게 충격을 받을 것이다.

그리고 뇌가 기대하게 된 모든 긍정적인 감정도 중단된다. 미래에 대한 계획과 세상에 대한 기대감은 더 이상 쓸모가 없다. 앞에서 여러 차례 보았듯이, 뇌는 불확실성과 모호함 앞에선 어쩔 줄 몰라 하므로, 뇌에게 이런 상황은 매우 끔찍하다(8장에서 이 내용을 더 자세히 다루도록 하자). 게다가 만약 그 관계가 오래 지속되어왔다면, 해결해야 할 불확실성은 엄청나다. 앞으로 어디서 살아야 할까? 친구 관계는 이제 다 끝나는 걸까? 돈 문제는 어떻게 하지?

우리가 사회의 인정과 지위를 매우 중요시한다는 사실을 생각해보면, 이별에서의 사회적 요인도 꽤 큰 문제다. 친구들과 가족 모두에게 내가 이 관계에서 '실패했다'고 해명하는 일도 충분히 괴롭다. 하지만, 이별 그 자체에 대해서도 생각해봐야 한다. 나를 가장 사적으로 누구보다 잘 아는 사람이 나를 더 이상 받아들일 수 없다고 한다. 이것이야말로 나의 사회적 정체성을 흔드는 결정타다. 여기서 고통이 발생한다.

그런데 이는 이별을 말로 설명한 것이다. 여러 연구를 보면 이별을 했을 때 활성화되는 뇌 영역은 신체적 고통을 처리하는 뇌 영역과 똑같다고 한다.[22] 지금까지 우리는 뇌가 사회적 문제를 실제 물리적인 문제와 같은 방식으로 처리한다는 예시를 수도 없이 살펴보았다(예를 들어 사회적 공포심은 실제 육체적 위험과 똑같이 불안감을 불러일으킨다). 이별도 다르지 않다. 사람들은 '사랑은 아프다'고 말한다. 맞다, 이 말은 사실이다. 실제로 파라세타몰(진통제 종류)이 '가슴앓이'에 효과가 있는 경우도 있다.

거기다가 연인과 관련된 수많은 기억들은 다 어찌해야 할까. 그 기억들은 공식적으로는 행복한 추억인데, 이제는 아주 부정적인 것과 연관 지어졌다. 이는 자아감의 중요한 부분을 무너뜨린다. 그리고 무엇보다도, 사랑에 빠지는 현상은 앞에서도 이야기했듯이 마약처럼 다시 나타난다. 이미 끊임없는 보상을 맛보는 데 익숙해졌다가, 그것이 갑자기 사라졌기 때문이다. 중독과 중단이 뇌에 얼마나 파괴적이며 충격을 주는지, 그리고 오래된 연인과 갑자기 이별했을 때도 이와 비슷한 프로세스가 일어난다는 점에 관해서는 8장에서 다시 자세히 살펴보도록 하자.[23]

그렇다고 뇌가 이별에 대처할 능력이 없다는 것은 아니다. 좀 느리긴 하지만 뇌는 결국 모든 것을 제자리로 돌려놓는다. 몇몇 실험에 따르면, 구체적으로 이별의 긍정적인 결과에 대해 집중하면 이별을 더 빨리 극복할 수 있다고 한다.[24] 앞에서 뇌는 '좋은 것'을 기억하려는 성향이 있다고 언급한 것처럼 말이다. 그리고 때때로 과학과 진부한 말은 서로 일치하기도 한다. 그러니 시간이 지날수록 상황은 정말 나아진다.[25]

하지만 전반적으로 보면, 뇌는 관계를 만들고 유지시키는 데 너무 많은 힘을 쏟는다. 그래서 우리가 그렇듯, 이 모든 것이 무너지면 뇌도 상처를 입는다. '이별은 어려운 일'이라는 말은 절제된 표현일 뿐이다.

100명의 사람이 소리 지르며 달려가고 있다, 당신의 선택은?

집단사고라는 전염병

'친구'란 정확히 무엇일까? 이 질문을 큰 소리로 물었다면, 여러분은 마치 비극적인 사람처럼 비춰질 것이다. 친구란 근본적으로 (가족이나 연인관계가 아닌) 개인적인 유대감을 공유하는 사람이다. 하지만 사람마다 다양한 부류의 친구가 있으므로, 그 뜻은 실제로는 더욱 복잡하다. 직장 동료, 학교 친구, 오래된 친구, 지인, 좋아하지는 않지만 아주 오랫동안 알고 지내서 관계를 끊기 힘든 사람 등 친구에도 여러 가지가 있다. 오늘날에는 인터넷 덕분에 '온라인' 친구까지 생겨났다. 온라인상에서 전 지구상에 걸쳐 비슷한 생각을 가진 낯선 사람들과 깊은 관계를 맺을 수 있다.

우리 뇌가 이 모든 다양한 관계를 다룰 수 있을 만큼 뛰어나다니 다행스러운 일이다. 사실 일부 과학자들에 따르면,

이런 유용한 능력은 단순히 우연히 얻은 것만은 아니라고 한다. 즉 우리가 복잡한 사회적 관계를 맺어왔기 때문에, 엄청나게 뛰어난 뇌를 가질 수 있었다는 말이다.

이러한 주장을 사회적 뇌 가설이라 부른다. 인간의 복잡한 뇌는 인간의 친밀함의 결과라는 주장이다.[26] 다른 많은 종들도 큰 집단을 형성한다. 하지만 그 관계가 인간처럼 지적이진 않다. 양도 떼를 지어 다니지만, 이는 대부분 풀을 뜯어먹거나 도망가는 일과 관련이 있다. 이런 활동에 지능이 필요하진 않다.

무리지어 사냥을 하는 것은 서로 행동을 맞추어야 하므로 지능이 요구된다. 따라서 늑대와 같이 무리지어 사냥을 하는 동물들은 수적으로는 우세하지만 유순한 먹잇감들에 비해 더 똑똑한 경향이 있다. 초기의 인간 사회는 훨씬 더 복잡했다. 어떤 사람은 사냥을 하고, 나머지는 집에 머물며 어린 아이들이나 아픈 사람을 보살피고 집을 지키며 식량을 찾아다니고 도구를 만드는 등의 일을 했다. 이러한 협동과 분업 형태는 모든 측면에서 안전한 환경을 만들어주었으며, 인간은 생존과 번영을 이룰 수 있었다.

이러한 사회구조는 인간이 생물학적으로 자신과 관련이 없는 사람들에 대해 관심을 쏟아야 가능하다. 이는 '나의 유전자'를 보호하려는 단순한 본능 이상의 것이다. 따라서 우리는 친구관계를 맺는다. 서로 생물학적인 관계라고는 같은 종인 것밖에 없음에도(그리고 '남자들의 가장 친한 친구'를 보면 이것조차 필요하지 않은 것 같다), 다른 사람의 안녕에 대해 관심을 쏟는다는 의미다.

공동체 사회를 형성하는 데 필요한 모든 사회적 관계를 조율하려면 많은 정보를 처리해야 한다. 만약 무리를 지어 사냥을 하는 동물들의 사회가 오목이라면, 인간의 공동체는 계속되는 바둑 경기와 같다. 뛰어난 뇌가 필요하다는 말이다.

하지만 수십만 년의 시간과 엄청난 인내심이 있지 않는 한, 인간의 진화를 직접적으로 연구하기는 어렵다. 따라서 사회적 두뇌의 가설이 정확한지 여부를 증명할 길은 없다. 2013년 옥스퍼드대학의 연구에서는 섬세한 컴퓨터 모델을 통해 사회적 관계가 더 많은 정보 처리(즉 두뇌) 파워를 요구한다고 주장했다.[27] 이는 흥미로운 결과이긴 하지만 결정적인 근거가 되지는 못한다. 컴퓨터상에서 우정에 관한 테스트를 어떻게 할 수 있겠는가? 인간은 집단을 만들고 관계를 형성하며 타인을 염려하는 성향이 강하다. 오늘날에도 배려나 연민이 완전히 결여된 상태는 비정상(정신병리)으로 간주된다.

본능적으로 집단에 소속되려는 성향은 생존에 유익할 수 있다. 하지만 이는 비현실적이고 이상한 결과를 초래할 수도 있다. 예를 들어 한 그룹의 일원이 되는 것은 우리 자신의 판단, 심지어 자신의 감정보다도 우세할 수 있다.

누구나 동료 집단으로 인한 압력에 대해 알고 있다. 이는 어디서 무엇을 하거나 어떤 말을 하는지가 자신이 아닌 자신이 속한 집단에 의해 정해지는 현상이다. 예를 들어 아주 싫어하는 밴드라도 '멋진' 아이들이 좋아한다고 하니까 자신도 좋아한다고 떠들거나, 사실 정말 재미없다고 생각하지만 친구들이 좋아하는 영화이기 때문에 그 영화가 얼마나 재밌는지 몇 시간이고 같이 얘기를 나누는 경우 등이다. 이 사례들은 과학적으로 규명된 현상이며, 규범적 사회영향이라고 불린다. 뇌가 애써 어떤 문제에 대한 결론이나 생각을 수립했지만, 자신이 동일시하는 집단이 이에 동의하지 않으면 바로 자신의 결정을 바꾸는 경우다. 걱정스럽지만 우리 뇌는 종종 '남들이 나를 좋아하는 것'을 '옳은 것'보다 더 우선시한다.

여러 과학실험들도 규범적 사회영향을 증명해왔다. 1951년 솔로몬 아쉬는 실험대상자들을 작은 그룹으로 나눈 다음, 아주 기본적인 질문을 했다. 한 예로, 3개의 서로 다른 선을 보여준 뒤 사람들에게 '가장 긴 선은 무엇인가?'라고 물었다.[28] 이때 대다수의 사람들이 완전히 틀린 답을 말했다는 사실에 대해 여러분은 놀랄 것이다. 하지만 이 실험을 했던 연구원들은 놀라지 않았다. 각 그룹에서 단 한 사람만이 '진짜' 실험대상자였기 때문이다. 나머지 사람들은 미리 오답을 제시하도록 지침을 받았다. 그리고 진짜 실험대상자들에게는 나머지 사람들이 크게 답을 말한 뒤, 마지막에 답을 말하도록 했다. 그 결과, 진짜 실험대상자 전체 중 75%가 오답을 제시했다.

왜 완전히 틀린 답을 말했냐고 묻자, 이들은 대부분 '풍파를 일으키고 싶지 않았다' 혹은 이와 비슷한 감정 때문이었다고 말했다. 실험대상자들은 실험 이전에 서로 전혀 '모르는' 관계였다. 하지만 자신의 감정까지 뒤집을 만큼 새로 생긴 동료들의 인정을 받고자 했다. 즉 그룹의 일원이 된다는 것은 분명 우리 뇌가 우선시하는 일임에 틀림없다.

이러한 성향이 절대적인 것은 아니다. 75%의 실험대상자가 자신이 속한 그룹의 오답을 따르긴 했지만, 나머지 25%는 그렇지 않았다. 우리는 우리가 속한 그룹에 의해 크게 영향을 받지만, 환경이나 성격 역시 비슷한 수준의 영향을 주기도 한다. 또한 그룹을 이루는 구성원들은 고분고분한 수벌과는 달리 각자 성향이 다른 개개인들이다. 여러분은 누군가에게 주위 모든 사람이 반대할 만한 이야기를 하도록 만들 수 있다. 심지어 수백만 명이 TV 탤런트 쇼에서 이 같은 행동을 하도록 만들 수도 있다.

규범적 사회영향은 행동적인 것으로 설명할 수 있다. 즉 우리는 실제로는 아닐지라도 내가 속한 그룹의 의견에 동의하는 것처럼 행동한다. 하지만 주위 사람들이 우리의 생각을 지시하지는 못한다. 그렇지 않은가?

실제로 이는 사실인 경우가 많다. 만약 친구나 가족이 갑자기 2+2=7이라고 우기거나 중력이 우리 몸을 위로 끌어올린다고 한다 해도, 여러분은 이에 동조하지 않을 것이다. 여러분은 아마 주위의 사람들이 정신이 나간 것이 아닐까 걱정할 것이다. 하지만 이미 갖고 있는 생각이나 지식에 따라 그들의 주장이 틀렸다는 것을 알고 있기 때문에, 주위 사람들의 의견에 찬성할 수 없다. 하지만 이는 정답이 분명한 경우다. 좀 더 애매모호한 상황이 되면, 타인은 우리의 사고 과정에 큰 영향을 준다.

이를 정보적 사회영향이라고 한다. 불확실한 상황을 이해하기 위해 우리 뇌가 다른 사람을 정보의 중요한 공급원(문제가 있다 해도)으로 사용하는 현상이다. 여기서 다른 사람들이 얘기하는 개인적인 정보들은 왜 그토록 믿음이 가는지 이해할 수 있다. 복잡한 내용에 대해 정확한 정보를 찾는 일은 어렵다. 하지만 술집에서 만난 어떤 사람이 이 문제에 대해 알고 있다거나, 친구의 엄마의 사촌으로부터 얘기를 듣는다면, 이는 많은 경우 충분한 증거가 된다. 정보적 사회현상 덕분에 대체 의학이나 음모론이 존재하는 것이다.

그리고 이런 현상은 사실 예상할 수 있는 일이다. 뇌가 발달단계에 있을 때, 정보의 주요 공급원은 타인이다. 따라서 남을 흉내 내고 모방하는 것이 아이들의 근본적인 학습 과정이다. 그리고 수년에 걸쳐 지금까지 신경과학자들은 '거울

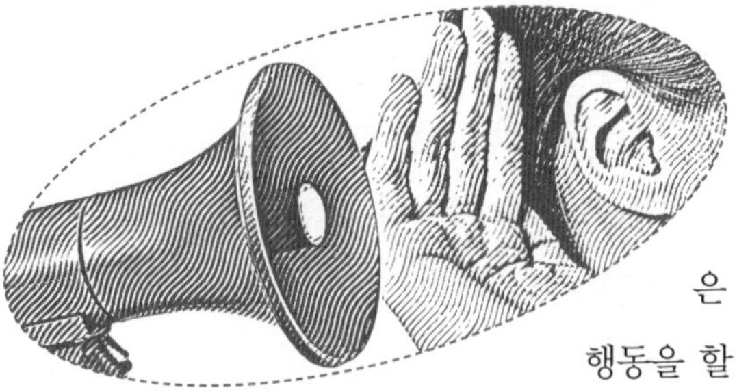

뉴런'에 매우 많은 관심을 쏟아왔다. 거울 뉴런은 우리가 직접 특정 행동을 할 때와 다른 사람이 이 행동을 하는 것을 지켜볼 때 동일하게 반응하는 뉴런이다. 즉, 뇌가 본질적으로 다른 사람의 행동을 인식하고 처리한다는 의미다(그러나 신경과학 분야에서 거울 뉴런과 이들의 특성에 관해선 논란이 많으므로, 어떤 내용도 당연한 사실로 받아들여선 안 된다).[29]

불확실한 상황일 때 뇌는 타인을 정보의 출처로 사용한다. 인간의 뇌는 수백만 년 동안 진화를 거듭했으며, 인간은 구글보다 훨씬 더 오랫동안 존재해왔다. 이 사실이 왜 유용한지 곧 이해하게 될 것이다. 여러분은 어디선가 시끄러운 소리를 들었다. 그리고 이 소리가 화난 매머드일 거라 생각한다. 그런데 같은 부족 내 다른 모든 사람들이 소리를 지르며 도망가기 시작한다. 아마 이들은 이 소리의 정체가 매머드라는 것을 알기 때문일 것이다. 따라서 이들을 따라 도망가는 게 최선이다. 하지만 자신의 결정이나 행동을 남에게 맞춤으로서 좋지 않은 결과가 초래되기도 한다.

1964년 뉴욕에 살던 키티 제노비스는 잔인하게 살해당했다. 사건 자체도 비극이지만, 이 사건이 큰 관심을 끈 것은 사건을 지켜보던 38명의 사람들이 전혀 도와주거나 막을 생각을 하지 않았기 때문이다. 심리학자 달리와 라타네는 이들의 충격적인 행동에 대해 조사하면서, '방관자 효과'라 불리는 현상을 발견했다. 방관자 효과는 주위에 사람이 있으면 사람들은 도움을 주거나 개입하지 않는다는 내용이다.[30] 이는 이기적이거나 비겁해서 그런 것만은 아니다. 어떤 행동에 대해 확신이 없을 때, 우리는 타인을 기준으로 삼아 행동을 결정한다. 도움이 필요한 상황이라면, 사람들은 대부분 적극적으로 돕는다. 하지만 주위에 사람들이 있으면, 방관자 효과로 인해 심리적인 걸림돌이 생기며 이를 극복해야만 움직이게 된다.

방관자 효과는 우리의 행동과 결정을 억누른다. 즉 그룹에 속해있기 때문에 우리는 어떤 행동을 할 수 없게 된다. 또한, 그룹에 속하게 되면 우리가 혼자 있을 때에는 결코 하지 않을 생각이나 행동을 하게 만들기도 한다.

그룹에 속한 사람들은 어김없이 그룹의 조화를 지향한다. 말썽이 많고 시끄러운 그룹은 유익하지 않으며, 벗어나고 싶은 대상이다. 따라서 모든 사람들은 전체 구성원의 합의나 조화를 바라게 된다. 만약 상황에 별다른 문제가 없다면, 조화를 이루려는 욕구는 매우 강력해진다. 따라서 사람들은 평소에 비이성적이거나 현명하지 않다고 생각하던 것들도 단순히 조화를 이루기 위해 동조한다. 이처럼 조직을

위한 선이 논리적이거나 이성적인 결정보다 우세할 때, 이를 집단사고라고 한다.[31]

그러나 집단사고가 전부는 아니다. 대마초 합법화처럼 논쟁대상인 주제(이는 내가 책을 쓰는 지금 아주 '뜨거운 쟁점'이다)에 대해 생각해보자. 만약 여러분이 길에서 30명의 사람들을 골라 (이들의 허락하에) 대마초 합법화에 대해 어떻게 생각하는지 물어본다고 하자. 아마 사람들의 대답은 '대마초는 나쁘다. 냄새만 맡아도 감금시켜야 한다'부터 '대마초는 좋은 것이다. 아이들의 식사와 함께 무료로 나눠줘야 한다'까지 상당히 다양할 것이다. 그리고 대부분의 의견은 이 두 극단적인 생각 중간 어디쯤에 있을 것이다.

이런 사람들을 한 그룹으로 만들고 대마초 합법화에 대해 합의를 도출하게 해보자. 아마 여러분은 논리적으로 모든 개개인의 의견의 '평균'에 해당하는 답이 나올 거라 예상할 것이다. 예를 들면, '대마초는 합법화해서는 안 된다. 하지만 대마초를 소지하는 것은 단순 경범죄로 처리해야 한다'처럼 말이다. 하지만 논리와 뇌는 결코 생각이 일치한 적이 없다. 그룹은 개개인이 혼자서 내린 결정보다 더 극단적인 결론을 내리는 경우가 많다.

여기에 집단사고도 작용을 한다. 하지만 이에 더해 우리는 남들이 우리를 좋아하기 바라며 사람들 안에서 높은 지위를 얻고 싶어 한다. 따라서 집단사고는 구성원들이 동의하는 결론을 도출하지만, 사람들은 그룹 구성원들에게 좋은 인상을 주기 위해 더 적극적으로 동참한다. 모든 사람들이 마찬가지이고, 그룹의 모든 사람들은 서로 앞지르려고 노력한다.

"그러니까 우리는 대마초는 합법화 반대를 지지해. 적은 양이라도 소지하는 건 체포시켜야 마땅한 범죄라고!"

"체포감이라고? 아니, 영락없이 감옥행이야! 대마초 소지는 최소한 10년형은 돼야 돼!"

"10년? 나는 무기징역이라고 생각해!"

"평생? 이런 히피 같으니라고! 최소한 사형이지."

이러한 현상을 집단극화라고 한다. 이는 사람들이 혼자 있을 때보다 어떠한 집단으로 모이게 되면 보다 더 극단적인 의견을 제시하게 되는 현상을 일컫는다. 이러한 현상은 매우 흔하게 나타나며, 그룹의 의사결정을 왜곡시키는 경우가 많다. 비판 또는 외부의 의견을 허용하면, 집단극화를 제한하거나 막을 수 있다. 하지만 그룹의 조화에 대한 강한 욕구로 인해 방해꾼이나 이성적인 분석을 차단시키게 되므로, 이런 일은 보통 일어나지 않는다. 이 사실은 놀라운 일이다. 왜냐하면 수백만 명의 삶에 영향을 미치는 수많은 의사결정이 외부 의견은 수용하지 않는 동일한 생각을 가진 사람들에 의해 결정되기 때문이다. 그렇다면 정부, 군대, 회사 이사회 등이 집단극화로 인해 말도 안 되는 결론을 내리지 않게 하려면 어떻게 해야 할까?

방법은 없다. 전혀. 정부가 당혹스럽고 우려할 만한 수많은 정책들을 추진하는 이유도 집단극화 때문으로 해석할 수 있다.

권력자들의 옳지 못한 결정은 군중들을 화나게 하기도 한다. 이는 그룹에 소속되는 것이 뇌에 미치는 놀라운 영향을 보여주는 또 다른 예이다. 사람들은 다른 사람의 마음을 쉽게 알아차린다. 만약 여러분이 어떤 방으로 들어갔는데 한 커플이 지금 막 말다툼을 했다고 하자. 아무도 말을 하지 않아도 여러분은 아마 '긴장된 기운'을 뚜렷이 느낄 수 있을 것이다. 이는 텔레파시나 '공상 과학'과 같은 현상이 아니다. 단지 우리 뇌가 여러 신호를 통해 이러한 정보를 습득하는 데 익숙할 뿐이다. 그런데 우리 주위에 나와 똑같은 격렬한 심리 상태를 가진 사람들로 가득하다면, 이는 우리 자신의 감정에도 큰 영향을 미칠 수 있다. 그런 이유로 인해 관중석의 다른 사람들이 웃으면 우리도 같이 따라 웃을 확률이 아주 높다. 그리고 언제나 그렇듯 그 효과는 아주 심각할 수 있다.

어떤 상황에서는 주위의 아주 감정적이고 흥분한 사람들이 우리 자신의 개인적 특성까지 억압하기도 한다. 우리는 긴밀히 단결된 집단 속에서 익명성을 가지게 되며, 이런 집단은 상당히 흥분(여기서는 강한 감정을 느낀다는 뜻이지, 어떤 외설적인 것을 말하는 게 아니다)되어 있으며, 자신들 집단의 행동에 대해 생각하지 않기 위해 외부 상황에 관심을 집중시킨다. 화가 난 군중이나 폭동은 이런 집단을 만들기 완벽한 조건이다. 그리고 이런 조건이 맞아떨어질 경우, 우리는 '몰개성화'의 과정을 겪게 된다.[32] 몰개성화는 '군중심리'를 가리키는 과학 용어다.

몰개성화가 일어나면 우리는 충동을 억누르고 이성적으로 사고할 수 있는 능력을 잃는다. 대신 다른 사람의 감정 상태를 더 쉽게 인지하고 이에 반응한다. 하지만 우리가 일반적으로 걱정하는 부분인, 남들이 우리를 어떻게 생각할까에 대해서는 고려하지 않는다. 집단 속에 있을 때, 이러한 요인들이 함께 작용하여 사람들을 아주 파괴적으로 행동하도록 만든다. 왜, 어떻게 이런 현상이 일어나는지는 정확히 말하기 어렵다. 그리고 이런 과정을 과학적으로 연구하는 것도 어려운 일이다. 실험참가자들이 여러분이 누군가의 무덤을 파고 있다는 얘기를 듣고 죽은 사람을 깨우는 여러분의 사악한 행동을 막으려고 하지 않는 한, 실험실에서 화난 군중을 만들어내는 일은 거의 불가능하다.

진짜 나쁜 놈은 내가 아니다, 내 뇌다

이기적이고 못된 뇌에 대한 변명

지금까지의 내용을 보면, 인간의 뇌는 관계를 맺고 커뮤니케이션을 하도록 만들어진 것 같다. 그렇다면 이 세상은 서로 손을 잡고 무지개와 아이스크림에 관한 행복한 노래를 부르는 사람들로 가득 차야 한다. 하지만 실제로 인간은 서로에게 잔인할 때가 많다. 폭력, 절도, 착취, 성폭행, 감금, 고문, 살인 등은 드문 일이 아니다. 여러분이 알고 있는 정치인도 이 중 상당수의 범죄에 가담했을 수도 있다. 심지어 국민 전체, 혹은 한 인종을 모조리 없애려는 대학살도 이를 가리키는 고유 명사를 만들어야 할 만큼 익숙한 일이다.

에드먼드 버크의 유명한 말이 있다. '악마가 승리하기 위해 필요한 단 한 가지 조건은 선한 사람들이 아무 일도 하지 않는 것이다.' 그런데 만약 선한 사람들이 이에 동조하여 도와주기까지 한다면, 악마가 승리하기는 훨씬 쉬워질 것이다.

그런데 왜 선한 사람들은 그런 행동을 하는 것일까? 이에 대해선 문화적, 환경적, 정치적, 역사적 요인과 관련한 여러 가지 이론이 있다. 하지만 뇌 역시 여기에 일조한다. 뉘른베르크 재판에서 홀로코스트 전범자들에게 심문을 했을 때, 이들이 가장 공통적으로 한 변명은 자신은 그저 '명령을 수행했을 뿐'이라는 말이었다. 허술하기 짝이 없는 변명이지 않은가? 아무리 누가 시킨다 해도 평범한 사람이 이처럼 끔찍한 일을 저지를 리 없다. 하지만 놀랍게도 이들의 말이 사실인 것 같다.

예일대학의 스탠리 밀그램 교수는 한 악명 높은 실험을 통해 이처럼 '명령을 따랐을 뿐인' 상황에 대해 연구했다. 이 실험에는 2명의 실험대상자가 참여했으며, 이들을 각각 다른 방에 배치시켰다. 그리고 한 사람이 다른 사람에게 질문을 하게 했다. 만약 답이 틀리면, 질문자는 대답한 사람에게 전기충격을 가해야 한다. 그리고 대답이 틀릴 때마다 전압은 점점 더 높아졌다.[33] 그런데 여기에 함정이 있다. 실제로 전기충격은 가해지지 않았다. 대답을 하는 사람은 배우였으며, 그는 일부러 오답을 제시했다. 그리고 그는 '충격'이 가해질 때마다 아주 고통스러운 소리를 점점 더 크게 냈다.

여기서 진짜 실험대상자는 질문을 하는 사람이다. 실험의 구조상 질문자들은 자신들이 실제로 상대방을 고문하고 있다고 생각했다. 이들은 이 사실에 대해 불편함과 고통을 나타냈으며, 전기충격을 반대하거나 중단해달라고 요청했다. 하지만 이때마다 연구원은 이 실험이 중요하기 때문에 멈출 수 없다고 말했다. 그러자 당황스럽게도 65%의 사람들이 단순히 그렇게 해야 한다는 얘기만 듣고서 계속해서 상대에게 심한 고통을 주었다.

연구원들이 경비가 매우 삼엄한 교도소 감방에서 실험에 자발적으로 참여할 사람들을 찾아낸 것이 아니다. 이때 참가한 사람들은 모두 평범한 사람들이며, 놀랍게도 다른 사람을 고문해야 한다는 사실을 기꺼이 받아들였다. 이들이 고문에 반대했을 수도 있다. 하지만 어쨌든 실제로 이를 행했으며, 고문을 받는 입장에서는 이 점이 더 중요한 사실이다.

밀그램의 연구 이후 더 많은 실험이 진행되면서, 더 구체적인 정보가 제시되었다.■ 사람들은 연구원과 전화로 얘기할 때보다, 연구원이 같은 방에 있을 때 더 순응하는 태도를 보였다. 그리고 다른 '실험참가자'들이 따르지 않겠다고 하는 모습을 목격한 경우, 사람들은 똑같이 거부하는 모습을

■ 이러한 실험에 대한 비판도 많다. 어떤 사람들은 실험의 방법이나 해석에 대해 문제를 제기하며, 또 다른 사람들은 윤리적 측면에 대해 비판한다. 과학자들이 무슨 권리로 무고한 사람들이 자신이 다른 사람에게 고문을 가한다고 생각하게 만들 수 있는가? 내가 남들을 고문하고 있다는 것을 깨닫는 일은 꽤나 충격적이다. 일반적으로 과학자들은 냉정하고 감정에 휘둘리지 않는다는 인식이 있다. 왜 이런 편견이 생기는지 때론 쉽게 이해가 된다.

보였다. 즉 사람들은 가장 먼저 반발하지 않을 뿐이지, 반대할 생각이 있다는 뜻이다. 연구원들이 실험 가운을 입고 전문가다운 면모를 풍기는 집무실에서 실험을 수행하는 모습 역시 사람들을 더 순응하게 만들었다.

이러한 현상에 대한 일반적인 결론은 우리는 정당한 권위를 가진 자, 즉 결과에 대해 책임이 있는 권위자를 따르게 된다는 것이다. 사람들이 명백히 불복종하는 사람을 권위자로 생각하긴 힘들다. 밀그램은 사회적 상황에서 우리 뇌는 두 가지 상황 중 하나를 택한다고 말했다. 하나는 자율적 상태(우리 스스로 결정을 내리는 상태)이며, 다른 하나는 대리자적 상태(다른 사람이 우리의 행동을 지시하도록 하는 상태)다. 하지만 이 주장은 뇌 스캐닝 실험을 통해 아직 그 신빙성이 입증되지는 않았다.

한 가지 주장은 진화론적 측면에서 아무 생각 없이 복종하는 성향이 좀 더 효율적이라는 생각이다. 즉 매번 결정을 내릴 때 마다 모든 일을 중단하고 누가 책임자인지 싸워야만 한다면 이는 아주 비효율적이다. 따라서 설사 의구심이 있다 해도, 우리는 권력자에게 복종하려는 성향을 가지게 되었다는 것이다. 여기서 인간의 이러한 성향을 악용하는 부도덕하지만 카리스마가 넘치는 권력자들이 떠오르는 것은 이상한 일은 아닐 것이다.

하지만 사람들은 폭군의 명령이 없이도 상대에게 끔찍하

게 대하는 경우가 많다. 여러 이유에서 한 집단의 사람들이 다른 집단의 사람들의 인생을 망쳐놓기도 한다. 여기서 '집단'이라는 요소가 중요하다. 뇌는 우리가 집단을 형성하게 하며, 또 집단을 위협하는 사람들을 공격하게 만든다.

과학자들은 집단을 방해하는 사람들에 대해 아주 적대적인 태도를 취하게 만드는 뇌의 영역이 무엇인지에 관해 연구를 했다. 그중 모리슨, 데세티, 모렌버그의 연구를 보면, 실험대상자들이 자신이 어떤 집단의 일원이라는 생각을 할 때, 피질 정중선 구조, 측두두정 접합부, 전측두회로 이루어진 신경 네트워크가 발화되었다.[34] 이 영역들은 상호교류나 타인에 대한 생각을 해야 하는 상황에서 지속적으로 활발한 움직임을 보였다. 따라서 일부 사람들은 이 네트워크를 '사회적 뇌'■라고 명명했다.[35]

또 다른 흥미로운 사실은 실험대상자들이 집단에 소속되는 것과 관련된 자극을 처리할 때, 복측 안쪽 전전두엽피질과 앞쪽 그리고 배측 대상피질로 이루어진 네트워크가 활발해졌다는 점이다. 다른 연구에서는 이러한 영역이 '개인적인 자아'를 처리하는 것과 연관이 있다고 밝혔으므로,[36] 자아인식과 집단에의 소속감 간에 중첩되는 부분이 상당히 많다는

■ 앞에서 언급한 사회적 뇌 가설과 혼동해서는 안 된다. 과학자들은 이처럼 혼란을 줄 수 있는 기회를 절대 놓치지 않기 때문이다.

것을 알 수 있다. 즉 사람들은 자신의 정체성의 상당 부분을 자신이 속한 집단으로부터 찾는다는 의미다.

여기서 한 가지 암시하는 바는 사람들은 자신이 속한 집단에 대한 위협을 '자기 자신'에 대한 위협으로 인식한다는 점이다. 따라서 자신이 속한 집단에 위협을 가하는 대상이라면, 그것이 무엇이든 적대감을 갖게 된다. 그리고 한 집단의 주요 위협 요인은 대부분…… 다른 집단이다.

서로 라이벌인 축구팀의 팬들은 격렬한 몸싸움을 하는 경우가 많으며, 따라서 실제 경기의 연장전을 벌이기도 한다. 범죄 집단 간의 전쟁은 불쾌한 현실을 보여주는 범죄 드라마의 단골 소재이기도 하다. 현대 사회의 정치 대결은 양측 간의 싸움으로 전락한다. 여기서는 상대를 비방하는 것이 나에게 투표해야 하는 이유보다 더 중요한 일이 되어버린다. 인터넷은 상황을 더 악화시켰다. 만약 여러분이 어떤 사람이 중요하게 여기는 주제에 관해 아주 약간이라도 비판적이거나 논쟁적인 의견을 올린다면(예를 들어, 스타워즈 속편은 사실 그리 나쁘지는 않았다 등), 여러분의 메일은 주전자를 가스불에 올려놓기도 전에 악성 메일로 가득 찰 것이다. 나는 세계적인 언론사에서 블로그를 운영하고 있다. 그러니 이 부분에 있어서는 나를 믿어도 된다.

어떤 사람들은 편견이란 자신에게 영향을 미치는 어떤 태도에 오랫동안 노출됨으로써 생기는 것이라고 생각하기도 한다. 우리는 천성적으로 어떤 종류의 사람을 싫어하도록 태어나지 않았다. 따라서 이 생각대로라면 (비유적으로) 증오의 물방울이 수년에 걸쳐 한 방울씩 똑똑 떨어져서 우리의 생각을 마모시키고 다른 사람을 지나치게 싫어하게 만들어야 한다. 그리고 이는 실제로 사실인 경우가 많다. 아주 빠른 속도로 일어나기도 한다.

악명 높은 스탠퍼드 감옥 실험이 그중 하나로, 필립 짐바르도의 연구팀은 감옥 환경이 교도관과 죄수에게 미치는 심리적인 영향을 연구하기 위해 이 실험을 실시했다.[37] 스탠퍼드대학의 지하실에 실제와 비슷한 감옥을 설치하고, 실험 참가자들을 교도관과 죄수의 역할을 하게 했다.

그러자 교도관들은 순식간에 죄수들에게 잔인하고 무례하며 고압적이고 폭력적이며 적대적인 태도를 보였다. 그러자 죄수들은 교도관들이 (꽤 타당한 근거로) 정신 나간 사디스트라고 생각했다. 이들은 반란을 꾸미고, 감방에서 자신들을 보호하기 위해 방어벽을 만들었다. 그러나 교도관들이 급습하여 방어벽을 모두 뜯어내었다. 죄수들은 이내 우울증 증세를 보였고, 흐느껴 울거나 심지어 정신적 외상을 겪기도 했다.

그렇다면 실험 기간은? 6일이다. 원래 계획은 2주였지만,

상황이 너무 악화되자 중단시킨 것이다. 여기서 기억해야 할 사실은 이들 중 그 누구도 진짜 죄수도 교도관도 아니라는 점이다. 이들은 유명한 대학을 다니는 학생이었다. 그러나 신분이 명확한 집단에 소속되어 다른 목표를 가진 다른 집단과 함께 공존해야 하는 상황이 되자, 이들 집단이 가진 사고방식이 매우 빠르게 작용했다. 이처럼 우리 뇌는 매우 빠른 속도로 조직과 자신을 동일화하며, 어떤 상황에서는 이러한 성향이 우리 행동을 심각하게 바꿔놓기도 한다.

뇌는 자신의 소속 그룹에 있어서 '위협적인' 대상에 대해 적대감을 갖게 만든다. 아주 사소한 경우에도 마찬가지다. 우리는 대부분 학교생활을 통해 이런 사실을 알게 된다. 어떤 아이들은 운이 나쁘게도 집단의 행동규범에서 벗어난 행동(특이한 모양으로 머리는 자르는 등)을 해서 그룹의 통일성을 해쳤다는 이유로 (끝없이 조롱을 당하는 등의) 벌을 받기도 한다.

인간이 바라는 것은 단순히 특정 집단의 일원이 되는 것만이 아니다. 그 안에서 높은 지위도 원한다. 사회적 지위와 계급은 매우 흔하게 찾아볼 수 있다. 심지어 닭들조차 계급체계가 있다. 그래서 영어에서 닭이 모이를 쪼아 먹는 순서를 의미하는 'pecking order'는 서열을 의미하기도 한다. 인간의 사회적 지위에 대한 열망은 자만심이 가장 강한 닭만큼이나 뜨겁다. 그래서 'social climber'는 '출세주의자'를 의미한다. 사람들은 서로를 앞지르고, 남보다 좀 더 나아 보이고자 혹은 뛰어나 보이고자 노력한다. 그리고 자신이 하는 일에서 상대적으로 최고가 되고 싶어 한다. 그리고 뇌는 하측두정엽, 배외측 및 복외측 전전두엽피질, 방추상이랑 및 혀이랑을 통해 이러한 성향을 더욱 강화시킨다. 이 영역들이 함께 작용하여 우리가 사회적 지위에 대해 인식하게 만들며, 따라서 우리는 그룹에 대한 일원으로서의 소속감뿐만 아니라 그 속에서 차지하는 지위까지 생각하게 된다.

이런 성향의 결과로, 집단이 허용하는 기준에 벗어난 행동을 한다는 것은 집단의 '고결성'을 해치는 일이 되며, 이와 동시에 다른 사람들은 이처럼 무능한 사람 덕분에 자신의 지위를 격상시킬 수 있는 기회를 얻는다. 그래서 상대를 욕하고 조롱한다.

하지만 인간의 뇌는 아주 섬세하기 때문에, 우리가 속한 '집단'은 아주 유동적인 개념이다. 국기를 흔드는 행동에서 볼 수 있듯, 집단은 한 국가 전체가 될 수도 있다. 심지어 특정 인종의 '일원'이라는 생각을 하는 경우도 있다. 인종은 논란의 여지는 있지만 어떠한 신체적 특징에서 비롯된 것이다. 따라서 다른 인종의 사람들은 자신들과 쉽게 구별되며, 자신들의 신체적 특징에 대해 자부심을 가진 사람들은 (자신의 의지와 다르게 저절로 얻어진 것임에도) 이러한 특징을 가지지 않은 사람을 공격하기도 한다.

경고! 나는 인종차별주의를 지지하지 않는다.

하지만 한 개인으로서 인간들은 다른 사람에게 놀랍도록 잔인해지기도 한다. 상대방이 그런 처우를 받을 이유가 없는 경우에도 말이다. 노숙자나 가난한 사람, 폭행 피해자, 장애인, 아픈 사람, 곤경에 처한 난민들은 좀 더 나은 환경의 사람들에게 도움을 받기는커녕, 비난을 받는다. 이는 인간의 품위나 기본적인 논리의 모든 측면과도 배치된다. 그렇다면 왜 이런 일은 왜 흔하게 일어날까?

뇌의 자아편향적 성향은 아주 강하다. 기회만 있으면 우리를 좀 더 돋보이게 만들려고 노력한다. 이는 다시 말하면 우리는 남들과 공감을 이루려고 애쓴다는 말이다(그들은 우리가 아니기 때문이다). 그리고 뇌는 결정을 내릴 때 우리가 겪었던 일을 기준으로 삼는다. 하지만 뇌의 모서리위이랑과 같은 영역이 뇌의 편향적 성향을 인지하고 '바로잡는' 역할을 하므로, 이들 덕분에 우리는 올바르게 공감을 이룰 수 있다.

그런데 이 영역에 문제가 생기면, 우리는 공감을 제대로 하지 못하거나 이에 대해 생각할 시간을 갖지 못한다는 연구 결과도 있다. 또 다른 흥미로운 실험으로서 독일 막스플랑크 연구소의 타이아 싱어가 실시한 연구에 따르면, 이러한 보상 메커니즘에는 또 다른 한계도 있다고 한다. 싱어의 연구에서는 여러 쌍의 사람들에게 다양한 감촉의 표면을 만지게 했다(이들은 좋은 느낌이나 불쾌한 느낌 중 하나를 만지게 했다).[38]

두 사람 모두 불쾌한 촉감을 만졌을 때에는, 감정이입을 올바르게 했으며 상대의 감정이나 기분의 강도를 인지했다. 하지만 한 사람은 좋은 촉감을 만지고 다른 한 사람은 불쾌한 느낌을 만진 경우에는 좋은 감촉을 만진 사람은 상대방의 고통을 심각할 정도로 과소평가했다. 따라서 인생이 더 우월하고 편안할수록 이들은 힘든 사람의 욕구나 문제를 이해하지 못한다는 것이다. 어쨌든 그렇다 해도 우리가 가장 제멋대로 살아온 사람에게 나라의 통치권을 주는 멍청한 짓을 하지 않는 이상, 큰 문제는 일어나지 않을 것이다.

앞에서 우리는 뇌가 자아편향적이라는 사실을 살펴보았다. (이와 관련된) 또 다른 인지적 편향으로는 '공정한 세상' 가설이 있다.[39] 이 가설에 따르면, 뇌는 본능적으로 세상이 공정하고 공평하다고 생각한다. 즉 선한 행동에는 보상이 따르고, 나쁜 행동에는 벌이 따른다는 생각이다. 이러한 편향 덕분에 사람들은 하나의 공동체를 이루며 살아갈 수 있다. 나쁜 행동은 발생하기 전에 억제당하며, 사람들은 선한 행동을 하도록 되어 있다는 뜻이기 때문이다(사람들이 선하지 않다는 뜻이 아니라, 이 편향으로 인해 좀 더 도움이 된다는 뜻이다). 게다가 이런 생각은 사람들을 고무시키기도 한다. 만약 사람들이 세상은 제멋대로 흘러가며 어떤 행동이든 결국 무의미하다고 생각한다면, 일어날 때가 되어도 침대에서조차 나오지 않을 것이다.

하지만 안타깝게도 이 가설은 사실이 아니다. 나쁜 행동에 항상 벌이 주어지지는 않는다. 그리고 착한 사람들도 종종 나쁜 일을 겪는다. 하지만 세상이 공정하다는 생각은 머릿속에 너무나도 깊이 박혀 있어, 우리는 이런 믿음을 저버리지 않는다. 만약 누군가 끔찍한 일을 부당하게 당하는 장면을 목격하게 되면, 이는 반향을 일으킨다. 세상은 공평한데, 이 사람에게 일어난 일은 공평하지 않다. 그리고 뇌는 이러한 반향을 싫어한다. 따라서 두 가지 중 하나를 선택하게 된다. 하나는 세상은 잔인하며 결국 제멋대로라고 결론짓는 것이고, 다른 하나는 저 사람이 '그럴 만한 짓을 했겠지'라고 생각하는 경우다. 후자가 더 잔인하긴 하지만, 세상이 아름답고 아늑하다는 우리의 (틀린) 믿음과 맞아떨어진다. 그래서 우리는 나쁜 일을 당한 피해자를 오히려 탓하게 된다.

많은 연구에서 이러한 현상이 밝혀졌으며, 이는 또 다양한 형태로 드러나기도 했다. 예를 들어 자신이 피해자의 고통을 줄여줄 수 있는 방법이 있거나 피해자가 나중에 보상을 받았다는 얘기를 들었다면, 사람들은 피해자에 대해 비판적인 시각을 가지지 않았다. 하지만 피해자를 도울 수 있는 방법이 전혀 없는 상황에서는 오히려 피해자에게 비난의 화살을 돌렸다. 이러한 성향은 매우 잔인해보이지만, 사실 '공정한 세상' 가설과 일맥상통한다. 즉 피해자는 긍정적인 결과를 얻지 못했으며, 이들은 분명 그런 일을 당해도 될 사람임이 틀림없다. 분명!

뿐만 아니라 사람들은 자신이 동질감을 느끼는 사람일수록 훨씬 더 크게 비난했다. 자신과 나이나 인종, 성별이 다른 사람의 경우, 이들이 쓰러지는 나무에 부딪혀 다치게 되자 훨씬 쉽게 공감을 했다. 하지만 자신과 나이, 키, 체구, 성별이 비슷한 사람이 자신의 차와 비슷한 차를 몰다가 자기가 사는 집과 닮은 집을 들이박은 사건에 대해서는, 아무 증거도 없이 피해자의 잘못을 훨씬 더 강하게 비난했다.

첫 번째 경우에서는 사건의 어떤 부분도 자신과 연관되어 있지 않다. 따라서 어쩌다 일어난 일이라고 치부해도 괜찮다. 이 사건이 우리에게 아무 영향도 주지 않기 때문이다. 하지만 두 번째 사례는 우리에게도 쉽게 일어날 수 있는 일이므로, 뇌는 이를 해당 사람의 잘못으로 여기고 상황을 합리화시킨다. 만약 어쩌다 일어난 일이라면 우리한테도 일어날 수 있는 일이기 때문에, '그 사람의' 잘못이 되어야만 하는 것이다. 실로 짜증나는 사고방식이 아닐 수 없다.

뇌는 사회적이고 친화적인 성향을 가졌지만, 정체성과 마음의 평화를 유지하고자 부단히 애쓰며, 따라서 이를 깨트리는 사람이나 대상에게는 거리낌 없이 비난을 하게 만든다. 참, 대단한 놈이다.

뇌에 문제가 생기면…

정신건강의 문제는
어떻게 발생할까?

여러분은 지금까지 인간의 뇌에 관해 어떤 사실을 알게 되었는가? 기억을 멋대로 조작하고 그림자를 보고도 뛰어들며 위험한 것도 아닌 대상에 대해 경악한다. 그리고 식습관이나 잠, 움직이는 상태를 망쳐 놓고, 우리가 잘나지도 않은데 똑똑하다고 믿게 만든다. 우리가 인식하는 것의 반 정도는 거짓으로 만들어내고, 감정에 치우치게 되면 비이성적인 행동을 하게 만든다. 친구를 아주 쉽게 사귈 수 있도록 해주지만, 갑자기 이들을 공격하게도 만든다.

모두 걱정스러운 일이다. 그런데 더 걱정되는 일은 뇌가 제대로 작동될 때에도 이 모든 일들이 일어난다는 점이다. 그렇다면 뇌가 제대로 작동되지 않을 때는(이보다 좀 더 나은 표현을 찾지 못했다) 대체 어떤 일이 생기게 될까? 바로 신경 혹은 정신적 문제가 발생한다.

신경질환이란 중추신경계에 물리적인 문제가 생기거나 손상을 입어 발생한다. 예를 들어 해마를 다쳐 기억상실증에 걸리거나 흑질의 손상으로 파킨슨병에 걸리는 경우를 들 수 있다. 이런 일들은 끔찍하지만, 대부분 물리적 원인을 규명할 수 있다(그렇다고 우리가 할 수 있는 일은 많지 않지만). 그리고 신경질환은 대부분 발작, 운동장애, 통증(예를 들어 편두통)과 같은 신체적 문제로 나타난다.

정신질환은 생각, 행동, 감정의 이상이며, 뚜렷한 '물리적' 원인이 필요하진 않다. 그리고 아직도 정신질환의 원인에 대해 뇌의 물리적인 구조를 중심으로 살펴본다. 하지만 물리적으로 뇌는 멀쩡하다. 그냥 이롭지 않은 행동을 할 뿐이다. 모호하긴 하지만 컴퓨터와 다시 비교해보면, 신경질환은 하드웨어 문제이고 정신질환은 소프트웨어 문제이다(이 두 가지 질환은 서로 중복되는 부분이 많지만, 그 차이가 아주 분명하진 않다).

우리는 정신질환을 어떻게 정의하는가? 뇌는 수십억 개의 뉴런으로 이루어져 있고, 이 뉴런들은 수많은 유전적 프로세스와 학습된 경험을 통해 수십조 개의 연결고리를 형성하여 수천 개의 기능을 수행한다. 어떤 두 뇌도 서로 완전히 똑같은 경우는 없다. 그렇다면 어떤 뇌는 제대로 작동하고 있으며 다른 뇌는 '그렇지 않다'고 어떻게 말할 수 있을까? 누구나 각자 이상한 습관, 특이한 기질, 떨림, 별난 특징을 가지고 있다. 이런 특성들이 결합하여 정체성 및 성격을 형성한다. 공감각을 예로 들어보면, 공감각은 기능상의 문제를 전혀 일으키지 않는 것처럼 보인다. 하지만 사람들은 보라색 냄새가 난다고 말해 남들이 이상하게 쳐다보기 전까지는 자신에게 어떤 문제가 있다는 사실을 깨닫지 못한다.[1]

정신질환은 보통 불안이나 고통을 야기하는 행동이나 사고의 패턴, 혹은 '정상적인' 사회의 부적응 등으로 묘사된다. 여기서 마지막 내용이 중요하다. 즉, 정신질환이란 '정상적인' 것과 비교해서 판단된다는 의미이며, 이 기준은 시대에 따라 매우 다를 수 있다. 미국 정신의학회가 동성애를 정신질환에서 제외시킨 것은 겨우 1973년이 되어서다.

정신건강 분야의 전문가들은 정신질환의 분류를 계속해서 재평가한다. 그에 대한 지식이 향상되거나 새로운 치료법 및 방식, 주된 이론의 변화, 심지어 약을 팔기 위해 질환의 종류를 늘리려는 제약회사들의 입김 등의 여러 이유 때문이다. 이런 일들이 모두 가능한 이유는 자세히 뜯어보면 '정신질환'과 '정신적으로 정상적인'의 경계가 매우 모호하고 불분명하며, 따라서 사회적 기준에 따른 임의적인 결정에 의해 판단되는 경우가 많기 때문이다.

게다가 정신질환은 매우 흔하다(자료에 의하면 거의 4명 중 1명이 정신질환의 어떤 형태를 경험했다고 한다[2]). 그리고 정신건강이 왜 그토록 논쟁의 쟁점이 되는지도 쉽게 이해할 수 있다. 정신질환이 (기정사실과는 다르게) 실제 병으로 인식되는 경우라 해도, 다행히 이 질환에 안 걸린 사람들은 사람을 쇠약하게 만드는 정신질환의 특성을 일축하거나 무시해버린다. 정신질환을 어떻게 분류하느냐에 대한 논쟁도 뜨겁다. 예를 들어 많은 사람들은 정신질환을 '질병'이라고 하지만, 이 용어가 오해를 불러일으킬 수 있다는 주장도 있다. 질병이란 병리학 혹은 생리학의 관점에서 생체 내의 구조적·기능적 변화가 의학적으로 정의될 수 있는 상태를 의미하기 때문이다. 하지만 정신질환은 그렇지 않다. '해결할 수 있는' 물리적인 문제를 밝히지 못한 질환이 많으며, 따라서 '치료'가 됐는지 확인하기도 어렵다.

'정신질환'의 용어에 대해 심하게 반발하는 사람들도 있다. 생각이나 행동의 다른 방식으로 볼 수 있는 문제를 마치 나쁘거나 문제를 일으키는 것처럼 보이게 만들기 때문이다. 임상 심리학 분야에서는 정신적 문제를 질병이나 문제라고 말하거나 생각하는 것 자체를 나쁘다고 주장하는 사람들이 많다. 이들은 정신질환에 대해서 좀 더 중립적이고 덜 무거운 표현을 써야 한다고 주장한다. 이처럼 정신건강에 대한 의학계의 접근 방식이 주도적으로 사용되고 있는 데 대해, 반발하는 사람들이 점점 늘어나고 있다. 그리고 무엇이 '정상'적인지 아닌지를 임의적으로 결정한다는 점에서, 이러한 반발은 수긍할 만하다.

이처럼 논란이 있긴 하지만, 이번 장에서는 정신질환의 의학적 및 정신적 관점에 대해 좀 더 초점을 둘 것이다. 이 분야가 나의 전공이기도 하고, 정신질환을 이런 관점에서 설명하는 것이 우리 대다수에게 가장 익숙한 방법이기 때문이다. 지금까지 우리는 좀 더 일반적인 정신건강 문제에 대해 간략하게 살펴보았으며, 뇌가 이 질환을 앓고 있는 사람에게나 또 이들 주위에서 대체 문제가 무엇인지 이해하려고 애쓰는 우리에게 어떻게 실망을 안겨주는지에 대해 알아보았다.

의지가 약해서 아픈 것이 아닙니다

우울증과 우울증에 관한 여러 가지 오해들

우울증, 이 의학적 상태를 다른 이름으로 부를 수도 있다. 현재 '우울한'이라는 단어는 다소 기분이 나쁜 사람이나 실제로 기분을 저하시키는 질환을 가진 사람 모두에게 사용된다. 이는 다시 말하면, 우울증을 단순히 작은 문제로 치부할 수 있다는 뜻이다. 누구나 한 번씩은 우울해지지 않는가? 우리는 단지 이를 극복할 뿐이다. 우리는 종종 자신의 경험만으로 판단하며, 뇌는 자동적으로 경험을 부풀리고 확대해석하거나 다른 사람의 경험이 우리와 다르면 이들 경험의 의미를 최소화하려고 한다는 사실을 앞에서 살펴보았다.

이런 태도는 상황을 개선시키지 못한다. 자신도 우울해봤으며 이를 극복했다는 것만으로 정말 우울증을 앓고 있는 사람의 문제를 가볍게 치부하는 것은, 자신도 종이에 베어본

적이 있으므로 팔을 절단한 사람의 고통을 가볍게 여기는 것과 마찬가지이다. 우울증은 굉장히 무기력해지는 상태이며, '약간 의기소침해지는 것'이 아니다. 우울증은 아주 심각해서, 결국 자신의 목숨을 끊는 것만이 유일한 해결책인 상태로 몰아가기도 한다.

모든 사람이 결국 죽는다는 것은 논쟁의 여지가 없는 사실이다. 하지만 죽음을 아는 것과 직접 경험하는 것은 매우 다른 일이다. 총에 맞으면 아프다는 사실을 '알게' 된다. 하지만 이는 총에 맞는 것이 어떤 느낌일지 아는 것과는 다르다. 마찬가지로 우리는 가까운 사람들이 결국 생을 마감할 것이라는 사실을 안다. 그렇다 해도 실제로 이런 일이 발생하면 여전히 정신적인 충격을 받는다. 우리는 뇌가 남들과 끈끈하고 장기적인 관계를 맺도록 진화해왔다는 사실을 앞에서 알게 되었다. 하지만 이러한 성향의 문제점은 관계가 끝이 났을 때 엄청난 고통을 느낀다는 점이다. 그리고 누군가 죽는 것보다 더 최종적인 '끝'은 없다.

이와 마찬가지로 고통스러운 일 중의 하나로, 사랑하는 사람이 목숨을 끊으면 상황은 더 끔찍해진다. 그 사람이 어쩌다 자살을 유일한 탈출구라고 생각하게 됐는지 우리는 확실히 알 수는 없다. 하지만 이유가 어찌됐건 남은 사람들에게는 충격적인 일이다. 그리고 남은 사람들은 우리가 앞으로 계속 보게 될 사람들이다. 따라서 왜 일반적으로 사람들이 죽은 사람에 대해 부정적인 시각을 가지는지 수긍은 간다. 자살한 사람들은 자신의 고통을 끝내는 데는 성공했을지 몰라도 대신 다른 많은 사람들에게 고통을 안겨주었기 때문이다.

7장에서 보았듯이, 뇌는 갖가지 심리적 방법을 강구해 피해자에 대한 유감스러운 감정을 느끼지 않으려고 한다. 이와 동일한 현상이 나타나는 또 다른 예로 스스로 목숨을 끊은 사람을 '이기적'이라고 부르는 경우를 들 수 있을 것이다. 자살의 대표적인 이유 중 하나가 병적인 우울증이라는 사실은 자살한 사람들에 대해 흔히 '이기적인', '게으른'과 같은 다른 비난 섞인 표현을 쓴다는 점을 생각하면 너무나도 아이러니한 우연이 아닐 수 없다. 이는 아마도 뇌의 자기중심적 방어체계가 여기서 다시 작동하기 때문일 것이다. 즉 기분 이상 증세가 너무 심각해서 모든 것을 끝내버리는 것이 해결책이었다는 사실을 받아들이면, 어떤 측면에서는 나에게도 이런 일이 일어날 수 있음을 인정하는 셈이 된다. 불편한 생각인 것이다. 하지만 누군가가 제멋대로 혹은 아주 이기적이어서 저지른 일이라면, 그건 그 사람의 문제일 뿐이다. '나'에게 발생할 일은 아니다. 그렇게 생각하면 스스로에 대해 좀 더 기분이 좋아진다.

이것이 하나의 근거다. 또 다른 근거로는 어떤 사람들은 단순히 무지한 멍청이이기 때문이라는 생각이다.

우울증을 앓고 있는 사람이나 자살로 죽음을 선택한 사람을 이기적이라고 생각하는 것은 슬프게도 흔한 일이다. 특히 조금이라도 유명한 사람이 자살한 경우 가장 극명히 드러난다. 세계적인 슈퍼스타이자 많은 사람들의 사랑을 받은 배우 겸 코미디언인 로빈 윌리엄스의 안타까운 죽음이 최근 가장 대표적인 사례다.

사람들이 로빈 윌리엄스에 대해 울먹거리며 찬사를 보내는 와중에도, 언론과 인터넷에서는 여전히 '가족들에게 그런 짓을 하는 것은 이기적이다'라거나 '많은 것을 이룬 사람이 자살을 하는 것은 순전히 이기심 때문이다'라는 식의 메시지가 쇄도하고 있었다. 이런 발언을 한 것은 온라인상의 익명의 사람들만은 아니었다. 유명 인사나 폭스 뉴스와 같이 연민하고는 거리가 먼 뉴스 매체들도 마찬가지였다.

만약 여러분도 이와 비슷한 의견을 제시했다면, 미안하지만 여러분이 틀렸다. 뇌 작동의 기이한 특성이 이런 생각을 일부 설명해주긴 하지만, 무지와 잘못된 정보를 모른 척 넘어갈 수 없다. 물론, 뇌는 불확실성이나 불쾌함을 좋아하지 않는다. 하지만 대부분의 정신질환은 이 두 가지가 동시에 엄청나게 발생한다. 우울증은 사람들의 공감을 얻고 존중받아야 할 심각한 문제이지 묵살하거나 비난할 문제가 아니다.

우울증은 여러 다양한 방식으로 드러난다. 우울증은 감정적 질환이므로, 감정이 영향을 받는다. 하지만 어떤 식으로 영향을 받는지는 경우마다 다르다. 어떤 사람들은 강한 절망감을 느끼기도 하고, 또 어떤 사람들은 엄청난 불안감을 느끼다 결국 곧 죽음이 닥칠 것만 같은 경계심에 휩싸이는 경우도 있다. 어떤 경우는 뚜렷한 감정 변화 없이 공허감을 느끼며 무슨 일이 일어나든지 간에 무감각해진다. 그리고 우울한 감정을 받아들이지 못하거나 느끼지 못하기 때문에 계속 화가 나고 불안한 사람도 있다.

여기서 우울증의 근본 원인을 규명하는 것이 왜 힘든지 일부 이해할 수 있다. 한동안 모노아민 가설이 가장 보편적인 이유로 인식되던 때가 있었다.[3] 뇌가 사용하는 신경전달물질 중 상당수는 모노아민류이며, 우울증 환자들은 모노아민의 활동이 저조한 것으로 보인다. 이는 뇌의 활동에 영향을 미치며, 그 결과로 우울증이 생길 수 있다는 게 모노아민 가설의 내용이다. 가장 잘 알려진 항우울 치료제는 뇌에서 모노아민의 활동을 증가시키는 작용을 한다. 현재 가장 많이 사용되는 항우울제는 세로토닌 재흡수 억제제selective serotonin reuptake inhibitors, SSRI다. 세로토닌(모노아민의 하나)은 불안, 감정, 수면 등을 처리하는 데 관여하는 신경전달물질이다. 이는 다른 신경전달물질 체계에도 영향을 미치는 것으로 알려져 있으며, 따라서 세로토닌의 수치가 바뀌면 '연쇄반응'이 일어날 수 있다. 세로토닌 재흡수 억제제는 세로토닌이 분비된 뒤 시냅스에서 재흡수되지 않도록 하여, 세로토닌의 농도를 높인다. 다른 항우울제 역시 도파민이나 노르아드레날린과 같은 모노아민에 이와 유사한 작용을 한다.

하지만 모노아민 가설에 대한 비판의 목소리는 점점 커지고 있다. 그 이유는 실제 일어나는 현상에 대해 제대로 설명하지 못하며, 실제로 무엇을 해야 하는지 구체적으로 알려주지도 않기 때문이다.

또한 세로토닌 재흡수 억제제는 세로토닌 농도를 즉시 끌어올린다. 하지만 그 효과가 나타나려면 몇 주가 걸린다. 왜 시간이 오래 지나야 하는지에 대해선 아직 구체적인 이론이 성립되지는 않았다(물론 이에 대한 여러 이론이 있긴 하며, 곧 살펴볼 것이다). 이는 자동차 기름이 다 떨어져 기름을 채워 놓고는, 한 달이나 지나서 시동이 걸리는 격이다. '연료가 없음'이 문제일 수는 있다. 하지만 분명 '유일한' 문제는 아니다. 게다가 우울증의 경우에서도 특정 모노아민 체계가 손상되는지에 대한 증거가 부족하며, 효과적인 항우울제 중 모노아민과 전혀 관계가 없는 것도 있다. 따라서 분명 단순한 화학적 불균형 이상의 원인이 있다는 뜻이다.

다른 가능성도 많다. 수면과 우울증 역시 서로 관련이 있는 것으로 보인다.[4] 세로토닌은 생체 시계를 조절하는 주요 신경전달물질이며, 우울증은 수면 패턴의 장애를 일으킨다.

첫 장에서 우리는 수면 장애는 문제를 일으킨다는 사실을 살펴보았다. 그렇다면 우울증은 수면장애의 또 다른 문제이지 않을까?

전대상피질anterior cingulate cortex 역시 우울증과 관련이 있다.[5] 전대상피질은 심박수 관찰, 보상에 대한 기대, 의사결정, 공감, 충동 억제 등 많은 기능을 담당하는 전두엽의 일부분이다. 즉 스위스 군용 칼처럼 다목적으로 사용된다. 게다가 우울증 환자의 경우 전대상피질의 활동이 더 활발한 것으로 나타났다. 이는 전대상피질이 고통에 대한 인지적 경험을 처리하기 때문으로 설명할 수 있다. 만약 보상을 기대하는 것과 관련이 있다면, 기쁨을 인지하는 것, 좀 더 정확하게는 기쁨이 완전히 결여된 상태를 처리하는 것과 관련이 있을 것이다.

스트레스에 대한 반응을 담당하는 시상하부-뇌하수체-부신 축 역시 주요 연구 대상이다.[6] 하지만 다른 이론에서는 우울증 메커니즘은 특정 뇌 영역에 국한된 것이 아니라 넓게 퍼져 있다고 주장한다. 신경가소성, 즉 뉴런 간의 물리적인 연결고리를 새로 형성하는 뇌의 능력은 학습 및 뇌의 일반적인 기능의 상당 부분 기초가 되며, 우울증 환자의 경우 이 능력에 문제가 있는 것으로 드러났다.[7] 신경가소성에 문제가 생기면 뇌는 불쾌한 자극이나 스트레스에 반응하거나 대처하지 못한다. 불쾌한 일이 일어났지만 가소성이 손상되었다는 말은 아주 오랫동안 내버려둔 케이크처럼 뇌가 더 '굳어' 있으므로 부정적인 마음 상태를 넘기거나 이로부터 벗어나지 못한다는 뜻이다. 따라서 왜 우울증이 오랫동안 지속되며 점점 심해지는지 이해할 수 있다. 신경가소성이 손상되면 대처 반응을 하지 못한다. 신경전달물질을 증가시키는 항우울제는 신경가소성 역시 증대시키는 경우가 많다. 따라서 신경전달물질 수치가 올라간 한참 뒤에 약효가 나타나는 것은 아마 이런 이유에서일지도 모른다. 차에 기름을 넣는 것이 아니라 나무에 비료를 주는 것과 비슷해서, 유효한 성분이 스며드는 데 시간이 걸리는 것이다.

그런데 앞의 모든 이론들은 우울증의 원인보다는 결과와 좀 더 관련이 있을 수도 있다. 우울증에 관한 연구는 계속 진행되고 있다. 하지만 한 가지 분명한 사실은 우울증이 매우 실제적인 증상이며, 때때로 극심한 무기력증에 빠지게 할 수 있다는 사실이다. 우울증은 끔찍한 기분 말고도 인지능력도 저해시킨다. 많은 의사들은 우울증과 치매를 어떻게 구분하는지에 대해 배운다. 인지 능력 테스트에서 결과만 놓고 보면, 기억력에 심각한 문제가 있는 경우와 굳이 테스트를 끝내야 할 동기를 가지지 못하는 경우가 서로 구분이 안 되기 때문이다. 이 두 가지를 구별하는 것은 중요하다. 왜냐하면 치매 진단을 받고 우울증에 빠져 상황이 더 복잡해지는 경우가 종종 있다 해도, 우울증과 치매의 치료 방법은 매우 다르

기 때문이다.[8]

다른 테스트를 살펴보면 우울증에 빠진 사람들은 부정적인 자극에 더 많은 주의를 기울임을 알 수 있다.[9] 예를 들어 사람들에게 여러 개의 단어 목록을 보여주면, 이들은 중립적인 단어('잔디')보다 좋지 않은 의미('살인'과 같은)에 더 집중한다. 우리는 뇌의 자아편향적 특성, 즉 우리가 자신을 좀 더 돋보이게 하는 것에 더 치중하며, 그렇지 않은 것은 무시한다는 사실을 살펴보았다. 그런데 우울증은 이를 뒤집어 놓는다. 긍정적인 것은 무시하거나 과소평가한다. 반대로 부정적인 것은 100% 정확하다고 생각한다. 그 결과, 우울증이 발생하면 이를 극복하는 것은 매우 어려워진다.

어떤 사람들은 우울증을 '갑자기' 겪는 것처럼 보이기도 하지만, 대부분 아주 오랜 시간 동안 고통을 받았기 때문이다. 우울증은 암, 치매, 신체마비처럼 다른 심각한 상황과 함께 발생하는 경우가 많다. 또한, '악순환의 소용돌이'라는 유명한 표현은 문제가 시간이 갈수록 점점 더 커져가는 상황을 뜻한다. 해고를 당해서 힘든 와중에 갑자기 연인이 자신을 떠나버렸다. 그리고 친척이 죽어서 장례식에 갔다 돌아오는 길에 강도를 만났다. 이는 감당하기엔 너무 힘든 일들이다. 뇌가 우리를 계속 고무시킨다는 좀 더 안락한 생각과 관점(즉 세상을 공정하며 나쁜 일 따위는 우리에게 일어나지 않을 것이라는 생각)은 산산이 부서졌다. 상황에 대해 우리가 할 수 있는 일은 전혀 없으며, 이 사실은 상황을 더 악화시킨다. 우리는 친구도 만나지 않고 어떤 관심사도 갖지 않은 채 술과 약에 의존한다. 술과 약은 잠깐의 편안함을 선사할지는 모르나, 결국 뇌를 더 힘들게 만든다. 그리고 이러한 소용돌이는 계속된다.

이는 우울증의 위험 요인으로서 우울증의 발생 가능성을 높인다. 만약 돈 문제가 없고 수백만 명의 존경을 받는 성공적이고 대중적인 삶을 사는 사람이 있다면 이들은 가난하고 범죄가 많은 지역에서 간신히 생계를 이어가며 가족의 도움조차 받지 못하는 사람에 비해 우울증에 걸릴 위험 요인이 훨씬 적을 것이다. 우울증을 번개에 비유한다면, 어떤 사람은 집 안에 있으며 어떤 사람은 집 밖 나무와 깃대 근처에 서 있는 경우와 비슷하다. 그리고 후자가 번개에 맞을 확률이 더 높다.

성공적인 삶을 산다고 해서 저절로 우울증에 대한 면역이 생기는 건 아니다. 만약 부유하고 유명한 사람이 우울증에 걸렸는데, 그들에게 "어떻게 저 사람들이 우울증일 수가 있어? 저들은 가질 건 다 가졌잖아"라고 말하는 건 틀린 표현이다. 담배를 피운다는 것은 폐암에 걸릴 확률이 훨씬 더 높다는 뜻이지만, 그렇다고 담배를 피우는 사람만 영향을 받는 것은 아니다. 뇌가 복잡하다는 것은 우울증의 여러 위험 요인 중 상당수가 자신이 처한 상황과 관련이 없다는 뜻이다. 성격적 특성(자기비판적인 사람 등)이나 심지어 유전적 요인(우울증은 유전적 경향이 있다고 알려져 있다)[10]으로 인해 우울증에 걸릴 확률이 더 높은 경우도 있다.

그런데 만약 우울증에 대해 끊임없이 저항하는 것이 성공의 원동력이 된다면 어떨까? 우울증을 피하거나 극복하는 것은 엄청난 의지와 노력을 필요로 하며, 이는 상황을 좀 더 흥미로운 방향으로 전환시킬 수 있다. 내적 고통을 이겨냄으로써 성공하게 된 희극인에 대한 '광대의 눈물'이 아주 좋은 예다. 유명한 창작인(예를 들어 반 고흐 등)들은 상당수 이러한 어려움을 겪었다. 즉 우울증은 방해 요인이 되기보다 성공의 원인으로 작용할 수 있다.

또한 애초에 그렇게 태어나지 않는 이상 부와 명예를 얻는 것은 힘든 일이다. 성공한 사람들이 성공을 위해 어떤 희생을 했는지 누가 알겠는가? 그런데 만약 이들이 결국 그런 희생은 쓸모없는 것이었다고 깨닫게 된다면? 즉 수년간 매달려 무언가를 성취했음에도 불구하고 목표를 잃거나 인생에서 멀어져 여러분은 방황하게 될 수도 있다. 혹은 직장에서 성공을 하려다 소중한 사람을 잃는다면, 여기에 치러야 할 대가가 너무도 크다. 다른 사람의 눈에 성공했다는 것은 변명이 되지 않는다. 은행잔고가 두둑하다는 것이 우울함의 밑바탕에 있는 프로세스를 앞지르지는 못한다. 설사 은행잔고의 힘이 더 세다고 해도, 그 한계점은 어디일까? 어디가 아프기에는 '너무 성공한' 사람이 어디 있는가? 만약 여러분이 남들보다 잘살기 때문에 우울증에 걸릴 리가 없다고 한다면, 논리적으로 세상에서 가장 불행한 사람이 우울증에 걸려야 한다.

돈이 많고 성공한 사람들이 행복하지 않다고 말하는 게 아니다. 단지, 부와 성공이 행복을 보장하지는 않는다는 말이다. 영화계에서 일하게 되었다고 해서 여러분의 뇌에서 급격한 변화가 일어나지는 않는 것과 마찬가지다.

우울증은 논리적이지 못하다. 자살과 우울증이 이기적이라고 말하는 사람들은 이 점을 이해하지 못하고 있는 게 분명하다. 마치 우울증 환자가 자살의 장단점에 관한 도표나 차트를 만들고는 자살의 단점이 많은데도 결국 이기적으로 자살을 택할 거라고 생각하는 것처럼 말이다.

이는 터무니없는 생각이다. 우울증의 큰 문제점, 아니 아마도 우울증의 바로 그 문제점은 '정상적인' 행동과 사고를 방해한다는 점이다. 우울증에 빠진 사람은 그렇지 않은 사람처럼 생각하지 않는다. 마치 물에 빠진 사람이 땅 위에 있는 사람처럼 '공기를 마시고' 있지 않은 것과 같다. 우리가 인지하고 경험하는 모든 것은 뇌를 통해 처리되며 걸러진다. 그런데 만약 뇌가 모든 것이 아주 끔찍하다고 결정한다면, 이는 인생의 모든 부분에 영향을 미칠 것이다. 우울증 환자의 관점에서 보면, 자신의 가치는 매우 낮고 앞으로의 삶에 대한 전망이 너무 절망적이다. 따라서 이들은 자신이 없어지면 가족, 친구 혹은 자신을 좋아하는 사람들이 정말 더 잘 살 거라 믿는다. 따라서 우울증 환자들의 자살은 사실 상대에 대한 배려의 행동이다. 아주 심란한 결론이긴 하지만 '똑바로' 생각해서 도달한 결론은 아니다.

자살을 이기심에 따른 선택이라고 말하는 것은 우울증 환자가 자신의 상황을 어쨌든 선택할 수 있다는 믿음을 함축한다. 즉 이들도 인생을 즐길 수 있으며 행복할 수 있지만, 그렇게 하지 않는 게 더 편하다고 생각한 게 아니냐는 거다. 우울증 환자들이 어쩌다 어떤 이유로 이런 행동을 하게 되는지에 대한 설명 따위는 없다. 자살이 일어나면 사람들은 '쉬운 길을' 택했다고 말한다. 수백만 년 동안 이어진 생존 본능을 무찌른 고통에 대해 여러 방식으로 설명할 수 있지만, '쉬운 길'은 결코 답이 아니다. 논리적인 관점에서 보면 자살은 어떤 측면에서도 이해되지 않는다. 하지만 정신적 장애를 겪는 사람에게 논리적 생각을 요구하는 것은 다리가 부러진 사람에게 똑바로 걸으라고 하는 것과 같은 일이다.

우울증은 일반적인 질병처럼 눈에 보이거나 전염되지 않는다. 따라서 우울증을 가혹하고 예측 불가능한 현실로 인정하는 것보다 존재하지 않는 문제라고 부인하기 쉽다. 그리고 이를 부인함으로써 사람들은 '나한테는 절대 일어나지 않을 거야'라고 안심하게 된다. 하지만 여전히 수백만 명의 사람들이 우울증에 시달리고 있다. 그리고 스스로 기분이 더 나아진다고 해서 이들을 이기적이거나 게으르다고 비난하는 것은 전혀 도움이 되지 않는다. 이기적인 행동으로 따지자면 이런 태도가 오히려 더 이기적이다.

안타깝게도 많은 사람들은 아주 무기력한 정신적 장애 때문에 자기 존재까지 흔들리게 되는 이 증상을 쉽게 무시할 수 있다고 생각한다. 이는 뇌가 일관성을 얼마나 중요시하는지 아주 잘 보여준다. 즉 우리가 특정 견해를 가지게 되면, 그 생각을 바꾸는 것은 매우 힘들다는 뜻이다. 사람들은 우울증 환자들에게 생각을 바꾸라고 말한다. 하지만 이들 역시 생각을 바꾸는 게 얼마나 힘든지를 보여주는 증거 앞에서 자신들도 생각을 바꾸고 있지 않은 것이다. 그리고 이런 사람들 때문에 가장 심각한 우울증을 앓고 있는 사람들의 우울증이 더 악화되며, 이는 너무나도 안타까운 일이다.

여러분의 뇌가 여러분 자신에게 반하는 행동을 하는 것만으로도 충분히 고통스러운 일이다. 하지만 남들이 여러분에 대해 그렇게 행동한다면, 이때는 정말 기분 나쁘다.

마음의 골절상, 신경쇠약

스트레스와 신경쇠약, 혹은 정신쇠약증

'추운 날 코트도 안 입고 밖에 나가면, 감기에 걸릴 것이다', '정크 푸드는 심장에 문제를 일으킨다', '담배는 폐를 망친다', '작업 환경이 나쁘면 손목터널증후군과 요통이 생긴다', '물건을 들 때는 항상 무릎을 사용하라', '손가락 관절에 힘을 주지 마라, 아니면 관절염에 걸릴 것이다' 등등.

여러분은 아마도 이런 종류의 얘기나 건강하게 사는 지혜에 관해 수없이 많이 들어봤을 것이다. 이런 말들이 얼마나 정확한지는 경우마다 다르겠지만, 행동이 건강에 영향을 미친다는 말은 일리가 있다. 우리 몸은 그 자체로도 놀랍긴 하지만 신체적으로, 생물학적으로 한계가 있다. 그리고 이러한 한계를 뛰어넘으려고 할 때 문제가 발생한다. 따라서 우리는 스스로 무엇을 먹고 어디를 가며 어떻게 행동하는지에 대해 주의해야 한다. 이처럼 우리 몸도 행동에 의해 큰 영향을 받는다면, 복잡하고 섬세하기 짝이 없는 뇌가 이런 영향을 받지 않도록 막을 수 있을까? 물론, 그렇지 않다.

현대 사회에서 뇌의 건강에 가장 큰 위협은 오래 지속된 익숙한 스트레스다. 모든 사람들은 자주 스트레스를 경험한다. 하지만 스트레스가 너무 강하거나 너무 자주 일어나면, 문제가 생긴다. 1장에서 이미 스트레스가 우리 건강에 매우 실제적이고 가시적인 영향을 준다는 사실에 대해 설명한 바 있다. 스트레스는 투쟁-도피 반응을 일으키는 뇌의 HPA 축(시상하부-뇌하수체-부신 축)을 활성화시켜, 아드레날린과 '스트레스' 호르몬인 코르티솔을 분비시킨다. 이 두 호르몬은 뇌와 몸에 많은 영향을 미치기 때문에, 지속적인 스트레스는 사람들에게 아주 뚜렷한 영향을 미친다. 즉 신경이 날카롭고 논리적으로 생각할 수 없으며 불안할 뿐만 아니라 신체적으로 피곤하거나 지쳐 있는 등의 증상을 보인다. 그리고 이들은 '신경쇠약에 걸리기 직전'이라는 말을 자주 듣는다.

'신경쇠약'은 공식적인 의학용어나 정신의학용어는 아니다. 말 그대로 신경이 고장 난 것과도 무관하다. 그래서 일부에서는 '정신적 쇠약'이라고 부르기도 하며, 의미상 이 표현이 더 정확하다. 하지만 이는 아직 일반적인 대화에서만 사용된다. 어쨌건 대부분의 사람들은 무슨 뜻인지 이해는 할 것이다. 신경쇠약은 더 이상 강한 스트레스를 견디지 못할 때 일어나며, '부러진 상태'다. 이들은 '정지된', '물러서는', '부서진', '대응 불가능한' 상태이다. 즉 정신적으로 더 이상 정상적인 기능이 불가능한 상태를 의미한다.

신경쇠약 증상은 사람마다 매우 다르다. 사람들은 암울한 우울증부터 극심한 불안감, 공황발작, 심지어 환각이나 정신증을 겪기도 한다. 그런데 놀랍게도 일부에서는 신경쇠약을 뇌의 방어기제로서 나타나는 증상으로 간주한다. 신경쇠약이 유쾌한 일은 아니지만, 때로 유용할 수 있다는 것이다. 물리치료는 사람을 지치게 해서 힘들고 불편하다. 하지만 아무것도 안 하는 것보다는 훨씬 낫다. 신경쇠약도 비슷하다. 스트레스에 어김없이 따라오는 증상이라고 생각하면 더 쉽게 이해된다.

우리는 뇌가 스트레스를 어떻게 겪게 되는지 잘 알고 있다. 그런데 애초에 스트레스를 유발하는 것은 무엇일까? 심리학에서는 스트레스를 야기하는 원인을 (논리적으로) 스트레스 요인이라고 한다. 스트레스 요인은 개인의 통제력을 약화시킨다. 상황을 통제하고 있다는 느낌은 사람들에게 안정감을 준다. 실제로 얼마만큼의 통제력을 가지고 있는지는 중요하지 않다. 따지고 보면 모든 인간은 수조 톤에 달하는 핵 불길을 둘러싼 채 공허한 허공을 날아가고 있는 돌에 붙어 있는 탄소 덩어리에 불과하다. 다만 그 허공이 너무 커서 한 인간으로서는 인식하지 못하고 있을 뿐이다. 하지만 카페라테에 두유를 넣어달라고 주문하는 일은 우리가 인식할 수 있는 통제력이다.

스트레스 요인은 행동에 대한 선택권도 제한시킨다. 자신이 할 수 있는 일이 아무것도 없을 때 스트레스는 더 가중된다. 우산이 있는 상황에서 비를 맞으면, 이는 귀찮은 일이다. 그런데 우산도 없이 비를 맞는다면, 게다가 문이 잠겨 집에도 못 들어간다면? 우리는 스트레스를 받는다. 두통이나 감기에 걸리면 증상을 완화시켜줄 약을 먹을 수 있다. 하지만 만성 질병에 대해서는 우리가 할 수 있는 일이 없기 때문에 더 스트레스를 받는다. 이런 질병은 피할 수 없는 불쾌함의 끊임없는 원인으로, 엄청난 스트레스를 유발한다.

뿐만 아니라 스트레스 요인은 피로도 야기한다. 늦잠을 자고는 지하철을 안 놓치려고 정신없이 뛰거나 중요한 과제의 막바지 마무리를 하고 있다면 스트레스 요인(그리고 그로 인한 신체적 결과)을 대처하는 데 에너지와 노력이 요구된다. 이때 비축해둔 에너지까지 고갈시켜, 스트레스를 가중시킨다.

예측 불가능성도 스트레스를 주긴 마찬가지다. 예를 들어 뇌전증은 언제든지 꼼짝달싹 할 수 없게 만드는 발작을 일으킬 수 있다. 이에 대해 효과적인 대책을 세우는 것은 불가능한 일이며, 따라서 스트레스를 유발한다. 즉 스트레스는 꼭 의학적 질병이 원인이 아니어도 발생한다. 감정 변화가 심하거나 비이성적인 행동을 하는 배우자와 함께 산다는 것은 실수로 커피 병을 찬장의 다른 칸에 넣기만 해도 사랑하는 사람과 분노에 찬 싸움을 할 수 있다는 의미이며, 이 역시 많은 스트레스를 야기시킨다. 이런 상황은 예측불가능하며 불확실하다. 따라서 우리는 계속 불안한 상태에 있게 되고, 최악의 상황이 언제든 닥칠 수 있다는 생각을 하게 된다. 그 결과 스트레스는 더욱 가중된다.

하지만 모든 스트레스가 사람을 쇠약하게 만들지는 않는다. 우리는 스트레스에 대한 반응을 조절하는 보상체계를 가지고 있기 때문에, 대부분의 스트레스를 관리할 수 있다. 보상체계는 코르티솔 분비를 중단시키고, 부교감 신경계를 자극하여 마음을 다시 안정시킨다. 그리고 우리는 에너지를 다시 보충하고, 삶을 계속 살아나갈 수 있다. 그러나 현대 사회가 복잡해지고 상호연관성이 높아짐에 따라 스트레스가 압도적으로 증가하는 상황이 많이 발생한다.

1967년 토마스 홈즈와 리차드 라헤는 스트레스와 질병의 관계를 파악하기 위해 수천 명의 환자들에게 일상생활에서 겪은 경험에 대해 질문했다.[11] 그리고 이들의 연구는 성공적이었다. 이 연구를 통해 홈즈-라헤 스트레스 지수가 성립되었으며, 이 지수는 일상생활에서의 특정 사건에 생활변화

단위Life Change Units, LCU를 부여한다. 생활변화단위가 더 많을수록 스트레스가 높다는 뜻이다. 생활변화단위는 스트레스 지수 목록 중에서 지난해 자신에게 일어났던 사건이 몇 가지인지에 따라 전체 점수가 측정된다. 점수가 높을수록 스트레스로 인해 병에 걸릴 가능성이 높다. 스트레스 목록 중 1위는 '배우자의 사망'이며 점수는 100점이다. 본인의 부상은 53점, 해고 47점, 시댁과의 갈등은 29점 등이 있다. 그런데 놀랍게도 이혼이 73점이며, 감옥에 수감된 경우는 63점이었다. 이상하긴 하지만 우리는 어떤 측면에서 로맨틱한 성향이 있는 듯하다.

그러나 이 목록에는 빠져 있는 요인이라도 실제로는 더 큰 스트레스를 유발하는 사건들이 충분히 있을 수 있다. 자동차 사고, 폭력 범죄 연루, 심각한 참사를 당한 경우 등은 그것 한 가지만으로도 견딜 수 없을 정도의 극심한 스트레스를 유발한다. 이런 사건은 심각한 트라우마를 초래하며, 이때 신체적으로도 투쟁-도피 반응이 최대치로 고조된다(아주 심각한 트라우마를 겪은 사람의 경우, 몸이 걷잡을 수 없이 흔들리기도 한다). 하지만 그 트라우마를 극복하기 힘든 이유는 극심한 스트레스가 뇌에 미친 영향 때문이다. 즉, 이때 뇌에서는 많은 양의 코르티솔과 아드레날린이 분비되어, 기억체계를 급격히 향상시키고 섬광기억을 만들어낸다.

이러한 메커니즘은 사실 유용하다. 극심한 스트레스를

유발하는 일이 발생하면, 우리는 다시는 그 일을 겪지 않으려 한다. 따라서 강한 스트레스를 받은 뇌가 사건을 아주 선명하고 구체적으로 기억시키며, 그 결과 사건을 잊지 않고 다시는 같은 상황에 빠지지 않는다. 일리가 있다. 하지만 스트레스가 아주 심각한 경우, 이 과정은 오히려 역효과를 불러일으킨다. 기억이 너무 생생하게 남아 계속 다시 경험하게 되는 것이다. 마치 계속 그 일이 일어나고 있는 것처럼 말이다.

여러분은 아주 밝은 빛을 보았을 때, 그 잔상이 눈에 계속 남아 맴도는 현상을 경험해봤을 것이다. 빛이 너무 밝아서 망막에 '타들어 간' 것일까? 이 현상은 앞의 기억의 경우와 동일하다. 충격에 대한 기억이 희미해지지 않는 한, 기억은 계속 남는다. 왜냐하면 이는 다름 아닌 기억이기 때문이다. 바로 이게 핵심이다. 사건에 대한 기억이 그 사건만큼 충격적인 것이다. 즉 트라우마의 재발을 막는 뇌의 시스템이 오히려 트라우마를 재생산해내고 있다.

선명한 기억 때문에 끊임없는 스트레스를 받으면, 사람들은 망연자실한 상태가 되거나 다른 사람, 감정, 심지어는 현실과 동떨어지게 되는 분리 상태에 빠진다. 그리고 분리 상태 역시 뇌의 또 다른 방어기제로 해석되기도 한다. 삶이 너무 힘들어 심한 스트레스를 받고 있는가? 좋다. 이를 중단시키고, '대기' 상태로 들어가자. 이런 식의 전략은 단기적으로는 효과가 있을지 모르나, 장기적으로는 좋은 전략이 못 된다. 모든 형태의 인지 능력과 실행 능력을 저하시키기 때문이다. 이러한 상황의 대표적 문제가 외상 후 스트레스 장애다.[12]

다행히도 대다수의 사람들은 이런 심각한 비극까지는 겪지 않는다. 그래서 스트레스는 사람들을 무기력하게 만들기 위해 더욱 교활해졌다. 즉 만성 스트레스가 생긴 것이다. 이는 한 가지 이상의 스트레스 요인이 충격적인 수준은 아니지만 더 오랫동안 우리를 괴롭히는 현상이다. 보살펴야 하는 아픈 가족, 고압적인 상사, 끝이 없이 계속되는 일, 최저소득으로 간신히 버티며 빚 청산은 꿈도 못 꾸는 상황 등 모두가 만성적인 스트레스 요인이다.■

하지만 이는 일정 수준의 스트레스까지만 효과가 있었다. 스트레스 정도가 일정 수준을 넘어서면 능률은 줄어들었다. 그리고 스트레스가 심할수록 능률 감소는 더 크게 일어났다. 이를 여키스-도슨 법칙이라고 부른다. 많은 회사의 고

■ 대부분의 사람들은 직장에서 스트레스를 겪게 되는데, 이는 이상한 일이다. 직원에게 스트레스를 주는 일은 생산성을 해치는 끔찍한 요인이기 때문이다. 하지만 실제로 스트레스와 압력은 역량과 동기부여를 증가시키는 역할을 한다. 실제로 많은 사람들이 마감시간 덕분에 일을 더 잘 할 수 있었다거나 중압감 속에서 최상의 결과를 얻을 수 있었다고 말한다. 이는 단순한 허풍이 아니다. 1908년 심리학자 여키스와 도슨은 스트레스를 주는 상황이 실제로 업무 역량을 증가시킨다는 사실을 발견하였다.[13] 어떤 상황을 피하기 위해, 특히 처벌이 무서워서 사람들은 자극을 받고 집중하였으며 그 결과 업무 역량이 향상되었다.

용주들은 본능적으로 이 법칙을 잘 이해하고 있는 듯하다. '너무 과한 스트레스는 상황을 망칠 수 있다'는 부분만 제외하고서 말이다. 스트레스는 소금과 같다. 약간의 소금은 음식의 맛을 향상시킬 수 있지만, 너무 많은 소금은 음식의 질감, 맛, 건강까지 모든 것을 망치게 된다.

이러한 상황에서는 심한 스트레스가 오랫동안 발생하여 보상체계가 손상되므로 좋지 않다. 이때는 사실 투쟁-도피 메커니즘이 문제가 된다. 스트레스를 받는 상황이 발생하고 우리 몸이 정상수준으로 돌아가기까지는 보통 20~60분 정도가 걸린다. 따라서 스트레스는 그 자체로도 꽤 오래 지속되는 셈이다.[14] 부교감신경계는 투쟁-도피 대응 방식이 더 이상 필요 없을 때 이를 약화시키는 역할을 하며, 스트레스의 영향을 없애기 위해 부단히 애쓴다. 그런데 만성 스트레스로 인해 스트레스 호르몬이 계속 분비되면, 부교감 신경계는 지쳐버린다. 그러므로 스트레스로 인해 신체적, 정신적인 영향을 받는 것은 '정상적인' 일이다. 그리고 그 결과 스트레스 호르몬은 통제되지 못하고, 필요할 때 적절히 사용되지 못한다. 즉 스트레스가 지속된다. 사람들은 계속해서 예민해지고, 불안하며, 긴장감을 느끼고, 정신이 혼란스러워진다.

이처럼 우리가 내적으로 스트레스를 해결할 수 없다는 것은 외부에서 안도감을 찾는다는 뜻이다. 하지만 짐작할 수 있듯이, 외부에서 안도감을 찾는 행위는 오히려 상황을 악화시킨다. 이러한 경우를 '스트레스 사이클'이라 한다. 즉 스트레스를 완화하려는 시도가 오히려 더 많은 스트레스와 문제를 발생시켜서, 그 결과 스트레스를 줄이기 위해 더 많은 노력을 하게 된다. 그리고 또다시 더 많은 문제가 발생한다.

예를 들어 새로 배정된 상사가 여러분에게 합당한 양 이상의 업무를 할당했다. 이는 스트레스를 유발한다. 하지만 상사에게는 어떤 합당한 이유나 합리적인 주장도 통하지 않고, 여러분은 더 오랜 시간 일해야만 한다. 장시간 일을 하면서 스트레스를 받게 되면, 만성 스트레스가 생긴다. 스트레스를 풀기 위해서 정크 푸드와 술을 더 많이 찾는다. 이는 여러분의 건강과 정신 상태에 악영향을 미치며(정크 푸드는 건강을 해치고, 술은 기능을 저하시킨다), 다시 스트레스를 더욱 가중시켜서 더 많은 스트레스 요인에 영향을 받는 상태로 만든다. 즉 여러분이 스트레스를 많이 받을수록 스트레스 사이클은 계속된다.

점점 커지는 스트레스를 막을 방법(업무량 조절, 건강한 라이프스타일, 치료 병행 등)은 많다. 하지만 많은 사람들에게 이런 방법을 적용하기란 힘든 일이다. 따라서 점점 문제는 쌓여만 가다가 한계를 넘어서게 되어 결국 뇌가 항복해버린다. 과부하가 걸리기 전에 전기를 차단해버리는 회로 차단기와 비슷한 경우이다. 따라서 점점 증가하는 스트레스(그리고 이와 관련된 건강 문제)는 뇌와 몸에 심각한 문제를 일으킬 수 있다.

그러므로 뇌는 모든 것을 중단시켜버린다. 즉 많은 사람들은 뇌가 신경쇠약을 일으키는 이유를 장기적인 문제로 악화되기 전에 스트레스를 중단시키기 위해서라고 주장한다.

'스트레스를 받는' 상황과 '극심한 스트레스를 받는 상황' 간의 경계선은 분명하지 않다. 취약성 스트레스 모델은 취약성과 스트레스가 모두 정신질환의 발생에 영향을 준다는 모델로, 스트레스에 취약한 사람일수록 아주 작은 스트레스에도 벼랑 끝에 몰려 완전한 붕괴 상태에 빠질 수 있음을 뜻한다. 이 상태가 되면 사람들은 정신질환을 겪거나 어떤 설명에 의하면 '사건'을 경험하기도 한다. 사람들 중에는 좀 더 민감한 사람들이 있다. 예를 들어 좀 더 어려운 상황이나 삶에 놓여 있는 경우, 이미 편집증이나 불안증세가 있는 사람, 심지어는 자만심이 아주 강한 사람도 쉽게 추락할 수 있다(만약 여러분이 아주 자부심이 대단하다면, 스트레스로 인해 자신의 통제력이 상실한다는 것은 자아감 전체를 뒤흔드는 일이 된다. 따라서 극심한 스트레스를 느낄 수 있다).

또한 신경과민이 정확히 어떻게 나타나는지도 경우에 따라 다르다. 일부 사람들의 경우 우울증 혹은 불안감(의 성향)과 같은 근본적인 문제를 가지고 있으며, 지나친 스트레스는 이를 끄집어낸다. 발가락 위에 책을 떨어뜨리면 아프다. 그런데 이미 뼈가 부러진 발가락 위에 책이 떨어진다면 훨씬 더 아플 것이다. 어떤 사람의 경우에 스트레스는 감정을 무기력상태까지 끌어내리기도 하며, 그 결과 우울증이 일어난다. 또한 스트레스를 주는 문제에 대한 지속적인 불안감, 그리고 지속되는 문제로 인해 심각한 불안감이나 공황 발작을 겪을 수도 있다. 스트레스 때문에 분비되는 코르티솔은 뇌의 도파민 체계에도 영향을 미치는 것으로 알려져 있다.[15] 즉, 도파민을 더 활성화시키고 더 예민하게 만든다는 것이다. 그리고 이처럼 변칙적인 도파민의 활동은 정신병이나 환각의 근본 원인이라고 알려져 있으며, 일부 신경쇠약의 경우 실제로 정신적 문제를 일으킨다.

그러나 다행히도 신경쇠약은 보통 수명이 짧다. 일반적으로 의학적 방법이나 치료를 통해 사람들을 정상으로 돌아가게 할 수 있으며, 스트레스로부터 강제로 잠시 벗어나게만 해도 도움이 된다. 물론 모든 사람들이 신경쇠약을 유용하다고 생각하지는 않으며, 모두가 이를 극복하는 것도 아니다. 그리고 스트레스와 어려운 상황에 민감하게 반응한다는 것은 신경쇠약에 다시 빠지기 쉽다는 뜻이다.[16] 하지만 적어도 이들은 금세 정상적인 생활을 시작하거나, 이에 가까운 생활을 한다. 따라서 신경쇠약은 스트레스로 가득 찬 세상으로부터 장기적인 피해를 받지 않도록 도움을 줄 수 있다.

말이 나온 김에 덧붙이자면, 신경쇠약이 도와주는 문제의 상당수는 사실 뇌가 스트레스를 해결하려고 기교를 부리다 도리어 발생한 경우가 대부분이다. 뇌의 이런 기교는 현대 사회에서는 역부족일 때가 많다. 그러니 뇌에게 신경쇠약을 통해 스트레스로 인한 피해를 막아줘서 고맙다고 한다면, 이는 가스 불을 켜놓고 나와서 집에 불을 낼 뻔한 사람에게 불이 나지 않도록 도와줘서 고맙다고 인사하는 격이다.

등에 올라탄 원숭이와 타협하는 방법

마약에 빠진 뇌에서는 무슨 일이 벌어질까?

1987년 미국의 한 공익광고에서 달걀을 가지고 마약의 위험성에 대해 경고한 바 있다. 출연자는 달걀을 가리키면서 "이것이 여러분의 뇌입니다"라고 말한다. 그리고는 프라이팬을 가리키며 "이것은 마약입니다"라고 한다. 그 다음 달걀을 깨서 프라이팬에 부으며 "이것은 마약에 중독된 여러분의 뇌입니다"라고 한다. 사람들의 관심을 끈 측면에서 보면, 이 광고는 매우 성공적이었다. 하지만 신경과학적 측면에서 보면, 이 광고는 엉터리이다.

마약이 뇌를 아주 뜨겁게 달구어서, 뇌 조직을 구성하는 단백질을 파괴시키는 일 따위는 일어나지 않는다. 뿐만 아니라, 프라이팬 위의 달걀처럼 마약이 뇌의 모든 부분에 동시다발적으로 영향을 미치는 경우는 아주 드물다. 그리고 마지막으로, 마약을 복용할 때에는 뇌의 두개골과 같은 껍질을 제거하지 않는다. 그렇지 않았다면, 마약이 그토록 인기를 끌지는 못했을 것이다. 마약이 뇌에 좋다는 말이 아니다. 단지 달걀로 비유하기에는 실제 상황이 훨씬 복잡하다는 뜻이다.

불법 마약 거래 규모는 거의 5,000억 달러에 달하며,[17] 많은 국가들은 불법 마약 복용을 찾아내고 근절시키기 위해 수없이 많은 돈을 쏟아붓고 있다. 마약은 보편적으로 위험하다고 알려져 있다. 마약은 사람을 타락시키고, 건강과 삶을 파괴한다. 맞는 말이다. 그런데 이처럼 마약이 인간에게 큰 영향을 끼치는 이유는 마약이 효과가 있기 때문이다. 마약은 효과가 뛰어나며, 이는 뇌의 근본적인 프로세스를 바꾸거나 조작해서 일어난다. 그 결과 중독, 의존, 행동 변화처럼 뇌가 마약을 처리하면서 일어나는 모든 문제가 일어난다.

3장에서 중변연계도파민성경로에 대해 언급한 바 있다. 이는 그 기능을 정확히 설명해주는 '보상회로'라는 용어로 불리기도 한다. 보상회로는 긍정적인 것으로 인식되는 행동에 대해 즐거움의 감정을 일으킴으로써 우리에게 보상을 해준다. 만약 아주 맛있는 음식을 먹거나 침실에서 일어나는 어떤 활동의 정점에 다다랐을 때처럼 무언가 즐거운 일을 경험했다면, 보상체계는 우리가 '아, 너무 좋다!'라고 생각하게 되는 감정을 제공한다.

보상회로는 우리가 먹는 것으로 인해 활성화될 수 있다. 영양소, 수화水和용, 식욕 완화, 에너지 제공 등의 역할을 하는 먹을 수 있는 물질은 즐거운 것으로 인식되며, 그 이유는 음식의 유익한 활동이 보상회로를 자극하기 때문이다. 예를 들어 설탕은 쉽게 사용할 수 있는 에너지를 몸에 공급한다. 따라서 달콤한 것은 즐거운 것으로 인식된다.

이런 일들은 대부분 '간접적으로' 보상회로를 활성화시킨다. 즉 몸에서 뇌가 좋은 일로 인식할 만한 반응을 일으켜, 보상 감각을 느끼게 한다. 마약의 강점이자 위험한 이유는 마약이 보상회로를 '직접적으로' 활성화시키기 때문이다. '몸에 뇌가 인식할 만한 긍정적인 영향을 미치는' 식의 지루한 과정은 생략한다. 마치 은행 직원이 '계좌 번호'나 '신분증'확인처럼 귀찮은 절차 없이 현금 가방을 바로 건네주는 식이다. 어떻게 이런 일이 가능할까?

2장에서 우리는 노르아드레날린, 아세틸콜린, 도파민, 세로토닌과 같은 특정 신경전달물질을 통해 뉴런들 간에 커뮤니케이션이 일어난다는 사실을 알게 되었다. 이 신경전달물질들은 회로나 네트워크 안의 뉴런 간에 신호를 전달한다. 뉴런은 신경전달물질을 시냅스(뉴런 간의 '틈'으로 커뮤니케이션이 일어나는 장소)로 방출한다. 자물쇠마다 꼭 맞는 열쇠가 있듯이 이때 신경전달물질은 자신에게 해당되는 수용체와 결합하여 작용한다. 이때 결합하는 수용체의 특성이나 종류에 따라 어떤 활동이 일어날지가 결정된다. 수용체는 전등 스위치를 누르는 사람처럼 뇌의 다른 영역을 활성화시키는 흥분성 뉴런일 수도 있고, 관련 영역에서의 활동을 줄이거나 중단시키는 억제성 뉴런일 수도 있다.

그런데 수용체가 신경전달물질과의 관계에 대해 바라는 만큼 '충실'하지 않다고 생각해보자. 만약 다른 화학물질들이 신경전달물질을 흉내 내서, 신경전달물질 없이도 수용체를 활성화시킬 수 있다면 어떤 일이 일어날까? 이런 일이 가능하다면, 우리는 화학물질을 이용해서 뇌의 활동을 인위적으로 조작할 수 있다. 그런데 실제로 이는 가능한 일로 밝혀졌다. 그리고 우리가 자주 하고 있기도 하다.

수많은 약들은 특정 세포 수용체와 결합하여 작용하는 화학물질이다. 작용제는 수용체를 활성화시켜 활동을 이끌어낸다. 예를 들어 심장박동이 느리거나 불규칙할 때 복용하는 약은 심장 활동을 조절하는 아드레날린을 모방한 성분이 들어간 경우가 많다. 길항제는 수용체와 결합하지만, 아무 활동도 일으키지 않는다. 길항제들은 수용체를 '차단'하여 실제 신경전달물질이 이 수용체를 활성화시키지 못하도록 만든다. 승강기 문에 여행 가방을 끼워놓듯이 말이다. 항정신병약은 보통 특정 도파민 수용체를 차단하는데, 그 이유는 정신증의 증세가 도파민의 이상행동과 관련이 있기 때문이다. 만약 이런 화학물질이 '인위적으로' 보상회로의 활동을 일으킬 수 있으며, 우리는 아무것도 하지 않아도 된다면 어떻게 될까? 아마도 이 약물은 엄청난 인기를 끌 것이다. 아니, 사람들은 이 약물을 얻기 위해서 무슨 짓이든 할 것이다. 이것이 바로 마약 중독의 원리이다.

보상회로 역시 수많은 연결고리와 수용체를 가지고 있다. 바꿔 말하면, 보상회로는 매우 다양한 물질에 대해 민감하게 반응한다는 뜻이다. 코카인, 헤로인, 니코틴, 암페타민, 심지어 알코올에 이르는 모든 물질들은 모두 보상회로의 활동을 증대시키며, 정당하진 않지만 거부하기 힘든 환희를 자아낸다. 그리고 이때 보상회로는 도파민을 이용해서 자신의 모든 기능과 프로세스를 수행한다. 그러므로 여러 연구에서 마약 중독이 어김없이 보상회로의 도파민 이동을 증가시키는 것을 볼 수 있었다. 이 때문에 마약, 특히 도파민을 흉내낸 약물(예를 들어 코카인)이 '즐거운' 일이 되는 것이다.[18]

우리의 강력한 뇌는 우리에게 무엇이 즐거움을 주는지 재빨리 알아차릴 수 있는 지적 능력을 주었으며, 그래서 이를 즉각 더 원하게 되고 어떻게 하면 얻을 수 있는지 빨리 파악해낸다. 하지만 다행히도 우리는 좀 더 고차원적인 영역을 가지고 있어서, 기본적인 충동을 완화시키거나 억제할 수 있다. 이러한 충동-억제 센터에 대해서는 아직까지 제대로 연구된 바는 없지만, 아마도 다른 복잡한 인지 영역과 함께 대부분 전전두엽피질에 모여 있을 것이다.[19] 어쨌든 충동 제어 기능 덕분에 우리는 지나친 행동을 자제하고 완전한 쾌락주의에 빠지는 것이 좋은 생각은 아니라는 사실을 깨닫는다.

여기에 관여하는 또 한 가지 요인은 뇌의 적응력과 융통성이다. 지금 마약이 어떤 수용체의 행동과잉을 일으키고 있다고? 뇌는 이에 대응하여 해당 수용체가 자극하는 세포의 활동을 억제하거나, 수용체의 활동을 중단시키거나, 반응을 일으키는 데 필요한 수용체의 수를 두 배로 늘리는 등 '정상적 수준'의 활동을 재개시킬 수 있는 갖가지 방법을 동원한다. 그리고 이런 프로세스는 자동적으로 일어난다. 즉 마약과 신경전달물질을 굳이 구분해서 일어나지는 않는다.

이 프로세스를 콘서트가 열리는 한 도시라고 생각해보자. 도시에 있는 모든 것은 도시가 정상적인 기능을 하도록 되어 있다. 그런데 갑자기 콘서트 때문에 흥분한 수천 명의 사람들이 몰려들어, 도시는 순식간에 혼란에 빠졌다. 이에 대응하여 담당 공무원은 경찰과 보안요원을 늘리고, 도로를 차단하며, 버스 운행 대수를 늘리고, 술집의 오픈시간을 앞당기고 밤에는 더 늦게까지 영업하도록 했다. 여기서 마약은 흥분한 콘서트 관객들이며, 뇌는 도시이다. 도시에서 너무 많은 활동이 일어나자, 방어시스템이 가동되었다. 이 시스템은 마약이 계속해서 강력한 영향을 미치지 못하도록 뇌가 마약에 적응하는 '내성'을 의미한다.

여기서 문제는 (보상회로의) 활동 증가가 마약의 핵심이라는 점이다. 만약 뇌가 마약의 영향을 차단하는 데 적응한다면, 해결책은 단 하나다. '더 많은' 마약을 복용해야 한다. 이전과 같은 희열을 다시 느끼려면 더 많은 약이 필요하다고? 여러분은 이 방법을 수용한다. 그리고 뇌는 늘어난 약에 다시 적응하게 되고, 여러분은 다시 더 많은 약을 필요로 하게 된다. 뇌는 또 많아진 약에 익숙해지며, 이 과정이 반복된다. 곧 뇌와 몸의 마약에 대한 내성이 아주 높아져서, 나중에는 한 번도 마약을 복용한 적 없는 사람에게는 치사량 수준인 양을 복용하게 된다. 하지만 그 엄청난 양의 효과는 여러분이 처음 마약에 빠졌을 때 느꼈던 흥분 정도밖에 되진 않는다.

마약을 끊는 것이 아주 힘든 이유 중 하나가 바로 여기에 있다. 만약 여러분이 오랫동안 마약 복용을 해왔다면, 이는 단순히 의지력과 절제력만으로 해결되지 않는다. 몸과 뇌는 이미 마약에 너무 길들여져서, '신체적으로 마약을 받아들이게끔 변화'된 상태가 된다. 따라서 갑자기 마약을 중단하면 심각한 결과가 발생한다. 헤로인이나 다른 아편을 살펴보면, 적절한 사례를 찾을 수 있다.

아편은 뇌의 엔도르핀(자연적인 통증완화 및 행복감을 느끼게 하는 신경전달물질)을 자극하여 일반적인 통증을 억제하는 강력한 진통제이자 통증-관리 시스템으로, 강렬한 희열을 일으킨다. 하지만 안타깝게도 우리 몸에 통증이 일어나는 데에는 그만한 이유가 있다(어떤 손상이나 피해가 생겼음을 알리기 위해서다). 통증이 생기면 뇌는 우리 몸의 통증-감지 시스템을 강화시켜 이에 대응하며, 아편이 만들어내는 말할 수 없는 쾌감까지 통과해버린다. 따라서 아편 복용자들은 더 많은 양을 복용하여 다시 통증을 차단시키며, 뇌는 또다시 통증-감지 시스템을 더욱 강화시키는 과정이 반복된다.

그런데 갑자기 아편이 공급되지 않는다. 더 이상 강렬한 평화와 안도감을 느끼게 해주는 것이 없다. 이들에게 남은 건 '아주 강력해진 통증-감지 시스템'뿐이다! 이 시스템은 아편의 쾌감도 뚫을 만큼 강력해지며, 정상적인 뇌에게 이는 금단증세를 겪는 마약 복용자만큼이나 고통스러운 일이다. 아편의 영향을 받은 다른 시스템 역시 이미 변형되었다. 따라서 아편을 중단하는 것은 너무나 어렵고, 또 위험한 일이다.

마약이 일으키는 생리적 문제가 이 정도라 해도 충분히 심각하다. 하지만 뇌에서 일어난 변화는 뇌의 행동까지도 바꾼다. 여러분은 아마 논리적으로 마약이 나쁜 결과와 욕구를 일으키므로 사람들은 마약을 중단할 거라 생각할 것이다. 하지만 '논리'는 마약이 가장 먼저 손상시키는 것 중 하나다.

뇌의 일부분은 내성을 강화시켜 뇌의 정상적 기능을 유

지하는 역할을 한다. 하지만 이들 영역이 아주 다양하기 때문에, 또 다른 영역들이 동시에 작용하여 마약을 계속 복용하도록 만든다. 내성의 반대 작용을 일으키는 것이다. 즉, 마약에 대한 적응 시스템을 억눌러서 마약 복용자가 마약에 계속 민감하게 반응하도록 만든다.[20] 이에 따라 적응 시스템은 더욱 강력해지고, 복용자는 더 많은 약을 찾게 된다. 이 과정이 중독으로 이르는 한 가지 요인이다.■

이뿐만이 아니다. 보상회로와 편도체 간의 커뮤니케이션이 일어나 '약물 신호(내외부적으로 약물 복용을 계속하라고 부추기는 신호)'가 발생하여 마약과 관련된 것이면 어떤 것이라도 감정적 반응을 하게 된다.[22] 즉, 여러분이 사용하는 특정 파이프, 주사기, 라이터, 약물 냄새와 같은 이 모든 요소들이 감정적인 요인이 되어 그 자체로 약물 욕구를 자극한다.

헤로인 중독 역시 또 다른 나쁜 예이다. 헤로인 중독의 치료 방법 중 하나는 헤로인과 비슷한(그보다 약하긴 하지만) 효과를 내는 또 다른 아편인 메타돈이다. 이는 갑자기 헤로인

■ 자세히 설명하자면, 우리가 마약에만 중독되는 것은 아니다. 쇼핑, 비디오 게임 등 보상회로를 정상 수준 이상으로 자극할 수 있는 것이라면 무엇이든 중독될 수 있다. 그중 도박 중독은 특히 나쁘다. 최소한의 노력으로 많은 돈을 버는 일은 아주 달콤한 보상이다. 하지만 한번 중독되면 헤어나기가 매우 힘들다. 일반적으로 뇌는 아주 오랫동안 아무 보상이 없으면, 더 이상 보상을 기대하지 않는다. 하지만 도박의 경우, 오랫동안 게임에서 이기지 못하는 것은 돈을 잃는 것처럼 일반적인 일이다.[21] 따라서 이미 이 사실을 충분히 알고 있는 도박 중독자들에게 도박이 나쁘다고 설득하기는 힘들다.

을 끊는 대신 점차 줄이도록 유도하는 방법이다. 메타돈은 삼킬 수 있는 형태만 있으며, 헤로인은 보통 주사로 맞는다. 그런데 뇌는 주사와 헤로인 간에 강력한 연결고리를 만들므로, 주사를 놓는 행동만으로도 흥분되기도 한다. 따라서 헤로인에 중독된 사람들은 메타돈을 삼키는 척하다가 이내 이를 주사기에 뱉어 주사기로 주입한다고 한다.[23] 이는 위생상 아주 위험한 행동이다. 하지만 마약으로 인해 뇌가 변형된다는 것은 그 복용 방법 역시 마약만큼이나 중요해짐을 보여준다.

보상회로가 마약으로 인해 계속 자극을 받으면 우리의 이성적 사고와 행동 능력도 변할 수 있다. 보상회로와 전전두엽피질(중요한 의식적 의사결정을 내리는 영역) 간의 인터페이스가 변형되어, 마약을 얻는 행위를 다른 일반적으로 더 중요한 일들(직장생활을 유지하거나, 법을 준수하고, 샤워를 하는 것 등)보다 우선시한다. 반대로 마약의 부정적인 결과(체포되거나, 주사바늘을 돌려 써서 위험한 병에 걸리거나, 친구와 가족을 멀리하는 등)가 얼마나 괴롭고 힘든 일인지에 대해선 무시한다. 따라서 마약 중독자는 자신의 재산을 모두 잃는 상황에서도 태연하게 반응하지만, 주사를 한 대 더 맞기 위해 자신의 피부를 계속 위험한 상태로 몰아간다.

아마도 여기서 가장 걱정스러운 부분은 마약의 지나친 복용이 전전두엽피질과 충동-억제 영역의 활동을 저하시킨다는 사실이다. 이들은 뇌에서 '그렇게 하지 마', '그건 현명한 행동이 아니야', '나중에 후회하게 될 거야'라고 말하는 영역이며, 나중엔 마약에 의해 이들의 힘이 약해지는 것이다. 자유의지는 인간의 뇌가 성취한 위대한 업적 중 하나일지는 모른다. 하지만 흥분을 느끼는 데 방해가 된다면, 자유의지는 가차 없이 버려진다.[24]

앞의 사례 외에도 나쁜 소식은 더 많다. 마약으로 뇌에 변화가 생기고 또 이와 관련된 모든 결과들은 마약을 중단한다고 해서 사라지는 게 아니다. 단지 '사용 중이 아닌' 상태일 뿐이다. 그래서 조금 사그라질지는 모르지만 계속 남아 있다. 언제가 되든지 다시 약을 복용할 때까지 말이다. 이 때문에 마약 중독은 쉽게 재발한다. 그리고 그만큼 심각한 문제다.

사람들이 어쩌다 마약 중독에 빠지는지는 경우마다 매우 다르다. 아마도 궁핍하고 불우한 환경에서 자라서 현실로부터의 도피는 오직 약물밖에 없었을 수도 있다. 아니면 의학적 진단을 받지는 않았지만 정신적 질병을 앓아오다 매일 겪는 고통을 줄이려고 '자기 처방'의 방법으로 마약을 택했을 수도 있다. 마약 중독이 유전적 요인에 의해 일어난다는 얘기도 있다. 이는 아마도 충동-억제 영역이 미성숙하거나 제 기능을 못하는 사람들 때문에 나온 주장일 것이다.[25]

마약의 원인이나 처음 그런 결정에 이르게 된 이유가 무엇이건 간에, 전문가들은 중독을 비난하거나 손가락질할 문제가 아닌 치료해야 할 병으로 인식한다. 지나친 마약 복용은 뇌에 놀랄만한 변화를 일으키며, 이 변화들은 상당 부분 서로 모순되는 경우가 많다. 마약은 우리 인생이라는 전쟁터에서 뇌가 스스로 소모적인 전쟁을 하도록 만드는 것과 같다. 이런 일을 자신에게 한다는 것은 끔찍한 일이지만, 마약은 이를 아무렇지 않게 생각하도록 만든다.

이런 일들이 바로 마약에 빠진 당신의 뇌에서 일어나는 일이다. 이 모든 일들을 어찌 달걀로 설명할 수 있겠는가.

현실은 어쨌든 과대평가된다

환각과 망상의 프로세스

정신건강상의 문제가 있을 때 일어나는 가장 흔한 증상 중 하나는 정신증(정신병적 증상)이다. 이는 무엇이 진짜인지 아닌지 구별할 수 있는 능력이 손상된 경우다. 그리고 이때 여러 가지 행동 및 사고 문제가 발생하긴 하지만, 가장 대표적으로 드러나는 현상이 환각(실제로 존재하지 않는 것을 인식하는 증상)과 망상(명백히 사실이 아닌 것을 무조건 믿는 증상)이다. 이런 일이 일어난다는 생각만으로도 상당히 불안해진다. 현실에 대해 파악도 못 하는 상태라면, 현실에 어떻게 대처할 수 있겠는가?

안타깝게도 무엇을 처리하는 신경학적 시스템은 현실을 파악하는 능력만큼 중요하지만, 심각할 정도로 취약하다. 이 장에서 지금까지 다뤘던 우울증, 마약 및 알코올, 스트레스,

신경쇠약 등 모든 요소는 환각과 망상을 일으킬 수 있다. 물론 치매, 파킨슨 병, 조울증, 수면 부족, 뇌종양, HIV, 매독, 라임병, 다발성 경화증, 저혈당, 대마초, 암페타민, 케타민, 코카인 등 이를 일으키는 다른 요인도 많다. 어떤 경우에는 '정신이상'으로 알려져 있기도 하며, 대표적으로 조현병(정신분열증)을 들 수 있다. 구체적으로 말해서, 조현병은 이중인격이 아니다. 여기서 '분열'은 사람과 현실간의 간극에 더 가깝다.

정신증에 걸리면 사실은 아니지만 누군가가 자신을 만지는 것 같다거나, 있지도 않는 음식의 맛을 보거나 냄새를 맡는 듯한 느낌을 받으며, 가장 대표적인 증상은 어디선가 '목소리가 들리는 것' 같은 환청이다. 그리고 환청에는 여러 단계가 있다.

1인칭 환청(자신의 생각을 마치 남이 말해주는 것처럼 '듣게 되는 증상'), 2인칭 환청(자신에게 얘기하는 다른 사람의 목소리를 듣는 현상) 및 3인칭 환청(자신에 대해 얘기하는 한 개 이상의 목소리를 들으며, 이들은 내가 하는 일에 대해 어떤 이야기를 하고 있다)이 있다. 목소리는 남성이나 여성일 수 있고, 익숙하거나 익숙하지 않거나, 상냥하거나 비판적인 목소리 모두 다 해당된다. 만약 후자의 경우라면 (보통 그렇듯이) '비판적인' 환청이 된다. 그리고 환청의 특성을 알면 진단을 내리기 쉽다. 예를 들어 계속 비판적인 3인칭 환청이 들린다는 것은 강력한 조현병의 징후다.[26]

이런 일은 어떻게 일어나는 것일까? 환청 연구는 실험실에서 환청을 들을 수 있는 사람이 있어야 가능하므로 쉽지가 않다. 일반적으로 환청은 예측하기 어려우며, 만약 환청을 자기 마음대로 껐다 켰다 할 수 있다면 연구가 그리 힘들진 않을 것이다. 하지만 그럼에도 지금까지 많은 연구가 이루어졌으며, 대부분 조현병을 앓았던 사람들이 겪은 환청에 대해 초점을 두었다. 그리고 그 결과 환청은 지속적인 경향을 보였다.

환청이 어떻게 일어나는지에 관한 가장 대표적인 이론에서는, 뇌가 외부 세상에 의해 일어나는 신경 활동과 내부에서 발생하는 활동을 구별하기 위해 사용하는 복잡한 프로세스에 초점을 두고 있다. 우리 뇌는 항상 떠들어대고, 생각하고, 사색하고, 걱정한다. 그리고 이 모든 요인들은 뇌 속에서 일어나는 활동의 원인(혹은 결과)이다.

뇌는 일반적으로 (감각 정보로 인해 발생하는) 외부 활동과 내부 활동을 구분한다. 메일함에서 '보낸 메일'과 '받은 메일'이 각각의 폴더에 따로 저장되어 있는 것처럼 말이다. 그리고 앞의 이론은 이러한 구별 능력이 손상되었을 때 환청이 발생한다고 이야기한다. 만약 여러분이 실수로 폴더 안의 메일들을 모두 한데 합쳐버렸다면, 얼마나 혼란스러울지 짐작될 것이다. 이와 같은 일이 여러분 뇌 작동에 일어난다고 상상해보자.

만약 그렇게 되면 뇌는 무엇이 내부 활동이고 무엇이 외부 활동인지 분간하지 못한다. 그리고 뇌는 이런 상황에 잘 대처하지 못한다. 이는 앞의 5장에서 눈을 가리면 사람들은 사과와 감자를 먹고도 이 둘을 구별하지 못한다는 내용을 통해 이미 입증한 바 있다. 하지만 이 경우 뇌는 '정상적'으로 작동하고 있다. 환청의 경우 내외부 활동을 분간하는 시스템의 (비유적으로) 눈을 가린 상황이다. 따라서 사람들은 내부의 독백을 실제 사람이 말하는 것처럼 인지한다. 독백과 말을 듣는 것은 청각 피질과 관련된 언어 처리 영역을 활성화시키기 때문이다. 실제로 많은 연구에서 3인칭 환청이 계속 될 때 이들 영역의 회백질 양이 줄어드는 현상이 나타났다.[27] 회백질은 이 모든 프로세스를 처리하므로, 회백질 양이 감소했다는 것은 내외부에서 발생한 활동을 구분하는 능력이 떨어졌다는 것을 의미한다.

이런 현상을 보여주는 증거는 뜻밖의 요인에서 찾을 수 있다. 바로 간지러움이다. 대부분의 사람들은 스스로 간지러움을 태울 수 없다. 왜 그럴까? 간지러움이란 누가 하든지 간에 같은 감정을 유발한다. 하지만 자기 자신을 간질인다는 것은 의식적인 선택이 필요하며, 우리 자신이 행동을 해야 한다. 그러기 위해선 신경적 활동이 필요하고, 따라서 뇌는 이를 내부에서 발생한 활동으로 인식하게 된다. 즉 다르게 처리되는 것이다. 뇌가 간지러움을 감지하긴 하지만, 그 이전에 이미 내부의 의식 활동이 간지러울 예정이라는 것을 알린다. 그래서 우리는 간지러움을 무시하게 된다. 이처럼, 간지러움은 뇌의 내외부 활동을 구별 능력을 보여주는 좋은 사례다. 웰콤 인지신경과학과의 사라-제인 블랙모어 교수와 그녀의 동료들은 정신질환자가 스스로 간지러움을 태울 수 있는지에 대해 연구했다.[28] 그 결과에 따르면, 환각을 경험해 본 환자들은 환자가 아닌 사람들에 비해 자기 스스로 간질이는 것에 대해 더 민감한 반응을 보였다고 한다. 즉 이들의 내외부 자극 구별 능력이 손상되었다는 뜻이다.

앞의 사례는 흥미로운 접근 방식이지만(그리고 문제가 없는 접근 방식은 아니지만), 자신을 간질일 수 있다 해서 자동적으로 정신증 환자라는 뜻은 아님을 알아야 한다. 사람은 개개인마다 매우 다양하다. 내 와이프의 대학 룸메이트는 자신을 간질일 수 있었지만, 정신적으로 전혀 문제가 없었다. 그 룸메이트는 아주 키가 컸다. 아마도 신경계 신호가 간지러운 곳에서부터 뇌까지 도달하는 데 시간이 너무 오래 걸려서, 간지러움이 어떻게 발생했는지 까먹은 것은 아닐까?■

여러 뇌신경영상기법 연구를 통해 환각이 일반적으로 어떻게 발생하는지에 관해 더 많은 이론이 제시되었다. 2008년

■ 사실 이는 전혀 가능한 일이 아니다. 학생 시절, 나는 난처한 질문에 당황한 나머지 이런 논리를 편 적이 있다. 그 당시 나는 지금보다 훨씬 더 거만했고, 모른다고 솔직히 인정하기보단 말도 안 되는 추측을 내놓기도 했다.

폴 앨런과 그의 동료들은 광범위한 연구 자료를 검토한 후 복잡한(하지만 놀라울 정도로 논리적인) 메커니즘을 내놓았다.[29]

여러분도 예상했겠지만, 내외부 사건을 구별하는 뇌의 능력은 여러 다양한 영역이 함께 작용함으로써 이루어진다. 뇌에는 시상과 같은 본질적인 피질하 영역이 있다. 이들은 감각으로부터 받은 정보를 그대로 전달한다. 그리고 이 정보는 감각피질로 전달된다. 감각피질은 감각 처리에 관여하는 모든 영역(후두엽의 시각 처리, 측두엽의 청각 및 후각 처리 등)을 포괄하는 용어이다. 그리고 1차 및 2차 감각피질로 나뉜다. 1차 피질은 자극의 기본 특성을 처리하며, 2차 피질은 좀 더 상세한 것을 다루고 인지를 담당한다(예를 들어 1차 감각피질은 특정 선, 가장자리, 색깔을 인식하는 반면, 2차 감각피질은 이 모두를 함께 인식하여 버스가 다가온다고 인지한다. 따라서 둘 다 모두 중요하다).

감각피질은 전전두엽피질(의사결정, 고차원적 기능, 사고), 전운동피질(인지적 움직임을 일으키고 감독함), 소뇌(미세한 움직임 조절 및 유지) 및 이와 유사한 기능을 하는 영역과 연결되어 있다. 이 영역들은 보통 의식적인 행동을 결정하거나 간지러움처럼 내부에서 일어나는 활동을 판단하는 데 필요한 정보를 제공한다. 해마와 편도체 역시 기억과 감정을 결합시켜서 우리가 인지하는 것을 기억하고 그에 따라 반응할 수 있게 만든다.

이처럼 서로 연결된 영역들 간의 활동을 통해 우리는 우리 두개골 내부에서 일어나는 일과 바깥에서 일어나는 일을 구별하는 능력을 유지하게 된다. 그런데 뇌에 영향을 미치는 사건이 발생하여 이러한 연결고리에 변화가 생기면, 환각이 발생한다. 2차 감각피질의 활동이 증가한다는 것은 내부 프로세스에 의해 발생하는 신호가 더 강력해지고 우리에게 더 많은 영향을 미친다는 의미이다. 또한 전전두엽피질, 전운동피질 등과의 연결고리에서 발생하는 활동이 줄어들면 뇌가 내부에서 발생한 정보를 인식하지 못한다. 이 영역들은 또한 내외부 감지 시스템을 감독하여 실제 감각 정보가 제대로 처리되도록 하는 역할도 하는 것으로 알려져 있다. 따라서 이들 영역의 연결고리가 망가진다는 것은 내부에서 발생하는 정보가 실제인 것처럼 '인식'된다는 뜻이다.[30]

이 모든 요인이 환각을 일으킨다. 만약 여러분이 값비싼 차를 한 세트 사서 이제 막 걷기 시작한 아이가 이를 들고 가게 밖으로 나가게 내버려두고서는, 자신에 대해 '그건 멍청한 짓이었어'라고 생각했다고 하자. 그 경우엔 보통 내부 생각으로 처리된다. 하지만 만약 뇌가 이 생각이 전전두엽피질로부터 온 것임을 알지 못했을 때에는 언어를 처리하는 영역에서 일어나는 반응은 마치 말로 얘기한 것처럼 인식된다. 그리고 편도체의 활동이 비정상적이라는 것은 이와 연결된 감정이 약화되지 않았다는 의미이며, 결국 우리는 아주 비판적인 목소리를 '듣게' 된다.

감각피질은 모든 것을 처리하며, 내부 활동은 어떤 것과도 연관될 수 있다. 따라서 환각은 모든 감각에서 발생할 수 있다. 그리고 우뇌는 이 상황에 대해 잘 알지 못하므로 이런 이상한 행동들을 모두 모아서 인지 프로세스에 집어넣는다. 그 결과, 우리는 놀랍고 실제로는 존재하지도 않는 비현실적인 것을 인지하게 된다. 이처럼 무엇이 진짜인지 아닌지를 인지하는 시스템이 광범위한 네트워크를 이루고 있으므로, 아주 많은 요인들에 의해 영향을 받을 수 밖에 없다. 이런 이유로 정신증이 생기면 환각 증상이 아주 흔하게 발생한다.

망상은 분명히 사실이 아닌 것에 대해 믿는 현상으로 정신증의 또 다른 흔한 증상이다. 그리고 망상 역시 실제와 실제가 아닌 것을 구별하는 능력이 손상된 경우다. 망상에는 자신이 실제 사실보다 훨씬 더 중요하다고 믿는 과대망상(신발가게 아르바이트생이 자신이 세계 비즈니스 리더라고 생각하는 것)이나 (좀 더 흔한 경우로서) 자신이 끊임없이 괴롭힘을 당한다고 믿는 피해망상(자신이 만나는 모든 사람들은 자신을 납치하려는 끔찍한 음모와 관련 있다고 생각하는 것) 등의 여러 형태가 있다.

망상은 환각만큼 다양하고 이상한 증세를 보이지만, 환

각보다 훨씬 더 끈질기다. 망상은 '확고'하고, 반대 증거 앞에서도 매우 완강하다. 망상에 빠진 사람에게 모든 사람이 자신을 해치려는 사람은 아니라고 설명하는 것보다 환청을 들은 사람에게 그 목소리는 진짜가 아니라고 믿게 만드는 것이 훨씬 쉽다. 망상은 내외부 활동을 조절하는 곳이 아닌, 어떤 일이 정말 일어났으며 또 어떤 일이 일어나야만 하는지를 해석하는 뇌 시스템에서 비롯된 문제로 알려져 있다.

뇌는 매순간마다 많은 정보를 다룬다. 이를 효과적으로 처리하기 위해 뇌는 세상이 어떻게 돌아가는지에 대한 정신적 모델을 만든다. 믿음, 경험 예상, 가정, 추정과 같은 모든 요소들이 더해져 어떤 상황이 벌어질지에 대해 끊임없이 업데이트를 한다. 따라서 우리는 어떤 일이 일어날지 매번 생각하지 않고서도 앞으로의 상황을 예측하고 어떻게 대처해야 하는지 알 수 있다. 그렇기 때문에 주위에 일어나는 일로 인해 우리가 매번 놀라지 않는 것이다.

예를 들어 길을 걷고 있는데 옆에서 버스가 멈춰 섰다. 이는 놀라운 일이 아니다. 우리의 정신적 모델은 버스가 어떻게 운행되는지 알고 있기 때문이다. 즉, 우리는 버스가 승객이 타고 내릴 수 있도록 정류소에 멈춘다는 사실을 이미 알고 있다. 따라서 이 사건에 관심을 두지 않는다. 하지만 만약 버스가 집 앞에 멈춰 서서 움직이지 않는다면, 이는 일반적인 경우가 아니다. 이때 뇌에는 새롭고 생소한 정보가 들어

간다. 그리고 세상에 대한 정신적 모델을 업데이트하고 유지하기 위해, 뇌는 이 정보를 해석해야 한다.

따라서 우리는 조사에 나선다. 알고 보니 버스가 고장 난 것이다. 하지만 이 사실을 알기 전까지 우리는 다른 많은 생각을 떠올린다. 버스 운전수가 나를 몰래 감시하고 있는 건가? 아니면 누가 나에게 버스를 사주기라도 한 걸까? 우리 집이 나도 모르게 버스터미널로 지정되었나? 뇌는 이 모든 생각을 떠올리다가, 현재의 정신적 모델에 근거하여 이들은 불가능한 이유임을 깨닫고 무시해버린다.

망상은 이 시스템에 변화가 생길 때 일어난다. 여러 형태의 망상 중 잘 알려진 것으로, 카그라스 망상이 있다. 카그라스 망상은 자신과 가까운 사람(배우자, 부모, 형제, 친구, 애완동물)이 그들과 똑같이 생긴 다른 사람이라고 믿는 경우다.[31] 보통 사랑하는 사람을 보고 있으면 사랑, 애착, 애정, 좌절, 분노 등 (관계가 지속된 기간에 따라) 여러 가지 추억과 감정들이 떠오른다.

하지만 만약 우리가 배우자를 보고서도 아무런 감정도 느끼지 못한다면 어떻게 될까? 전두엽 영역에 문제가 생기면 이런 일이 발생할 수 있다. 배우자를 바라볼 때 우리의 뇌는 모든 추억과 경험에 따라 강한 감정적 반응을 예상한다. 그런데 예상한 대로 반응이 일어나지 않는다.

따라서 불확실성이 발생한다. 이 사람은 오래 함께해온

배우자이다. 나는 내 배우자에 대해 많은 감정을 가지고 있는데, 지금 아무 감정도 느끼지 못하고 있다. 왜 그럴까? 이처럼 일관되지 못한 현상을 해결할 수 있는 한 가지 방법은 상대가 내 배우자가 아닌, 신체적으로 닮은 사람일 뿐이라고 결론지어버리는 것이다. 이러한 결론을 내림으로써 뇌는 부조화 문제를 해결할 수 있고, 불확실성이 사라진다. 이런 증상이 카그라스 망상이다.

여기서 문제는 이 결론이 완전히 틀렸다는 사실이다. 하지만 망상에 빠진 사람의 뇌는 그렇게 생각하지 않는다. 상대의 정체에 대한 객관적인 증거가 오히려 정서적 연관성의 부재를 더 악화시키며, 따라서 진짜 배우자가 아닌 닮은 사람이라는 결론이 '덜 불안한' 사실이 된다. 즉 증거를 앞에 두고도 망상이 유지되는 것이다.

일반적으로 이런 현상이 망상의 근본 원인이라 알려져 있다. 즉 뇌는 어떤 일을 예상한다. 그런데 그와는 다른 일이 발생한 것을 알게 되었다. 뇌의 예상과 현재 일어난 일이 일치하지 않으므로, 이 부조화를 해결할 대책을 마련해야 한다. 이때 이치에 맞지 않거나 불가능한 결론에서 답을 찾게 되면, 문제가 발생한다.

뇌의 여러 섬세한 시스템을 불안하게 만드는 그 외 여러 가지 스트레스나 요인들 덕분에, 보통의 경우에는 별문제 없거나 무관하다고 무시해버리는 일들이 훨씬 더 중요한 일로 치부된다. 사실 망상 자체를 살펴보면 이를 일으키는 문제의 특성을 알 수 있다.[32] 예를 들어 지나친 불안감이나 편집증을 겪고 있다면, 위협-감지 및 그 외 방어체계가 알 수 없는 이유로 활성화되어 있다는 의미다. 따라서 뇌는 이를 해결하기 위해 미심쩍은 위협 요인을 찾아낸 다음, 별문제없는 행동(예를 들어 가게에서 여러분 옆에서 혼자 떠들고 있는 여자처럼)을 수상하고 위협적인 것으로 해석하고, 자신에 대한 알 수 없는 음모가 있다는 망상을 떠올리게 한다. 우울증은 설명할 수 없는 우울감 때문에 조금이라도 부정적인 일이 일어나면(아마도 내가 막 앉자마자 옆 테이블 사람이 바로 일어날 때처럼), 이를 중요한 사건으로 여기고 자신의 단점 때문에 사람들이 자신을 싫어한다고 해석하게 만든다. 따라서 망상이 발생하는 것이다.

그리고 어떤 일이 우리의 정신적 모델에 부합하지 않으면 이를 무시하거나 억눌러버린다. 즉 어떤 일이 우리의 예상이나 기대에 들어맞지 않았을 때, 이에 대한 가장 적절한 이유는 그 일이 틀렸기 때문이다. 그래서 무시해버린다. 여러분은 아마 세상에 외계인이 없다고 생각할 수도 있다. 따라서 UFO를 봤다고 주장하거나 납치당한 적이 있다고 주장하는 사람들을 정신 나간 멍청이로 치부해버린다. 다른 사람의 주장이 자신의 믿음이 틀렸음을 입증해주지 못하기 때문이다. 만약 여러분이 실제로 외계인에게 납치되어 조사를 받는다면, 이 결론은 바뀔 가능성이 높다. 하지만 망상에 빠진 상태에서는 자신의 결론에 반하는 일은 훨씬 더 억압해버린다.

이와 관련된 신경 시스템이 무엇인가에 대해 현재 여러 이론에서는 뇌 영역의 또 다른 광범위한 네트워크(두정엽 영역, 전전두엽피질, 측두이랑, 선조체, 편도체, 소뇌 영역 등)에 기반하는 놀라울 정도로 복잡한 구조를 가리킨다.[33] 또한 망상에 쉽게 빠지는 사람들은 흥분성(더 많은 활동을 야기하는) 신경전달물질인 글루타메이트가 지나치게 높다는 증거도 있다. 이는 아마도 망상 환자들이 무해한 자극을 지나치게 확대 해석하는 이유일 것이다.[34] 활동이 너무 많이 발생하면 뉴런의 에너지가 고갈되며, 그 결과 뉴런의 적응력은 줄어든다. 따라서 뇌는 타격을 받은 영역을 바꿔 적응시킬 만한 힘이 없으며, 망상은 더 오래 지속된다.

경고! 이번 섹션에서는 뇌 프로세스의 손상과 문제로 인한 환각과 망상에 대해 다루고 있다. 이는 환각과 망상이 이상 현상이나 질병에 의해서만 발생한다는 의미처럼 보이지만, 사실 그렇지는 않다. 만약 누가 지구가 탄생한 지는 겨우 6,000년밖에 되지 않으며 공룡은 실제로 존재한 적이 없었다고 생각한다면, 여러분은 그 사람이 '망상에 빠져 있다'고 있다고 생각할 것이다. 하지만 수백만 명의 사람들이 실제로 이런 생각을 갖고 있다. 마찬가지로 어떤 사람들은 죽은 친척이 자신에게 말을 건다고 믿는다. 이들은 어디 아픈 것일까? 아님 너무 비통해서 그럴까? 일종의 대응 메커니즘일까? 아님 영적인 것일까? 환각이나 망상에는 '정신 건강 문제' 이외의 여러 다양한 이유가 있을 수 있다.

우리 뇌는 경험에 근거해서 어떤 것이 실제 존재하는 것인지 아닌지를 결정한다. 만약 객관적으로 불가능한 일들이 정상으로 여겨지는 환경에서 자랐다면, 우리의 뇌는 이들이 정상이라고 결론지을 것이며 모든 것을 그에 따라 판단할 것이다. 그리고 더 극단적인 신념 속에서 자라지 않은 사람들이라도, 이런 증상에 빠질 수 있다. 예를 들어 7장에서 언급한 '공정한 세상'을 믿는 사람들은 매우 많으며, 이런 신념으로 인해 이들은 어려움에 처한 사람들은 바르지 않다는 결론, 믿음 및 추측을 내린다.

이런 이유 때문에 비현실적인 믿음은 개인이 원래 가지고 있던 신념이나 관점과 일치하지 않을 때에만 망상으로 치부된다. 아메리칸 바이블 벨트(미국 연방 남동부 및 중남부 지역을 가리키는 용어로, 사회 정치적으로 보수적이며 복음주의 성향이 강한 프로테스탄트들을 말함)의 한 신실한 전도사가 자신은 하느님의 목소리를 들을 수 있다고 이야기하면 이는 환청이나 망상으로 여겨지지 않는다. 그런데 영국 선더랜드의 불가지론을 믿는 한 수습직 회계사가 자신이 하느님의 목소리를 들을 수 있다고 한다면? 아마 사람들은 그가 망상에 빠져 있다고 생각할 것이다.

뇌는 우리에게 현실에 대한 놀라운 인지력을 안겨준다. 하지만 이 책에서 계속 살펴보았듯이, 이런 인지력은 추정 및 추론에서 비롯되며, 어떤 경우에는 뇌에서 대놓고 추측하기도 한다. 뇌 기능에 영향을 미칠 수 있는 가능한 모든 요인들을 고려해보면, 뇌의 프로세스가 어떻게 오류를 일으키게 되는지 쉽게 알 수 있다. 특히 '정상적'이라는 것은 근본적인 사실이 아니라 좀 더 보편적인 여론에 가깝다는 사실을 보면 더욱 그렇다. 이런 상태에서 인간이 어떤 일이라도 잘 해내는 걸 보면 실로 참 대단한 일이 아닐 수 없다.

그런데 이는 인간이 실제로 무엇을 하고 있음을 전제로 한다. 사실은 실제로 하는 게 아니라 자기 자신을 안심시키려고 말만 하는 것일 수도 있다. 어쩌면 아무것도 실제로 일어나는 일은 없는 게 아닐까? 어쩌면 이 책의 모든 내용이 환상에 불과한건 아닐까? 어찌됐던 그런 일은 없길 바란다. 그렇지 않으면 내가 엄청난 시간과 노력을 낭비한 꼴이 되기 때문이다.

감사의 말

또다시 터무니없는 일을 벌린 나에게 따가운 눈길 대신 지원을 아끼지 않은 내 아내 배니타에게 감사를 전한다.

나의 아이들, 밀렌과 캐비타는 나에게 책을 쓰고 싶은 이유가 되어주었다. 너무 어려서 내가 성공을 하든 말든 신경 쓰지 않는 나의 아이들에게 감사하다.

부모님이 아니었다면, 나는 아마 책을 쓰지도 못했을 것이다. 아니, 그 무엇이든 할 수 있었겠는가. 존재 자체가 형성되지도 않았을 텐데…… 깊게 생각해보면 말이다.

내 친구 사이먼은 내가 너무 스스로에게 도취되면 이 책은 결국 쓰레기가 될 거라며 쉼 없이 내게 그 사실을 상기시켜줬다.

이 책을 위해 열심히 도와준 저작권 에이전시 그린앤드히튼Greene and Heaton의 크리스에게도 감사를 전한다. 특히 크리스는 먼저 내게 연락해서 “책을 써보지 않겠어요?” 하고 물어봐주었다. 책이라니, 사실 그때까지 나는 한 번도 그런 생각을 해보지 못했다.

많은 노력과 인내를 보여준 에디터 로라에게도 감사를

전한다. 로라는 내가 이 주제에 대해 확신을 갖기 전까지 "당신은 신경과학자잖아요. 그러니 뇌에 관한 책을 써야죠"라며 몇 번씩이나 믿음을 줬다.

가디언 파버Guardian Faber의 존, 리사, 그 밖에 모든 동료들에게도 감사를 전한다. 나의 엉성한 노력을 사람들이 읽고 싶어 할 만한 책으로 만들어주어서 고맙다.

《가디언》의 제임스, 태시, 셀린느, 크리스 및 다른 모든 제임스들에게도 나에게 글을 기고할 수 있는 기회를 준 것에 대해 감사를 전한다. 물론 나는 분명 실수로 일어난 일이라고 생각하지만…….

그리고 책을 쓰는 동안 지원과 도움, 그리고 적절한 방해까지 해주었던 다른 모든 친구 및 가족들에게도 감사를 전한다.

마지막으로 이 책을 읽는 여러분들께 깊은 감사를 드린다. 내가 책을 쓸 수 있었던 것은 바로 여러분 덕분이다.

주

1 우리 몸의 최고 관리자이신 뇌느님을 경배하라

1 V. Dietz, 'Spinal cord pattern generators for locomotion', *Clinical Neurophysiology,* 2003, 114(8), pp. 1379–89.

2 S. M. Ebenholtz, M. M. Cohen and B. J. Linder, 'The possible role of nystagmus in motion sickness: A hypothesis', *Aviation, Space, and Environmental Medicine,* 1994, 65(11), pp. 1032–5.

3 M. Mosley, 'The second brain in our stomachs', http://www.bbc.co.uk/news/health-18779997 (accessed September 2015).

4 A. D. Milner and M. A. Goodale, *The Visual Brain in Action,* Oxford University Press, (Oxford Psychology Series no. 27), 1995.

5 R. M. Weiler, 'Olfaction and taste', *Journal of Health Education,* 1999, 30(1), pp. 52–3.

6 T. C. Adam and E. S. Epel, 'Stress, eating and the reward system', *Physiology & Behavior,* 2007, 91(4), pp. 449–58.

7 S. Iwanir et al., 'The microarchitecture of C. elegans behavior during lethargus: Homeostatic bout dynamics, a typical body posture, and regulation by a central neuron', *Sleep,* 2013, 36(3), p. 385.

8 A. Rechtschaffen et al., 'Physiological correlates of prolonged sleep deprivation in rats', *Science,* 1983, 221(4606), pp. 182–4.

9 G. Tononi and C. Cirelli, 'Perchance to prune', *Scientific American,* 2013, 309(2), pp. 34–9.

10 N. Gujar et al., 'Sleep deprivation amplifies reactivity of brain reward networks, biasing the appraisal of positive emotional experiences', *Journal of Neuroscience,* 2011, 31(12), pp. 4466–74.

11 J. M. Siegel, 'Sleep viewed as a state of adaptive inactivity', *Nature Reviews Neuroscience,* 2009, 10(10), pp. 747–53.

12 C. M. Worthman and M. K. Melby, 'Toward a comparative developmental ecology of human sleep', in M. A. Carskadon (ed.), *Adolescent Sleep Patterns,* Cambridge University Press, 2002, pp. 69–117.

13 S. Daan, B. M. Barnes and A. M. Strijkstra, 'Warming up for sleep? – Ground squirrels sleep during arousals from hibernation', *Neuroscience Letters,* 1991, 128(2), pp.

265–8.

14 J. Lipton and S. Kothare, 'Sleep and Its Disorders in Childhood', in A. E. Elzouki (ed.), *Textbook of Clinical Pediatrics,* Springer, 2012, pp. 3363–77.

15 P. L. Brooks and J. H. Peever, 'Identification of the transmitter and receptor mechanisms responsible for REM sleep paralysis', *Journal of Neuroscience,* 2012, 32(29), pp. 9785–95.

16 H. S. Driver and C. M. Shapiro, 'ABC of sleep disorders. Parasomnias', *British Medical Journal,* 1993, 306(6882), pp. 921–4.

17 '5 Other Disastrous Accidents Related To Sleep Deprivation', http://www.huffingtonpost.com/2013/12/03/sleep-deprivation-accidents-disasters_n_4380349.html (accessed September 2015).

18 M. Steriade, *Thalamus,* Wiley Online Library, [1997], 2003.

19 M. Davis, 'The role of the amygdala in fear and anxiety' *Annual Review of Neuroscience,* 1992, 15(1), pp. 353–5.

20 A. S. Jansen et al., 'Central command neurons of the sympathetic nervous system: Basis of the fight-or-flight response', *Science,* 1995, 270(5236), pp. 644–6.

21 J. P. Henry, 'Neuroendocrine patterns of emotional response', in R. Plutchik and H. Kellerman (eds), *Emotion: Theory, Research and Experience, vol. 3: Biological Foundations of Emotion,* Academic Press, 1986, pp. 37–60.

22 F. E. R. Simons, X. Gu and K. J. Simons, 'Epinephrine absorption in adults: Intramuscular versus subcutaneous injection', *Journal of Allergy and Clinical Immunology,* 2001, 108(5), pp. 871–3.

2 기억이라는 것은 얼마나 감사한 선물인가 (단, 영수증은 반드시 보관할 것)

1 N. Cowan, 'The magical mystery four: How is working memory capacity limited, and why?' *Current Directions in Psychological Science*, 2010, 19(1): pp. 51–7.

2 J. S. Nicolis and I. Tsuda, 'Chaotic dynamics of information processing: The "magic number seven plus-minus two" revisited', *Bulletin of Mathematical Biology,* 1985, 47(3), pp. 343–65.

3 P. Burtis, P., 'Capacity increase and chunking in the development of short-term memory', *Journal of Experimental Child Psychology,* 1982, 34(3), pp. 387–413.

4 C. E. Curtis and M. D'Esposito, 'Persistent activity in the prefrontal cortex during working memory', *Trends in Cognitive Sciences,* 2003, 7(9), pp. 415–23.

5 E. R. Kandel and C. Pittenger, 'The past, the future and the biology of memory storage', *Philosophical Transactions of the Royal Society of London B: Biological Sciences,* 1999, 354(1392), pp. 2027–52.

6 D. R. Godden and A.D. Baddeley, 'Context ependent memory in two natural environments: On land and underwater', *British Journal of Psychology,* 1975, 66(3), pp.

325–31.
7 R. Blair, 'Facial expressions, their communicatory functions and neuro-cognitive substrates', *Philosophical Transactions of the Royal Society B: Biological Sciences,* 2003, 358(1431), pp. 561–72.
8 R. N. Henson, 'Short-term memory for serial order: The start-end model', *Cognitive Psychology,* 1998, 36(2), pp. 73–137.
9 W. Klimesch, *The Structure of Long-term Memory: A Connectivity Model of Semantic Processing,* Psychology Press, 2013.
10 K. Okada, K. L. Vilberg and M. D. Rugg, 'Comparison of the neural correlates of retrieval success in tests of cued recall and recognition memory', *Human Brain Mapping,* 2012, 33(3), pp. 523–33.
11 H. Eichenbaum, *The Cognitive Neuroscience of Memory: An Introduction,* Oxford University Press, 2011.
12 E. E. Bouchery et al., 'Economic costs of excessive alcohol consumption in the US, 2006', *American Journal of Preventive Medicine,* 2011, 41(5), pp. 516–24.
13 L. E. McGuigan, *Cognitive Effects of Alcohol Abuse: Awareness by Students and Practicing Speech-language Pathologists,* Wichita State University, 2013.
14 K. Poikolainen, K. Leppanen and E. Vuori, 'Alcohol sales and fatal alcohol poisonings: A time series analysis', *Addiction,* 2002, 97(8), pp. 1037–40.
15 B. M. Jones and M. K. Jones, 'Alcohol and memory impairment in male and female social drinkers', in I. M. Bimbaum and E. S. Parker(eds) *Alcohol and Human Memory (PLE: Memory),* 2014, 2, pp.127–40.
16 D. W. Goodwin, 'The alcoholic blackout and how to prevent it', in I. M. Bimbaum and E. S. Parker (eds) *Alcohol and Human Memory,* 2014, 2, pp. 177–83.
17 H. Weingartner and D. L. Murphy, 'State-dependent storage and retrieval of experience while intoxicated', in I. M. Bimbaum and E. S. Parker (eds) *Alcohol and Human Memory (PLE: Memory),* 2014, 2, pp. 159–75.
18 J. Longrigg, *Greek Rational Medicine: Philosophy and Medicine from Alcmaeon to the Alexandrians,* Routledge, 2013.
19 A. G. Greenwald, 'The totalitarian ego: Fabrication and revision of personal history', *American Psychologist,* 1980, 35(7), p. 603.
20 U. Neisser, 'John Dean's memory: A case study', Cognition, 1981, 9(1), pp. 1–22.
21 M. Mather and M. K. Johnson, 'Choice-supportive source monitoring: Do our decisions seem better to us as we age?', *Psychology and Aging,* 2000, 15(4), p. 596.
22 *Learning and Motivation,* 2004, 45, pp. 175–214.
23 C. A. Meissner and J. C. Brigham, 'Thirty years of investigating the own-race bias in memory for faces: A meta-analytic review', *Psychology, Public Policy, and Law,* 2001, 7(1), p. 3.
24 U. Hoffrage, R. Hertwig and G. Gigerenzer, 'Hindsight bias: A by-product of knowledge

updating?', *Journal of Experimental Psychology: Learning, Memory, and Cognition,* 2000, 26(3), p. 566.
25 W. R. Walker and J. J. Skowronski, 'The fading affect bias: But what the hell is it for?', *Applied Cognitive Psychology,* 2009, 23(8), pp. 1122–36.
26 J. Dejec, D. E. Bush and J. E. LeDoux, 'Noradrenergic enhancement of reconsolidation in the amygdala impairs extinction of conditioned fear in rats –a possible mechanism for the persistence of traumatic memories in PTSD', *Depression and Anxiety,* 2011, 28(3), pp. 186–93.
27 N. J. Roese and J. M. Olson, *What Might Have Been: The Social Psychology of Counterfactual Thinking,* Psychology Press, 2014.
28 A. E. Wilson and M. Ross, 'From chump to champ: people's appraisals of their earlier and present selves', *Journal of Personality and Social Psychology,* 2001, 80(4), pp. 572–84.
29 S. M. Kassin et al., 'On the "general acceptance" of eyewitness testimony research: A new survey of the experts', *American Psychologist,* 2001, 56(5), pp. 405–16.
30 http://socialecology.uci.edu/faculty/eloftus/ (accessed September 2015).
31 E. F. Loftus, 'The price of bad memories', Committee for the Scientific Investigation of Claims of the Paranormal, 1998.
32 C. A. Morgan et al., 'Misinformation can influence memory for recently experienced, highly stressful events', *International Journal of Law and Psychiatry,* 2013, 36(1), pp. 11–17.
33 B. P. Lucke-Wold et al., 'Linking traumatic brain injury to chronic traumatic encephalopathy: Identification of potential mechanisms leading to neurofibrillary tangle development', *Journal of Neurotrauma,* 2014, 31(13), pp. 1129–38.
34 S. Blum et al., 'Memory after silent stroke: Hippocampus and infarcts both matter', *Neurology,* 2012, 78(1), pp. 38–46.
35 R. Hoare, 'The role of diencephalic pathology in human memory disorder', *Brain,* 1990, 113, pp. 1695–706.
36 L. R. Squire, 'The legacy of patient HM for neuroscience', *Neuron,* 2009, 61(1), pp. 6–9.
37 M. C. Duff et al., 'Hippocampal amnesia disrupts creative thinking', *Hippocampus,* 2013, 23(12), pp. 1143–9.
38 P. S. Hogenkamp et al., 'Expected satiation after repeated consumption of low- or high-energy-dense soup', *British Journal of Nutrition,* 2012, 108(01), pp. 182–90.
39 K. S. Graham and J. R. Hodges, 'Differentiating the roles of the hippocampus complex and the neocortex in long-term memory storage: Evidence from the study of semantic dementia and Alzheimer's disease', *Neuropsychology,* 1997, 11(1), pp. 77–89.
40 E. Day et al., 'Thiamine for Wernicke-Korsakoff Syndrome in people at risk from alcohol abuse', *Cochrane Database of Systemic Reviews,* 2004, vol. 1.
41 L. Mastin, 'Korsakoff's Syndrome. The Human Memory –Disorders 2010', http://www.

human-memory.net/disorders_korsakoffs.html(accessed September 2015).
42 P. Kennedy and A. Chaudhuri, 'Herpes simplex encephalitis', *Journal of Neurology, Neurosurgery & Psychiatry,* 2002, 73(3), pp. 237–8.

3 너무 고요하고 너무 평온한 게 왠지 수상해

1 H. Green et al., *Mental Health of Children and Young People in Great Britain,* 2004, Palgrave Macmillan, 2005.
2 'In the Face of Fear: How fear and anxiety affect our health and society, and what we can do about it, 2009', http://www.mentalhealth.org. uk/publications/in-the-face-of-fear/ (accessed September 2015).
3 D. Aaronovitch and J. Langton, *Voodoo Histories: The Role of the Conspiracy Theory in Shaping Modern History,* Wiley Online Library, 2010.
4 S. Fyfe et al., 'Apophenia, theory of mind and schizotypy: Perceiving meaning and intentionality in randomness', *Cortex,* 2008, 44(10), pp.1316–25.
5 H. L. Leonard, 'Superstitions: Developmental and Cultural Perspective', in R. L. Rapoport (ed.), *Obsessive-compulsive Disorder in Children and Adolescents,* American Psychiatric Press, 1989, pp.289–309.
6 H. M. Lefcourt, *Locus of Control: Current Trends in Theory and Research (2nd edn),* Psychology Press, 2014.
7 J. C. Pruessner et al., 'Self-esteem, locus of control, hippocampal volume, and cortisol regulation in young and old adulthood', *Neuroimage,* 2005, 28(4), pp. 815–26.
8 J. T. O'Brien et al., 'A longitudinal study of hippocampal volume, cortisol levels, and cognition in older depressed subjects', *American Journal of Psychiatry,* 2004, 161(11), pp. 2081–90.
9 M. Lindeman et al., 'Is it just a brick wall or a sign from the universe? An fMRI study of supernatural believers and skeptics', *Social Cognitive and Affective Neuroscience,* 2012, pp.943–9.
10 A. Hampshire et al., 'The role of the right inferior frontal gyrus: inhibition and attentional control', *Neuroimage,* 2010, 50(3), pp.1313–19.
11 J. Davidson, 'Contesting stigma and contested emotions: Personal experience and public perception of specific phobias', *Social Science & Medicine,* 2005, 61(10), pp. 2155–64.
12 V. F. Castellucci and E. R. Kandel, 'A quantal analysis of the synaptic depression underlying habituation of the gill-withdrawal reflex in Aplysia', *Proceedings of the National Academy of Sciences,* 1974, 71(12), pp. 5004–8.
13 S. Mineka and M. Cook, 'Social learning and the acquisition of snake fear in monkeys', *Social Learning: Psychological and Biological Perspectives,* 1988, pp. 51–73.
14 K. M. Mallan, O. V. Lipp and B. Cochrane, 'Slithering snakes, angry men and out-

group members: What and whom are we evolved to fear?', *Cognition & Emotion,* 2013, 27(7), pp. 1168–80.

15 M. E. Bouton and R. C. Bolles, 'Contextual control of the extinction of conditioned fear', *Learning and Motivation,* 1979, 10(4), pp.445–66.

16 W. J. Magee et al., 'Agoraphobia, simple phobia, and social phobia in the National Comorbidity Survey', *Archives of General Psychiatry,* 1996, 53(2), pp. 159–68.

17 L. H. A. Scheller, 'This Is What A Panic Attack Physically Feels Like', http://www.huffingtonpost.com/2014/10/21/panic-attack-feeling_n_5977998.html (accessed September 2015).

18 J. Knowles et al., 'Results of a genomeĐide genetic screen for panic disorder', *American Journal of Medical Genetics,* 1998, 81(2), pp. 139–47.

19 E. Witvrouw et al., 'Catastrophic thinking about pain as a predictor of length of hospital stay after total knee arthroplasty: a prospective study', Knee Surgery, Sports Traumatology, Arthroscopy, 2009, 17(10), pp. 1189–94.

20 R. Lieb et al., 'Parental psychopathology, parenting styles, and the risk of social phobia in offspring: a prospective-longitudinal community study', *Archives of General Psychiatry,* 2000, 57(9), pp.859–66.

21 J. Richer, 'Avoidance behavior, attachment and motivational conflict', *Early Child Development and Care,* 1993, 96(1), pp. 7–18.

22 http://www.nhs.uk/conditions/social-anxiety/Pages/Social-anxiety. aspx (accessed September 2015).

23 G. F. Koob, 'Drugs of abuse: anatomy, pharmacology and function of reward pathways', *Trends in Pharmacological Sciences,* 1992, 13, pp. 177–84.

24 L. Reyes-Castro et al., 'Pre-and/or postnatal protein restriction in rats impairs learning and motivation in male offspring', *International Journal of Developmental Neuroscience,* 2011, 29(2), pp.177–82.

25 W. Sluckin, D. Hargreaves and A. Colman, 'Novelty and human aesthetic preferences', *Exploration in Animals and Humans,* 1983, pp. 245–69.

26 B. C. Wittmann et al., 'Mesolimbic interaction of emotional valence and reward improves memory formation', *Neuropsychologia,* 2008, 46(4), pp. 1000–1008.

27 A. Tinwell, M. Grimshaw and A. Williams, 'Uncanny behaviour in survival horror games', *Journal of Gaming & Virtual Worlds,* 2010, 2(1), pp. 3–25.

28 R. S. Neary and M. Zuckerman, 'Sensation seeking, trait and state anxiety, and the electrodermal orienting response', *Psychophysiology,* 1976, 13(3), pp. 205–11.

29 L. M. Bouter et al., 'Sensation seeking and injury risk in downhill skiing', *Personality and Individual Differences,* 1988, 9(3), pp. 667–73.

30 M. Zuckerman, 'Genetics of sensation seeking', in J. Benjamin, R. Ebstein and R. H. Belmake (eds), *Molecular Genetics and the Human Personality*, Washington, DC, American Psychiatric Association, pp. 193–210.

31 S. B. Martin et al., 'Human experience seeking correlates with hippocampus volume: Convergent evidence from manual tracing and voxel-based morphometry', *Neuropsychologia,* 2007, 45(12), pp. 2874–81.
32 R. F. Baumeister et al., 'Bad is stronger than good', *Review of General Psychology,* 2001, 5(4), p. 323.
33 S. S. Dickerson, T. L. Gruenewald and M. E. Kemeny, 'When the social self is threatened: Shame, physiology, and health', *Journal of Personality,* 2004, 72(6), pp. 1191–216.
34 E. D. Weitzman et al., 'Twenty-four hour pattern of the episodic secretion of cortisol in normal subjects', *Journal of Clinical Endocrinology & Metabolism,* 1971, 33(1), pp. 14–22.
35 R. S. Nickerson, 'Confirmation bias: A ubiquitous phenomenon in many guises', *Review of General Psychology,* 1998, 2(2), p. 175.

4 사람들은 다들 자신이 '너보단' 똑똑하다고 생각한다

1 R. E. Nisbett et al., 'Intelligence: new findings and theoretical developments', *American Psychologist,* 2012, 67(2), pp. 130–59.
2 H.-M. Suß et al., 'Working-memory capacity explains reasoning ability–and a little bit more', *Intelligence,* 2002, 30(3), pp. 261–88.
3 L. L. Thurstone, *Primary Mental Abilities,* University of Chicago Press, 1938.
4 H. Gardner, *Frames of Mind: The Theory of Multiple Intelligences,* Basic Books, 2011.
5 A. Pant, 'The Astonishingly Funny Story of Mr McArthur Wheeler', 2014, http://awesci.com/the-astonishingly-funny-story-of-mr-mcarthur-wheeler/(accessed September 2015).
6 T. DeAngelis, 'Why we overestimate our competence', *American Psychological Association,* 2003, 34(2).
7 H. J. Rosen et al., 'Neuroanatomical correlates of cognitive self-appraisal in neurodegenerative disease', *Neuroimage,* 2010, 49(4), pp.3358–64.
8 G. E. Larson et al., 'Evaluation of a "mental effort" hypothesis for correlations between cortical metabolism and intelligence', *Intelligence,* 1995, 21(3), pp. 267–78.
9 G. Schlaug et al., 'Increased corpus callosum size in musicians', *Neuropsychologia,* 1995, 33(8), pp. 1047–55.
10 E. A. Maguire et al., 'Navigation-related structural change in the hippocampi of taxi drivers', *Proceedings of the National Academy of Sciences,* 2000, 97(8), pp. 4398–403.
11 D. Bennabi et al., 'Transcranial direct current stimulation for memory enhancement: From clinical research to animal models', *Frontiers in Systems Neuroscience,* 2014, issue 8.
12 Y. Taki et al., 'Correlation among body height, intelligence, and brain gray matter vol-

ume in healthy children', *Neuroimage,* 2012, 59(2), pp. 1023–7.
13 T. Bouchard, 'IQ similarity in twins reared apart: Findings and responses to critics', *Intelligence, Heredity, and Environment,* 1997, pp. 126–60.
14 H. Jerison, *Evolution of the Brain and Intelligence,* Elsevier, 2012.
15 L. M. Kaino, 'Traditional knowledge in curricula designs: Embracing indigenous mathematics in classroom instruction', *Studies of Tribes and Tribals,* 2013, 11(1), pp. 83–8.
16 R. Rosenthal and L. Jacobson, 'Pygmalion in the classroom', *Urban Review,* 1968, 3(1), pp. 16–20.

5 1.4킬로그램의 슈퍼슈퍼슈퍼컴퓨터

1 R. C. Gerkin and J. B. Castro, 'The number of olfactory stimuli that humans can discriminate is still unknown', edited by A. Borst, *eLife,* 2015, 4 e08127; http://www.ncbi.nlm.nih.gov/pmc/articles/PMC4491703/ (accessed September 2015).
2 L. Buck and R. Axel, 'Odorant receptors and the organization of the olfactory system', *Cell,* 1991, 65, pp. 175–87.
3 R. T. Hodgson, 'An analysis of the concordance among 13 US wine competitions', *Journal of Wine Economics,* 2009, 4(01), pp. 1–9.
4 R. M. Weiler, 'Olfaction and taste', *Journal of Health Education,* 1999, 30(1), pp. 52–3.
5 M. Auvray and C. Spence, 'The multisensory perception of flavor', *Consciousness and Cognition,* 2008, 17(3), pp. 1016–31.
6 http://www.planet-science.com/categories/experiments/biology/2011/05/how-sensitive-are-you.aspx (accessed September 2015).
7 http://www.nationalbraille.org/NBAResources/FAQs/ (accessed September 2015).
8 H. Frenzel et al., 'A genetic basis for mechanosensory traits in humans', *PLOS Biology,* 2012, 10(5).
9 D. H. Hubel and T. N. Wiesel, 'Brain Mechanisms of Vision', *Scientific American,* 1979, 241(3), pp. 150–62.
10 E. C. Cherry, 'Some experiments on the recognition of speech, with one and with two ears', *Journal of the Acoustical Society of America,* 1953, 25(5), pp. 975–9.
11 D. Kahneman, *Attention and Effort,* Citeseer, 1973.
12 B. C. Hamilton, L. S. Arnold and B. C. Tefft, 'Distracted driving and perceptions of hands-free technologies: Findings from the 2013 Traffic Safety Culture Index', 2013.
13 N. Mesgarani et al., 'Phonetic feature encoding in human superior temporal gyrus', *Science,* 2014, 343(6174), pp. 1006–10.
14 K. M. Mallan, O. V. Lipp and B. Cochrane, 'Slithering snakes, angry men and out-group members: What and whom are we evolved to fear?', *Cognition & Emotion,* 2013, 27(7), pp. 1168–80

15 D. J. Simons and D. T. Levin, 'Failure to detect changes to people during a real-world interaction', *Psychonomic Bulletin & Review,* 1998, 5(4), pp. 644–9.

16 R. S. F. McCann, D. C. Foyle and J. C. Johnston, 'Attentional Limitations with Heads-Up Displays', *Proceedings of the Seventh International Symposium on Aviation Psychology,* 1993, pp. 70–5.

6 성격이 이상하다고 욕하지 마세요, 뇌 때문입니다

1 H. Eysenck and A. Levey, 'Conditioning, introversion-extraversion and the strength of the nervous system', in V. D. Nebylitsyn and J. A. Gray (eds), *Biological Bases of Individual Behavior,* Academic Press, 1972, pp. 206–20.

2 Y. Taki et al., 'A longitudinal study of the relationship between personality traits and the annual rate of volume changes in regional gray matter in healthy adults', *Human Brain Mapping,* 2013, 34(12), pp. 3347–53.

3 K. L. Jang, W. J. Livesley and P. A. Vemon, 'Heritability of the big five personality dimensions and their facets: A twin study', *Journal of Personality,* 1996, 64(3), pp. 577–92.

4 M. Friedman and R. H. Rosenman, *Type A Behavior and Your Heart,* Knopf, 1974.

5 J. B. Murray, 'Review of research on the Myers-Briggs type indicator', *Perceptual and Motor Skills,* 1990, 70(3c), pp. 1187–1202.

6 A. N. Sell, 'The recalibrational theory and violent anger', *Aggression and Violent Behavior,* 2011, 16(5), pp. 381–9.

7 C. S. Carver and E. Harmon-Jones, 'Anger is an approach-related affect: evidence and implications', *Psychological Bulletin,* 2009, 135(2), pp. 183–204.

8 M. Kazen et al., 'Inverse relation between cortisol and anger and their relation to performance and explicit memory', *Biological Psychology,* 2012, 91(1), pp. 28–35.

9 H. J. Rutherford and A. K. Lindell, 'Thriving and surviving: Approach and avoidance motivation and lateralization', *Emotion Review,* 2011, 3(3), pp. 333–43.

10 D. Antos et al., 'The influence of emotion expression on perceptions references of trustworthiness in negotiation', *Proceedings of the Twenty-fifth AAAI Conference on Artificial Intelligence,* 2011.

11 S. Freud, *Beyond the Pleasure Principle,* Penguin, 2003.

12 S. McLeod, 'Maslow's hierarchy of needs', *Simply Psychology,* 2007(updated 2014), http://www.simplypsychology.org/maslow.html(accessed September 2015).

13 R. M. Ryan and E. L. Deci, 'Self-determination theory and the facilitation of intrinsic motivation, social development, and well-being', *American Psychologist,* 2000, 55(1), p. 68.

14 M. R. Lepper, D. Greene and R. E. Nisbett, 'Undermining children's intrinsic interest with extrinsic reward: A test of the "overjustification" hypothesis', *Journal of Person-*

ality and Social Psychology, 1973, 28(1), p. 129.

15 E. T. Higgins, 'Self-discrepancy: A theory relating self and affect', *Psychological Review,* 1987, 94(3), p. 319.

16 J. Reeve, S. G. Cole and B. C. Olson, 'The Zeigarnik effect and intrinsic motivation: Are they the same?', *Motivation and Emotion,* 1986, 10(3), pp. 233–45.

17 S. Shuster, 'Sex, aggression, and humour: Responses to unicycling', *British Medical Journal,* 2007, 335(7633), pp. 1320–22.

18 N. D. Bell, 'Responses to failed humor', *Journal of Pragmatics,* 2009, 41(9), pp. 1825–36.

19 A. Shurcliff, 'Judged humor, arousal, and the relief theory', *Journal of Personality and Social Psychology,* 1968, 8(4p1), p. 360.

20 D. Hayworth, 'The social origin and function of laughter', *Psychological Review,* 1928, 35(5), p. 367.

21 R. R. Provine and K. Emmorey, 'Laughter among deaf signers', *Journal of Deaf Studies and Deaf Education,* 2006, 11(4), pp. 403–9.

22 R. R. Provine, 'Contagious laughter: Laughter is a sufficient stimulus for laughs and smiles', *Bulletin of the Psychonomic Society,* 1992, 30(1), pp. 1–4.

23 C. McGettigan et al., 'Individual differences in laughter perception reveal roles for mentalizing and sensorimotor systems in the evaluation of emotional authenticity', *Cerebral Cortex,* 2015, 25(1) pp. 246–57.

7 뇌에게도 감정이 있다

1 A. Conley, 'Torture in US jails and prisons: An analysis of solitary confinement under international law', *Vienna Journal on International Constitutional Law,* 2013, 7, p. 415.

2 B. N. Pasley et al., 'Reconstructing speech from human auditory cortex', *PLoS-Biology,* 2012, 10(1), p. 175.

3 J. A. Lucy, *Language Diversity and Thought: A Reformulation of the Linguistic Relativity Hypothesis,* Cambridge University Press, 1992.

4 I. R. Davies, 'A study of colour grouping in three languages: A test of the linguistic relativity hypothesis', *British Journal of Psychology,* 1998, 89(3), pp. 433–52.

5 P. J. Whalen et al., 'Neuroscience and facial expressions of emotion: The role of amygdala-refrontal interactions', *Emotion Review,* 2013, 5(1), pp. 78–83.

6 N. Gueguen, 'Foot-in-the-door technique and computer-mediated communication', *Computers in Human Behavior,* 2002, 18(1), pp. 11–15.

7 A. C.-y. Chan and T. K.-f. Au, 'Getting children to do more academic work: foot-in-the-door versus door-in-the-face', *Teaching and Teacher Education,* 2011, 27(6), pp. 982–5.

8 C. Ebster and B. Neumayr, 'Applying the door-in-the-face compliance technique to

retailing ', *International Review of Retail, Distribution and Consumer Research,* 2008, 18(1), pp. 121–8.

9 J. M. Burger and T. Cornelius, 'Raising the price of agreement: Public commitment and the lowball compliance procedure', *Journal of Applied Social Psychology,* 2003, 33(5), pp. 923–34.

10 R. B. Cialdini et al., 'Low-ball procedure for producing compliance: commitment then cost', *Journal of Personality and Social Psychology,* 1978, 36(5), p. 463.

11 T. F. Farrow et al., 'Neural correlates of self-deception and impression-management', *Neuropsychologia,* 2015, 67, pp. 159–74.

12 S. Bowles and H. Gintis, *A Cooperative Species: Human Reciprocity and Its Evolution,* Princeton University Press, 2011.

13 C. J. Charvet and B. L. Finlay, 'Embracing covariation in brain evolution: large brains, extended development, and flexible primate social systems', *Progress in Brain Research,* 2012, 195, p. 71.

14 F. Marlowe, 'Paternal investment and the human mating system', *Behavioural Processes,* 2000, 51(1), pp. 45–61.

15 L. Betzig, 'Medieval monogamy', *Journal of Family History,* 1995, 20(2), pp. 181–216.

16 J. E. Coxworth et al., 'Grandmothering life histories and human pair bonding', *Proceedings of the National Academy of Sciences,* 2015. 112(38), pp. 11806–11.

17 D. Lieberman, D. M. Fessler and A. Smith, 'The relationship between familial resemblance and sexual attraction: An update on Westermarck, Freud, and the incest taboo', *Personality and Social Psychology Bulletin,* 2011, 37(9), pp. 1229–32.

18 A. Campbell, 'Oxytocin and human social behavior', *Personality and Social Psychology Review,* 2010.

19 W. S. Hays, 'Human pheromones: have they been demonstrated?', *Behavioral Ecology and Sociobiology,* 2003, 54(2), pp. 89–97.

20 A. Aron et al., 'Reward, motivation, and emotion systems associated with early-stage intense romantic love', *Journal of Neurophysiology,* 2005, 94(1), pp. 327–37.

21 L. Campbell et al., 'Perceptions of conflict and support in romantic relationships: The role of attachment anxiety', *Journal of Personality and Social Psychology,* 2005, 88(3), p. 510.

22 E. Kross et al., 'Social rejection shares somatosensory representations with physical pain', *Proceedings of the National Academy of Sciences,* 2011, 108(15), pp. 6270–75.

23 H. E. Fisher et al., 'Reward, addiction, and emotion regulation systems associated with rejection in love', *Journal of Neurophysiology,* 2010, 104(1), pp. 51–60.

24 J. M. Smyth, 'Written emotional expression: Effect sizes, outcome types, and moderating variables', *Journal of Consulting and Clinical Psychology,* 1998, 66(1), p. 174.

25 H. Thomson, 'How to fix a broken heart', *New Scientist,* 2014, 221(2956), pp. 26–7.

26 R. I. Dunbar, 'The social brain hypothesis and its implications for social evolution',

Annals of Human Biology, 2009, 36(5), pp. 562–72.

27 T. David-Barrett and R. Dunbar, 'Processing power limits social group size: computational evidence for the cognitive costs of sociality', *Proceedings of the Royal Society of London B: Biological Sciences,* 2013, 280(1765), 10.1098/rspb.2013.1151.

28 S. E. Asch, 'Studies of independence and conformity: I. A minority of one against a unanimous majority', *Psychological Monographs: General and Applied,* 1956, 70(9), pp. 1–70.

29 L. Turella et al., 'Mirror neurons in humans: consisting or confounding evidence?', *Brain and Language,* 2009, 108(1), pp. 10–21.

30 B. Latane and J. M. Darley, 'Bystander "apathy"', *American Scientist,* 1969, pp. 244–68.

31 I. L. Janis, *Groupthink: Psychological Studies of Policy Decisions and Fiascoes,* Houghton Mifflin, 1982.

32 S. D. Reicher, R. Spears and T. Postmes, 'A social identity model of deindividuation phenomena', *European Review of Social Psychology,* 1995, 6(1), pp. 161–98.

33 S. Milgram, 'Behavioral study of obedience', *Journal of Abnormal and Social Psychology,* 1963, 67(4), p. 371.

34 S. Morrison, J. Decety and P. Molenberghs, 'The neuroscience of group membership', *Neuropsychologia,* 2012, 50(8), pp. 2114–20.

35 R. B. Mars et al., 'On the relationship between the "default mode network" and the "social brain"', *Frontiers in Human Neuroscience,* 2012, vol. 6, article 189.

36 G. Northoff and F. Bermpohl, 'Cortical midline structures and the self', *Trends in Cognitive Sciences,* 2004, 8(3), pp. 102–7.

37 P. G. Zimbardo and A. B. Cross, *Stanford Prison Experiment,* Stanford University, 1971.

38 G. Silani et al., 'Right supramarginal gyrus is crucial to overcome emotional egocentricity bias in social judgments', *Journal of Neuroscience,* 2013, 33(39), pp. 15466–76.

39 L. A. Stromwall, H. Alfredsson and S. Landstrom, 'Rape victim and perpetrator blame and the just world hypothesis: The influence of victim gender and age', *Journal of Sexual Aggression,* 2013, 19(2), pp. 207–17.

8 뇌에 문제가 생기면…

1 V. S. Ramachandran and E. M. Hubbard, 'Synaesthesia –a window into perception, thought and language', *Journal of Consciousness Studies,* 2001, 8(12), pp. 3–34.

2 H. Green et al., *Mental Health of Children and Young People in Great Britain,* 2004, Palgrave Macmillan, 2005.

3 R. Hirschfeld, 'History and evolution of the monoamine hypothesis of depression', *Journal of Clinical Psychiatry,* 2000.

4 J. Adrien, 'Neurobiological bases for the relation between sleep and depression', *Sleep Medicine Reviews,* 2002, 6(5), pp. 341–51.

5 D. P. Auer et al., 'Reduced glutamate in the anterior cingulate cortex in depression: An in vivo proton magnetic resonance spectroscopy study', *Biological Psychiatry,* 2000, 47(4), pp. 305–13.

6 A. Lok et al., 'Longitudinal hypothalamic–ituitary–drenal axis trait and state effects in recurrent depression', *Psychoneuroendocrinology,* 2012, 37(7), pp. 892–902.

7 H. Eyre and B. T. Baune, 'Neuroplastic changes in depression: a role for the immune system', *Psychoneuroendocrinology,* 2012, 37(9), pp. 1397–416.

8 W. Katon et al., 'Association of depression with increased risk of dementia in patients with type 2 diabetes: The Diabetes and Aging Study', *Archives of General Psychiatry,* 2012, 69(4), pp. 410–17.

9 A. M. Epp et al., 'A systematic meta-analysis of the Stroop task in depression', *Clinical Psychology Review,* 2012, 32(4), pp. 316–28.

10 P. F. Sullivan, M. C. Neale and K. S. Kendler, 'Genetic epidemiology of major depression: review and meta-analysis', *American Journal of Psychiatry,* 2007, 157(10), pp. 1552–62.

11 T. H. Holmes and R. H. Rahe, 'The social readjustment rating scale', *Journal of Psychosomatic Research,* 1967, 11(2), pp. 213–18.

12 D. H. Barrett et al., 'Cognitive functioning and posttraumatic stress disorder', *American Journal of Psychiatry,* 1996, 153(11), pp. 1492–4.

13 P. L. Broadhurst, 'Emotionality and the Yerkes–odson law', *Journal of Experimental Psychology,* 1957, 54(5), pp. 345–52.

14 R. S. Ulrich et al., 'Stress recovery during exposure to natural and urban environments' *Journal of Environmental Psychology,* 1991, 11(3), pp. 201–30.

15 K. Dedovic et al., 'The brain and the stress axis: The neural correlates of cortisol regulation in response to stress', *Neuroimage,* 2009, 47(3), pp. 864–71.

16 S. M. Monroe and K. L. Harkness, 'Life stress, the "kindling" hypothesis, and the recurrence of depression: Considerations from a life stress perspective', *Psychological Review,* 2005, 112(2), p. 417.

17 F. E. Thoumi, 'The numbers game: Let's all guess the size of the illegal drug industry', *Journal of Drug Issues,* 2005, 35(1), pp. 185–200.

18 S. B. Caine et al., 'Cocaine self-administration in dopamine D_3 receptor knockout mice', *Experimental and Clinical Psychopharmacology,* 2012, 20(5), p. 352.

19 J. W. Dalley et al., 'Deficits in impulse control associated with tonically-elevated serotonergic function in rat prefrontal cortex', *Neuropsychopharmacology,* 2002, 26, pp. 716–28.

20 T. E. Robinson and K. C. Berridge, 'The neural basis of drug craving: An incentive-sensitization theory of addiction', *Brain Research Reviews,* 1993, 18(3), pp.

247–91.
21 R. Brown, 'Arousal and sensation-seeking components in the general explanation of gambling and gambling addictions', *Substance Use & Misuse,* 1986, 21(9–10), pp. 1001–16
22 B. J. Everitt et al., 'Associative processes in addiction and reward the role of amygdala-entral striatal subsystems', *Annals of the New York Academy of Sciences,* 1999, 877(1), pp. 412–38.
23 G. M. Robinson et al., 'Patients in methadone maintenance treatment who inject methadone syrup: A preliminary study', *Drug and Alcohol Review,* 2000, 19(4), pp. 447–50.
24 L. Clark and T. W. Robbins, 'Decision-making deficits in drug addiction', Trends in Cognitive Sciences, 2002, 6(9), pp. 361–3.
25 M. J. Kreek et al., 'Genetic influences on impulsivity, risk taking, stress responsivity and vulnerability to drug abuse and addiction', *Nature Neuroscience,* 2005, 8(11), pp. 1450–57.
26 S. S. Shergill et al., 'Functional anatomy of auditory verbal imagery in schizophrenic patients with auditory hallucinations', *American Journal of Psychiatry,* 2000, 157(10), pp. 1691–3.
27 P. Allen et al., 'The hallucinating brain: a review of structural and functional neuroimaging studies of hallucinations' *Neuroscience & Biobehavioral Reviews,* 2008, 32(1), pp. 175–91.
28 S.-J. Blakemore et al., 'The perception of self-produced sensory stimuli in patients with auditory hallucinations and passivity experiences: evidence for a breakdown in self-monitoring', *Psychological Medicine,* 2000, 30(05), pp. 1131–9.
29 P. Allen et al., 'The hallucinating brain: a review of structural and functional neuroimaging studies of hallucinations' *Neuroscience & Biobehavioral Reviews,* 2008, 32(1), pp. 175–91.
30 R. L. Buckner and D. C. Carroll, 'Self-projection and the brain', *Trends in Cognitive Sciences,* 2007, 11(2), pp. 49–57.
31 A. W. Young, K. M. Leafhead and T. K. Szulecka, 'The Capgras and Cotard delusions', *Psychopathology,* 1994, 27(3–), pp. 226–31.
32 M. Coltheart, R. Langdon, and R. McKay, 'Delusional belief', *Annual Review of Psychology,* 2011, 62, pp. 271–98.
33 P. Corlett et al., 'Toward a neurobiology of delusions', *Progress in Neurobiology,* 2010, 92(3), pp. 345–69.
34 J. T. Coyle, 'The glutamatergic dysfunction hypothesis for schizophrenia', *Harvard Review of Psychiatry,* 1996, 3(5), pp. 241–53.

엄청나게 똑똑하고 아주 가끔 엉뚱한

뇌 이야기

초판 1쇄 발행 2018년 6월 1일
개정판 1쇄 발행 2024년 3월 27일

지은이 딘 버넷
옮긴이 임수미
펴낸이 성의현
감수 허규형
펴낸곳 (주)미래의창

출판 신고 2019년 10월 28일 제2019-000291호
주소 서울시 마포구 잔다리로 62-1 미래의창빌딩(서교동 376-15, 5층)
전화 070-8693-1719 **팩스** 0507-0301-1585
홈페이지 www.miraebook.co.kr
ISBN 979-11-93638-12-5 03400

※ 책값은 뒤표지에 있습니다.